普通高等教育“十一五”国家级规划教材

基础有机化学实验

侯士聪 主 编

中国农业大学出版社

主　编　侯士聪

副主编　董燕红

参　编　张曙生　金淑惠　肖玉梅　边庆花　赵华绒
　　　　刘吉平　吴艳华　牛草原

主　审　李　楠

内 容 简 介

本教材是普通高等教育“十一五”国家级规划教材。全书共分8章，内容主要包括：有机化学实验的基本知识、有机化合物的分离纯化技术、物理性质和分子结构测定、定性鉴定、基本合成、天然有机物的提取及分离、综合性实验、设计性及研究性实验和附录。教材内容分层次模块化，如基本实验模块、综合与应用实验模块、设计实验模块。实验进一步小量或微型化、绿色化，并注重实验的安全问题。增加有机化学实验常用名词术语及实验题目中英对照等内容，便于学生检索和利用。

本书是基础有机化学的配套教材，可作为高等农林院校非化学专业大学本科生开设的基础有机化学实验教材，亦可作为从事有机化学实验工作人员的参考书。

前　言

“有机化学实验”是高等农林院校生物学、动植物生产类、生态环境、食品科学等专业本科生重要的基础课。随着生命科学的飞速发展，相关课程内容及教材的更新对有机化学实验提出了新的挑战，要求我们重新设计课程体系，改革教学内容。因此，对现行实验教材进行全面修订，删除陈旧的内容，补充有创新意识、实用性强的实验是十分必要的。

本教材是普通高等教育“十一五”国家级规划教材，作为高等农林院校生命科学相关专业的教学参考书，供非化学专业大学本科生开设的基础有机化学实验使用。适用于 70 学时以内的实验教学要求。

本实验教材是在李楠等主编的《基础有机化学实验》教材的基础上，结合编者多年教学经验和参考国内外有关教材内容修订而成的。特别是最近几年的实验教学，我们积极推广实验的绿色化，开展综合性实验、科研性实验，力图为生命科学相关专业培养复合型人才，为后续生物化学、食品化学等课程的学习打下良好基础。我们根据教育部关于高等农林院校有机化学实验课教学基本要求以及学生所学专业的需要，精心选择实验内容。与前一版相比，增加了一些新的反应类型；实验微型化、绿色化的理念得到进一步体现。丰富了天然产物中有效成分的提取等实验。教材注重学生的实验基本技能训练，并在有机化合物的合成、分离提纯、分析鉴定中运用这些基本技能。结合本专业教学特点，提供选做实验、设计实验，引导学生发散性思维，学会举一反三，从而增强其独立从事相关工作的能力。总之，我们的培养目标是“创新型人才”，鼓励学生“个性”发展。

本书共分 8 章：第 1 章，有机化学实验的基本知识，增加了绿色化学简介和化学试剂与化学危险品相关知识、半微量有机实验的仪器装置；对有机化学实验相关文献进行精要概括，并列出一些有用的化学网站以方便读者检索和利用。第 2 章，有机化合物的分离纯化技术。第 3 章，有机化合物的物理性质和分子结构测定，增加波谱分析的内容。第 4 章，有机化合物的定性鉴定，增加了原理说明，充实了实验内容。第 5 章，有机化合物的基本合成，保留了典型的有机物制备，增加了预习提示、安全提示，标准红外光谱图和核磁共振氢谱图，有的还列出了其他制备方法和参考文献。第 6 章，天然有机物的提取及分离，增加了牛奶中酪蛋白和乳糖的分离等三个实验。第 7 章，综合性实验，通过 2-庚酮的制备、混合物的分离提纯和鉴定等实验，有利于学生对有机化学实验的整体认识和把握。第8章，设计性及研究性实验，为学生探究式学习提供了有效的舞台，有利于学生分析、解决实际问题和创新精神的培养，也适当照顾学生个性的发展。附录增减了有机化学实验常用名词术语英汉对照表，常见危险化学品及相关知识，补充了主要基团的红外特征吸收峰、一些常见特征质子的化学位移等数据。

教材的主要特色如下：

1.教材内容分层次模块化。基本实验模块约占3/4(基本操作、性质实验、基本合成、天然物提取)，综合与应用实验模块、设计实验模块约占1/4。对于重要的基本操作单独安排训练，并在后续实验中加以运用和巩固。综合、设计性实验在基本实验模块后，学生可根据自己的能力和爱好进一步选做。

2.实验小量化、微型化、绿色化。实验根据不同类型、反应难易、步骤多少等，分别采用微型化、半微型化或小量化，合理定位，可达到较好的实验效果。小量化和微型化实验的进行将大大地减少实验"三废"。增加催化剂的绿色化等实验(如己二酸的绿色合成)，不仅具有较高的转化率，而且反应速度快；通过实验也使学生牢固树立起绿色化学和环境保护的意识。

3.有机制备实验完整化、系列化。以一些制备实验为主干线，将化合物的制备—分离提纯—纯度测定—结构性质与表征串联起来，使学生得到有机化合物制备的完整知识。多个合成系列化后，第一个合成反应的产物是后续合成反应的原料，产物可被有效地利用，减少了废弃的化学药品。由于每一步产品的产率及纯度都关系到下一步实验能否正常进行，学生必须仔细地对待每一步操作。

4.增加双语教学的基础内容。实验题目、仪器装置、化合物关键词中英文名称对照，便于学生检索和进一步学习与利用。

5.既具有有机化学实验课自身的独立性、系统性，也照顾与各有关化学课程及其他专业课程的衔接。本教材可作基础有机化学的配套教材，也可供相关专业人员参考。

本实验教材是我们教研室团队十多年教学经验的积累和总结。由侯士聪任主编，董燕红任副主编。侯士聪负责全书的统稿。教研室李楠教授担任主审，对编写质量的提高起到了很大的推动作用。教研室多位长期从事有机化学实验教学的老师参加了本教材的编写工作。第1章中1.8由边庆花编写，其余由董燕红编写；第2章中2.5～2.12由肖玉梅编写，其余由侯士聪编写；第3章中3.5～3.6由侯士聪编写，其余由肖玉梅编写；第4章由刘吉平编写；第5章由边庆花编写；第6章由金淑惠编写；第7章、第8章由董燕红编写；附录由吴艳华编写。北京农学院基础科学系赵建庄老师、中国农业大学张曙生老师、浙江大学理学院赵华绒老师、河南农业大学理学院牛草原老师对本书的编写给予了具体的指导。教材的编写还得到了中国农业大学教务处、理学院、中国农业大学出版社的领导和老师的大力支持和帮助，在此一并致以衷心的感谢！

由于编者水平和经验所限，书中难免存在不当甚至错误之处，敬请有关专家和读者批评指正。

编　者

2006 年 6 月

目　　录

第 1 章　有机化学实验的基本知识

1.1　有机化学实验的重要性和目的

1.1.1　有机化学实验的重要性

有机化学实验是有机化学理论的基础与实践；有机化学理论是在大量实验的基础上概括、总结出来的系统规律，并接受实验的检验而得到逐步的完善与发展。

长期以来，人类一直向自然界索取有用的天然有机物，并不断改进提取分离手段；随着有机化学的发展，人类可以在实验室中制备出多种多样的合成有机物，如药物、香料、染料、合成纤维等，满足生活的需要。在研究天然或合成有机物时，一般需要进行提取或合成、分离纯化、结构确定等步骤。这些步骤的实施与有机化学实验的基本操作（如加热或冷却、搅拌、回流、蒸馏、重结晶、萃取、色谱法、物理常数的测定等）密切相关，大多是这些基本操作的合理、恰当利用。生物体的生长过程实际上是无数有机分子的合成与分解过程，正是这些连续不断并相互依赖的化学变化构成了生命现象；生物体中的化学变化与实验室中进行的有机反应在一定程度上有其相似性。所以，掌握有机化学实验这门课程对于生命科学相关专业学生后续课程的学习，对于了解科学研究与应用的诸多方面（如材料、能源、药物、食品、环境、生命科学与技术等领域）的重要性是显而易见的。

从另一个角度看，有机化学是研究微观分子世界的科学，是通过宏观实验手段，经过直接观察与推理，得到有机分子的结构及其相关信息，从而为人类的发展提供服务。也就是说，整个有机化学的发展是由宏观的观察和测定来推断微观分子世界的过程；有机化学实验就是训练学生的观察、推理能力，即如何由实验提供的素材总结、理解系统的理论，为将来探索新的微观世界打下基础。

1.1.2　有机化学实验的目的

学习有机化学实验的目的，是使学生通过实验学习、操作、观察、思考、总结，达到以下目的：

（1）对有机化学的研究方法有初步的了解，验证和巩固理论课所学的有机化学知识，树立绿色化学的观念。

（2）正确熟练地掌握有机化学实验的基本知识与实验技术、一些经典的化合物制备方法，学会正确、合理地使用实验仪器和选择实验条件。

（3）培养严谨的科学态度和实事求是的工作作风，提高动手能力、观察记录及分析思考能力，培养耐心与毅力，培养同学间相互协作的意识与能力。

（4）培养理论联系实际，提高发现提出问题、分析解决问题的能力。养成良好的学习习惯，为后续课程的学习及走上社会独立工作打下良好的基础。

1.2　绿色化学(Green Chemistry)简介

化学创造了巨大的物质财富和无与伦比的现代文明，深刻地影响着人类社会的发展进程。但在造福于人类的同时，化学也对我们赖以生存的生态环境（土壤、江河湖海、大气等）造成了严重的污染和破坏。因此，只有重新检讨过去化合物的合成路线，研究新的对环境友好的反应条件和化合物，化学才能走出这种"何去何从"的困境。正是在这种情况下，20 世纪 90 年代初化学家提出了"绿色化学"的概念。

绿色化学又称环境无害化学（environmentally benign chemistry）、环境友好化学（environmentally friendly chemistry）、清洁化学（clean chemistry），是用化学方法消灭或减少那些对人类健康、生态环境有害的原料、催化剂、溶剂和试剂在生产过程中的使用，同时要求在生产过程中不产生有毒有害的副产物、废物和产品。绿色化学的理想在于不再使用有毒、有害的物质和不再产生和处理废物。它的核心内涵是在反应过程中，尽量减少或彻底消除使用和产生有害物质。绿色化学的着眼点是使污染消灭在生产的源头，使整个合成过程和生产工艺对环境友好，是从根本上消除污染的对策。

1.2.1　绿色化学的 12 条原则

Anastas R. T. 和 Waner J. C. 提出了绿色化学的 12 条原则，这些原则可作为开发和评估一条合成路线、一个生产过程、一个化合物是不是环境友好的指导方针：

（1）最好是防止废物的产生而不是产生废物后再来处理；

（2）设计合成方法时，应尽可能将所有的起始物质转化到最终产物中；

(3)只要可能,反应中使用和生成的物质应对人类健康和环境无毒或毒性很小;

(4)设计的化学产品应在保持原有功效的同时,尽量使其无毒或毒性很小;

(5)应尽量避免使用辅助性物质(如溶剂、分离试剂等),如果不可避免,也应使用无毒物质;

(6)能量消耗越少越好,应能为环境和经济方面的考虑所接受,最好采用在常温常压下的合成方法;

(7)在技术和经济合理的前提下,使用的原材料应是能再生的;

(8)尽量避免不必要的衍生过程(如基团的保护与去保护等);

(9)尽量使用选择性高的催化剂,而不是靠提高反应物的配料比;

(10)设计化学产品时,应考虑当该物质完成其功效后,不再滞留于环境中,而可降解为无毒的物质;

(11)进一步研究分析方法,使其能实时、现场监控生产过程,以防有害物质的形成;

(12)一个化学过程中使用的物质或其形态,应考虑尽量减少实验事故的潜在危险,如气体释放、爆炸和着火等。

综合以上12条,可以看出:绿色化学提出的目标和任务不是被动地治理环境污染,而是主动地防止化学污染的发生。这也是绿色化学与环境保护二者概念的不同之处。绿色化学是“防”,环境保护是“治”,只有从根本上切断污染源,才能真正做到保护环境。

1.2.2　“原子经济”概念

“原子经济”这一术语是由斯坦福大学Barry Trost教授提出来的,这是一个关于有多少反应物转变成最终产物的概念。原子经济考查反应物中的原子有多少能进入期望的产物中,有多少变成了废弃的副产物。最理想的原子经济当然是全部反应物的原子进入期望的最终产物中,不产生任何废弃物,这时的原子经济便是100%。原子经济的定量表述就是原子利用率:

原子利用率(%)=期望产物式量×100/(期望产物+废弃副产物)式量

由于反应中生成的副产物通常并不很清楚或者不易确定,故有人提出“原子经济百分数”概念:

原子经济(%)=被利用的原子总式量×100/使用的所有反应物的总式量

即进入最终产物的所有原子的总式量除以所有反应物的总式量。例如，对于有机化学中的分子重排反应、加成反应，原子经济百分数可达100%。

1.2.3 绿色化学的活动

以美国为例，1990年美国就颁布了污染防止法案，将污染防止立为国策。所谓污染防止就是使废物不再产生、不再有废物处理的问题。该法案条文中第一次出现了“绿色化学”一词，其定义是实现最少的资源和能源消耗，并产生最少的排放量的工艺过程。绿色化学是实现防止环境污染的基础和重要工具。1995年，美国副总统戈尔宣布了国家环境技术战略。其目标为：至2020年地球日时，将废弃物减少40%～50%，每套装置消耗原材料减少20%～25%。1996年，美国设立并颁发了“总统绿色化学挑战年度奖”。该奖共分5项，即小企业奖，学术奖，设计安全化学品奖，更新合成线路奖以及改进溶剂奖和反应条件奖。表彰在绿色化学研究和开发中有重大突破和成就的个人和单位，重点奖励那些有革新性的可以用于工业中控制化学污染、减少或消除有害物质的使用和产生的方法。

以美国化学会、美国化学工程师协会等多家单位发起的第一届“绿色化学与工程会议”，于1997年6月在华盛顿国家科学院召开，主题为“2020年的应用展望”。此后每年举行的历届会议均包括绿色化学的内容。2000年6月召开的第四届会议的主题是“可持续发展的技术：由研究到工业应用”。由美国环保局Anastas P. T. 等编写的《绿色化学》丛书1996年出版的第一辑副标题为“为环境设计化学”；1998年出版的第二辑副标题为“无害化学合成和工艺的前沿”。此外，Anastas等在1998年出版的《绿色化学——理论与实践》一书中，详细阐述了绿色化学的定义、原则、评估方法及发展趋势，使之成为绿色化学的经典之作。站在现代化学研究前沿的、由英国皇家化学会主办的国际性杂志《绿色化学》，于1999年1月创刊。其内容涉及清洁化工生产技术各个方面的研究成果和综述，其信息涵盖了通过化学品的应用或加工来减轻对环境影响的所有研究活动。

绿色化学从原理和方法上给传统的化学工业带来了革命性的变化。在设计新的化学工艺方法和设计新的环境友好产品两个方面，通过使用原子经济反应、无毒无害原料、催化剂和溶(助)剂等来实现化学工艺的清洁生产，通过加工、使用新的绿色化学品，使其对人身健康、社区安全和生态环境无害化。21世纪绿色化学的进步将证明我们有能力为我们生存的地球负责。随着绿色化学的发展，21世纪的化学工业将逐渐改变面貌。化学家能创造各种有用的物质，也一定能避免无用有害物质的产生。化学家手中的“剪刀”可以巧妙地“剪裁”分子，也可以“天衣无缝”

地“缝制”理想的化合物。

1.3 化学试剂与化学危险品

1.3.1 化学试剂的纯度与分类

目前，化学试剂已广泛应用于工业、农业、医疗卫生、生命科学与生物技术、环境保护、能源开发、国防军工等科研领域和国民经济发展的各个行业。一般认为“在科学实验中使用的化学药品”都可称为“化学试剂”。在我国通用的化学试剂一般分为4个纯度等级。市售化学试剂在瓶子的标签上用不同的符号和颜色标明它的纯度等级。以下是国内试剂的纯度及其适用范围。

(1)优级纯试剂(一级试剂)：标签为绿色，简称GR，用于精密分析实验，每一批产品都受到严格的质量控制以保证一致性的分析结果。

(2)分析纯试剂(二级试剂)：标签为红色，简称AR，用于分析及测试实验。

(3)化学纯试剂(三级试剂)：标签为蓝色，简称CP，用于化学合成实验。

(4)实验试剂(四级试剂)：标签为黄色，简称LR，用于一般化学实验。

1.3.2 化学危险品的分类

凡是能发生燃烧、爆炸、中毒、灼烧等灾害的化学试剂都属于化学危险品。化学危险品具有易燃、易爆、有毒和腐蚀等特性，如果受到摩擦、撞击、振动、热源或火源、暴晒、潮湿等外部因素的影响，就可能引起燃烧、爆炸、中毒、灼伤等人身伤害及财产损失。化学危险品从生产到使用，要经过许多环节，无论哪一个环节掉以轻心，都有可能酿成重大事故。为使其生产、运输、储存、销售和使用纳入标准化、规范化的轨道，国家先后颁布了一系列危险品的管理办法和条例。

依据国家标准(GB 13690—1992)《常用危险化学品的标志及分类》的规定，化学危险品分为8类：①爆炸品；②压缩气体和液化气体；③易燃液体；④易燃固体、自燃物品和遇湿易燃物品；⑤氧化剂和有机过氧化物；⑥毒害品；⑦腐蚀品；⑧放射性物品。常见危险化学品及相关知识见附录10。

1.3.3 化学试剂、化学危险品的储存

化学危险品的保存要严格遵守公安部门的使用规定。化学危险品储存(GB 15603—1995)的基本要求：

(1)储存化学危险品必须遵照国家法律、法规和其他有关的规定。

(2)化学危险品必须储存在经公安部门批准设置的专门的化学危险品仓库中，经销部门自管仓库储存化学危险品及储存数量必须经公安部门批准。未经批准不得随意设置化学危险品储存仓库。

(3)化学危险品露天堆放，应符合防火、防爆的安全要求。爆炸物品、一级易燃物品、遇湿燃烧物品、剧毒物品不得露天堆放；受阳光照射易燃烧、易爆炸或产生有毒气体的化学危险品和桶装、罐装等易燃液体、气体应当在阴凉通风地点存放；化学性质防护和灭火方法相互抵触的化学危险品，不得在同一仓库或同一储存室内存放；存放剧毒物品的部门必须备有保险箱，存放剧毒物品的保险箱钥匙应安全保存；化学危险品的存放区域应设置醒目的安全标志。

(4)储存化学危险品的仓库必须配备有专业知识的技术人员，其库房及场所应设专人管理，管理人员必须配备可靠的个人安全防护用品。

1.3.4 化学危险品的申购与运输

化学危险品是一种特殊的商品。剧毒危险品的购买必须报单位保卫处和设备处安全办公室批准备案，使用“剧毒物品购买使用许可证”，通过正常渠道在指定的化学危险品商店购买。

运输化学危险品时必须委托专门的人员与车辆，装运化学危险品时不得客货混装。禁止随身携带、夹带化学危险品乘坐公共交通工具。

1.4 有机化学实验室规则与安全知识

有机化学实验中，经常使用的易燃溶剂有乙醚、乙醇、丙酮、苯和石油醚等；有毒药品有氰化物、硝基苯和某些有机磷化合物等；易燃易爆气体或药品有氢气、乙炔和干燥的苦味酸(2,4,6-三硝基苯酚)等；腐蚀性的药品有浓硫酸、浓盐酸、浓硝酸、烧碱、溴和氯磺酸等。这些药品如使用不当，就有可能发生着火、爆炸、烧伤或中毒等事故。同时，进行有机化学实验，一般所使用的仪器大都是玻璃制品，如不注意容易发生破损，从而引起割伤等各种事故。此外，使用电器设备时，如处理不当，也会发生各种事故。因此，进行有机化学实验时，必须注意安全。

各种事故的发生往往是由于不熟悉仪器、药品的性能，未按操作规程或思想麻痹大意所引起的。只要实验前充分预习，实验中认真操作，加强安全措施，事故是可以避免的。为了防止事故的发生及事故后做好及时处理，学生应了解实验室安全知识，严格遵守实验室安全规则。

1.4.1　实验时的一般注意事项

(1)实验前,按照要求认真地进行实验预习,了解实验内容及注意事项。进入实验室,应严格遵守实验室的安全守则和每个具体实验操作的安全注意事项。

(2)熟悉实验室内环境及水、电开关等,绝对禁止违章操作。熟悉安全用具如灭火器材、砂箱以及急救药箱的放置地点和使用方法,安全用具和急救药品妥善保存,不准移作它用。

(3)凡可能发生危险的实验,应采取必要的防护措施,如使用防护眼镜、手套、面罩或防毒面具等。

(4)实验开始前应检查仪器是否完整无损,装置安置是否正确。在征求指导教师同意之后,才可进行实验。

(5)遵从教师的指导,按照实验指导书所规定的步骤、试剂的规格和用量进行实验。变更实验内容应有教师确认。

(6)实验进行中应保持安静、遵守实验纪律。要求认真操作、仔细观察、如实记录实验情况及数据、积极思考。经常注意仪器有无漏气、碎裂和进行反应是否正常等。如有意外事件发生应立即报请教师处理。

(7)保持实验室的整洁,各种药品不得散失或随便丢弃。污水、污物、残渣、火柴梗、废纸等各种废弃物应分别放在指定的地点,不得乱丢。废酸和废碱应分别倒入指定的废液缸中。反应中所产生的有害气体必须按规定进行处理。

(8)爱护公共仪器和工具,应在指定的地点使用,并保持整洁。要节约水、电、煤气和药品。如有仪器损坏要办理登记换领手续。

(9)实验试剂不得入口。严禁在实验室内吸烟或进食。实验结束后要细心洗手。

(10)实验完毕离开实验室前,应把水龙头、电气开关关闭。值日生负责打扫实验室,把废物桶倒干净。

1.4.2　实验中事故的预防、处理和急救

1.4.2.1　割伤

造成割伤者,一般有下列几种情况:①装配仪器时用力过猛;②装配仪器用力处远离连接部位;③仪器口径不合而勉强连接;④玻璃折断面有棱角。

预防玻璃割伤,要注意以下几点:①玻璃管(棒)切割后,断面应在火上烧熔以消除棱角;②注意仪器的配套;③正确运用操作技术。

如果不慎,发生割伤事故要及时处理,先将伤口处的玻璃碎片取出。若伤口不

大，用蒸馏水洗净伤口，再涂上红药水，撒上止血粉用纱布包扎好。伤口较大或割破了主血管，则应用力按住主血管，防止大出血，及时送医院处理。

1.4.2.2 着火

预防着火要注意以下几点：①不能用烧杯或敞口容器盛装易燃物。加热时，应根据实验要求及易燃物的特点选择热源，注意远离明火。②尽量防止或减少易燃的气体外逸，倾倒时要灭火源，且注意室内通风，及时排出室内的有机物蒸气。③易燃及易挥发物，不得倒入废液缸内。量大易燃物要专门回收处理，量少的可倒入水槽用水冲走（与水有猛烈反应者除外，金属钠渣要用乙醇销毁）。④实验室不准存放大量易燃物。

实验室如果发生了着火事故，应沉着镇静及时地采取措施，控制事故的扩大。首先，立即熄灭附近所有火源，切断电源，移开未着火的易燃物。然后，根据易燃物的性质和火势设法扑灭。

常用的灭火剂有二氧化碳、四氯化碳和泡沫灭火剂等。干砂和石棉布也是实验室经济、常用的灭火材料。不管用哪一种灭火器都是从火的周围开始向中心扑灭。水在大多数场合下不能用来扑灭有机物的着火。因为一般有机物都比水轻，泼水后，火不但不熄，反而漂浮在水面燃烧，火随水流蔓延。

地面或桌面着火，如火势不大，可用淋湿的抹布来灭火；反应瓶内有机物的着火，可用石棉板盖住瓶口，火即熄灭；身上着火时，切勿在实验室内乱跑，应就近卧倒，用石棉布等把着火部位包起来，或在地上滚动熄灭火焰。

1.4.2.3 爆炸

实验时，仪器堵塞或装配不当，减压蒸馏使用不耐压的仪器，违章使用易爆物，反应过于猛烈，难以控制都有可能引起爆炸。为了防止爆炸事故，应注意以下几点：①常压操作时，切勿在封闭系统内进行加热或反应。在反应进行时，必须经常检查仪器装置的各部分有无堵塞现象。②减压蒸馏时，不得使用机械强度不大的仪器（如锥形瓶、平底烧瓶、薄壁试管等）。必要时，要戴上防护面罩或防护眼镜。③使用易燃易爆物（如氢气、乙炔和过氧化物）或遇水易燃、爆炸的物质（如钠、钾等）时，应特别小心，严格按操作规程办事。④反应过于猛烈，要根据不同情况采取冷冻和控制加料速度等。⑤必要时可设置防爆屏。

1.4.2.4 中毒

化学药品大多具有不同程度的毒性，产生中毒的主要原因是皮肤或呼吸道接触毒药品所引起的。在实验中，要防止中毒，切实做到以下几点：

(1)药品不要沾在皮肤上，尤其是极毒的药品。称量任何药品都应使用工具或戴手套，不得用手直接接触。实验完毕后应立即洗手。

(2)使用和处理有毒或腐蚀性物质时，应在通风柜中进行，并戴上防护用品，尽可能避免有机物蒸气扩散在实验室内。

(3)对沾染过有毒物质的仪器和用具，实验完毕应立即采用适当方法处理以破坏或消除其毒性。

一般药品溅到手上，通常是用水或乙醇洗去。实验时若有中毒特征，应到空气新鲜的地方休息，最好平卧，出现其他较严重的症状，如斑点、头昏、呕吐、瞳孔放大时，应及时送往医院。

1.4.2.5　灼伤

皮肤接触了高温（如热的物体、火焰、蒸气）、低温（如固体二氧化碳、液体氮）和腐蚀性物质（如强酸、强碱、溴等）都会造成灼伤。因此，要避免皮肤与上述能引起灼伤的物质接触。取用有腐蚀性化学药品时，应戴上橡皮手套和防护眼镜。

实验中发生的灼伤，要根据不同的灼伤情况分别采取不同的处理方法。

(1)被酸或碱灼伤，应立即用大量水冲洗。酸灼伤用 1%碳酸氢钠溶液冲洗；碱灼伤则用 1%硼酸溶液冲洗。最后再用水冲洗。严重者要消毒灼伤面，并涂上软膏，送医院就医。

(2)被溴灼伤时，应立即用 2%硫代硫酸钠溶液洗至伤处呈白色，然后用甘油加以按摩。

(3)如被灼热的玻璃烫伤，应在患处涂以红花油，然后擦一些烫伤软膏。

(4)除金属钠外的任何药品溅入眼内，都要立即用大量水冲洗。冲洗后，如果眼睛仍未恢复正常，应马上送医院就医。

1.4.2.6　急救

实验室常用的急救药品有：

(1)医用酒精、红药水、止血粉、龙胆紫、凡士林、玉树油或鞣酸油膏、烫伤膏、硼酸溶液(1%)、碳酸氢钠溶液(1%)、硫代硫酸钠溶液(2%)等。

(2)医用镊子、剪刀、纱布、药棉、绷带等。

1.5　有机化学实验常用的仪器装置

熟悉实验时需要用到的仪器、用具和设备是对实验者的起码要求。现将有机化学实验中比较常见的玻璃仪器、金属用具和其他一些主要仪器设备分别介绍如下。

化学玻璃仪器一般都是由钾或钠玻璃制成。使用时要注意以下几点。

(1)使用玻璃仪器时要轻拿轻放。

(2)厚壁玻璃器皿不耐热(如抽滤瓶),不能用来加热;锥形瓶不能作减压用;广口容器(如烧杯)不能贮放有机溶剂;计量容器(如量筒)不能高温烘烤。

(3)使用玻璃仪器后要及时清洗、干燥;不急用的,一般以晾干为好。

(4)具旋塞的玻璃器皿清洗后,在旋塞与磨口之间应放纸片,以防黏结。

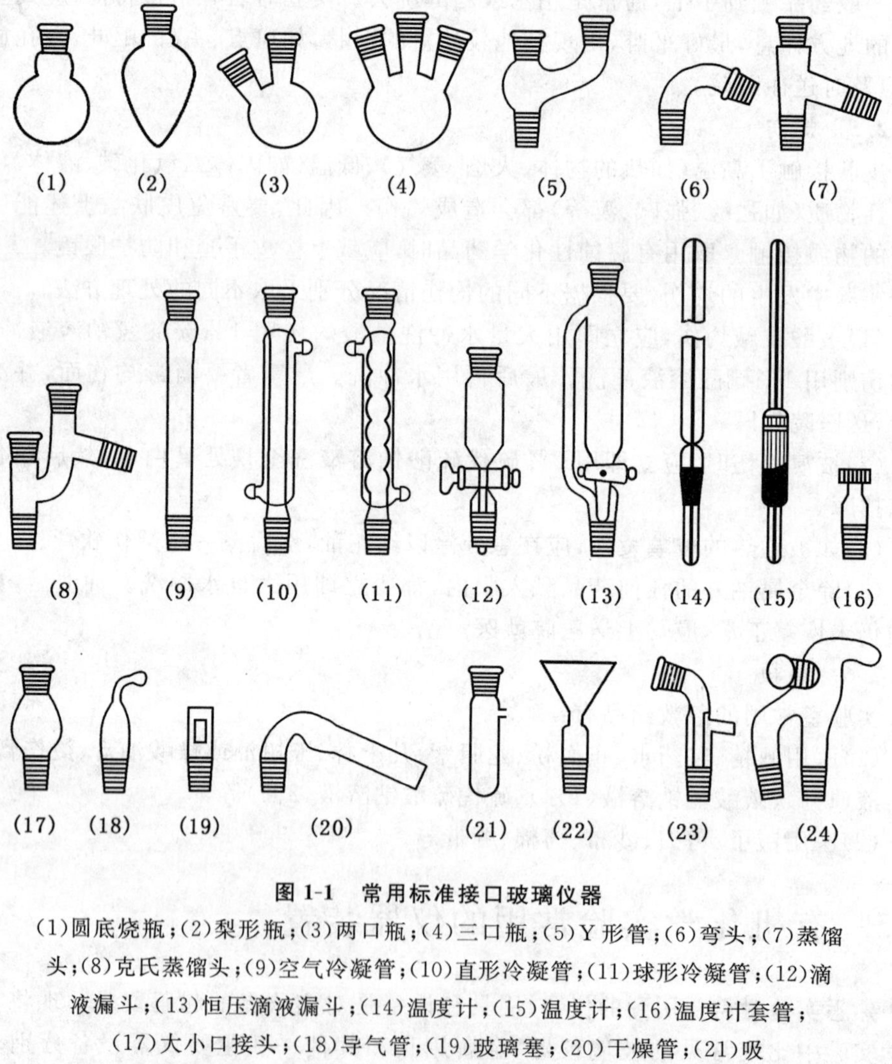

图 1-1 常用标准接口玻璃仪器

(1)圆底烧瓶;(2)梨形瓶;(3)两口瓶;(4)三口瓶;(5)Y形管;(6)弯头;(7)蒸馏头;(8)克氏蒸馏头;(9)空气冷凝管;(10)直形冷凝管;(11)球形冷凝管;(12)滴液漏斗;(13)恒压滴液漏斗;(14)温度计;(15)温度计;(16)温度计套管;(17)大小口接头;(18)导气管;(19)玻璃塞;(20)干燥管;(21)吸滤管;(22)吸滤漏斗;(23)单股接收管;(24)双股接收管

(5)不能用温度计作搅拌棒,温度计用后应缓慢冷却,特别是用有机液体做膨胀液的温度计,由于膨胀液黏度较大,冷却快了液柱断线;不能用冷水冲洗热温度计,以免炸裂。

1.5.1　标准接口玻璃仪器

由于玻璃仪器容量及用途不一,因此,标准磨口仪器有不同的编号,通常标准磨口有10,14,19,24,29,34,40,50等。这些编号是指磨口最大值端直径数值(单位为mm)。相同编号内外磨口可以紧密连接。磨口仪器也有用2个数字表示磨口大小的,如14/30则表示该磨口仪器最大直径为14 mm,磨口长度为30 mm。当两种玻璃仪器因磨口编号不同,无法直接连接时,则可借助不同编号的磨口接头(又叫转换接头)使之连接。

使用标准磨口仪器时应注意下列事项:

(1)磨口必须洁净,不得沾有固体物质,否则会使磨口对接不紧密,甚至损坏磨口。

(2)用后应立即拆卸洗净,否则,放置太久,磨口的连接处会黏结,很难拆开。

(3)一般使用时,磨口无需涂润滑剂,以免沾污反应物或产物。若反应物中有强碱,则应涂润滑剂,以免磨口连接处因碱腐蚀而黏结,无法拆开。对于减压蒸馏,所有磨口应涂润滑剂以达到密封的效果。

(4)安装磨口仪器时,应注意整齐、正确,使磨口连接处不受歪斜的应力,否则仪器易破裂。

(5)洗涤磨口时,应避免用去污粉擦洗,以免损坏磨口。

1.5.2　常用反应装置

在有机化学实验中,实验装置安装的好坏是做好实验的基本保证。实验装置取决于实验的具体要求。常见的反应装置有回流反应装置、带有搅拌及回流的反应装置、带有气体吸收的反应装置、分水装置、水蒸气蒸馏装置等。以下即为各装置图及简介。

图1-2中的回流装置从左到右依次为普通回流装置、隔绝湿气的回流装置、带有气体吸收的回流装置,分别适用于普通回流反应、需干燥的回流反应、危险气体吸收的回流反应,根据不同的反应情况选择不同的装置。图1-3中的回流装置从左到右为回流滴加装置及可监控反应温度的回流滴加装置。

图1-4中的搅拌装置从左到右依次为监控温度的搅拌装置、可滴加的搅拌装

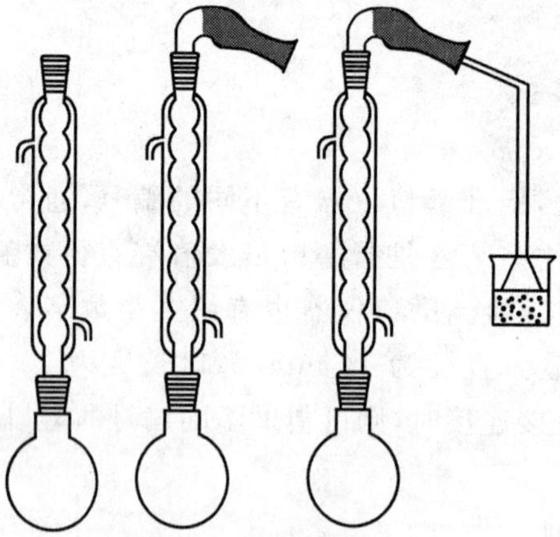

图 1-2 回流冷凝装置

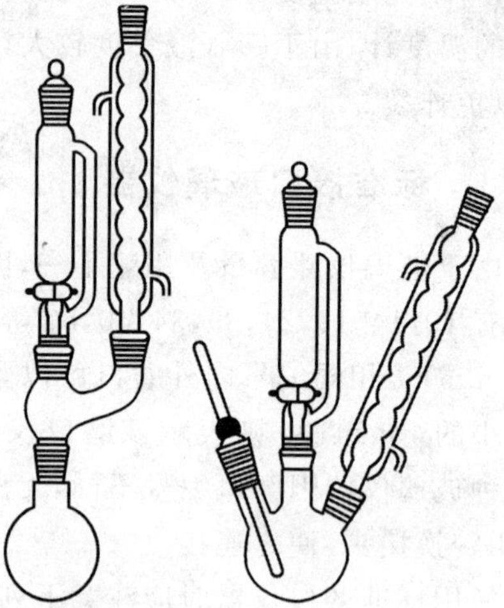

图 1-3 回流滴加装置

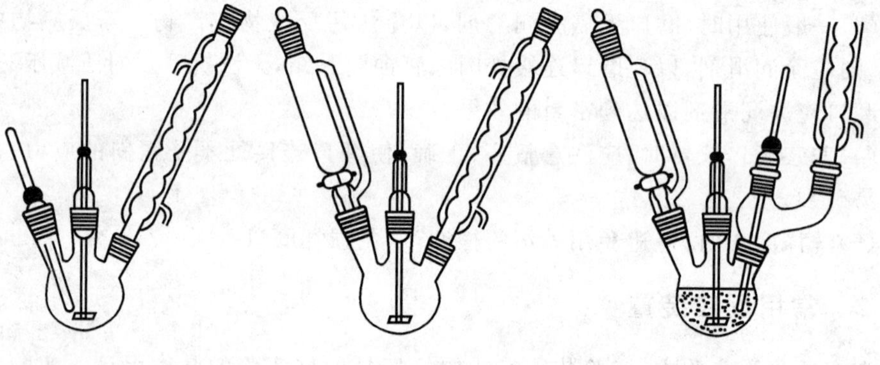

图 1-4 搅拌装置

置、可滴加及监控温度的搅拌装置。

图 1-5 为带有分水器的回流装置，适用于需除去反应生成水的情况。

1.5.3 玻璃仪器的装配与拆卸

安装仪器时，首先应选好主要仪器的位置，按照先下后上、从左到右的原则，逐个将仪器边固定边组装。组装完毕后，应保证使整套实验装置处于"横平竖直"的状态，切记不可歪歪扭扭。

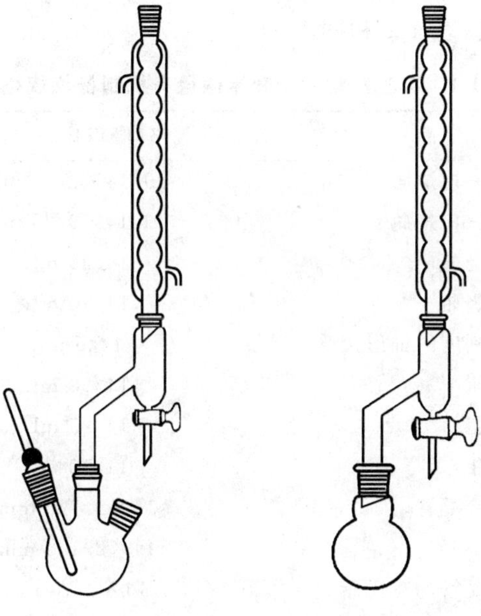

（a）　　　　　　（b）

图 1-5　分水回流

拆卸的顺序与组装相反。拆卸前，先停止加热，移走加热源，待整套装置冷却后，先取下产物，然后再逐个拆掉其他部件。拆冷凝管时注意先关闭水源。

1.5.4　半微量有机实验的仪器装置

1.5.4.1　半微量有机制备仪器

微型化学实验是由美国的 Mayo 博士自 1982 年开始研究试用的一种新型的实验方法，它是用尽可能少的试剂在微型化的仪器装置中来获取所需的理化信息。使用微小型仪器，尽可能减少中间生成物的转移过程，以减少试剂在器皿上的附着。实验小量化和微型化因具有省试剂、少污染、快速安全等诸多优点，受到人们的重视，已经成为国内外有机化学实验教学改革的新潮流。根据我校的实际情况，在此我们只介绍半微量有机制备仪。

半微量有机制备(semi-micro organic preparations)仪器适合于少量物质反应的特殊需要，其规格尺寸比常量有机制备实验所使用仪器都要小一些。下面列举一套常用半微量有机制备仪各件仪器的名称、规格、件数和实物图表。全套仪器由

25个品种、32个规格的61件仪器组成，基本上能够满足大学生、研究生和实验室进行半微量制备的需要(表1-1和图1-6)。

表1-1 实验室常用配套半微量有机制备仪规格

编号	品 名	规格(磨口口径/容量)	件数
1	梨形三口烧瓶	19/14×3/50 mL	1
2	梨形三口烧瓶	19/14×3/25 mL	1
3	梨形烧瓶	14/25 mL	2
4	梨形烧瓶	14/10 mL	2
5	带有刻度的锥形接受试管	14/5 mL	6
6	锥形瓶	14/50 mL	2
7	锥形瓶	14/25 mL	4
8	锥形瓶	14/10 mL	4
9	直形冷凝管	14×2/120 mm	1
10	球形冷凝管	14×2/120 mm	1
11	带冷凝管的克氏瓶	14×3/10 mL	1
12	带冷凝管的克氏瓶	14×3/25 mL	1
13	带冷凝管的克氏分馏瓶	14×3/25 mL	1
14	分馏头	14×4	1
15	蒸馏头	14×3	1
16	恒压滴液漏斗	14×2/25 mL	1
17	恒压滴液漏斗	14×2/10 mL	1
18	搅拌器套管	19	2
19	真空接受管	14×2	1
20	三叉燕尾管	14×4	1
21	导气管	14	2
22	空心塞	19	2
23	空心塞	14	10
24	抽滤瓶	14/50 mL	1
25	抽气接头	14×2	1
26	抽气试管	14×10	1
27	漏斗	14×55 mm	1
28	漏斗	14×40 mm	1
29	U形干燥管	14	1

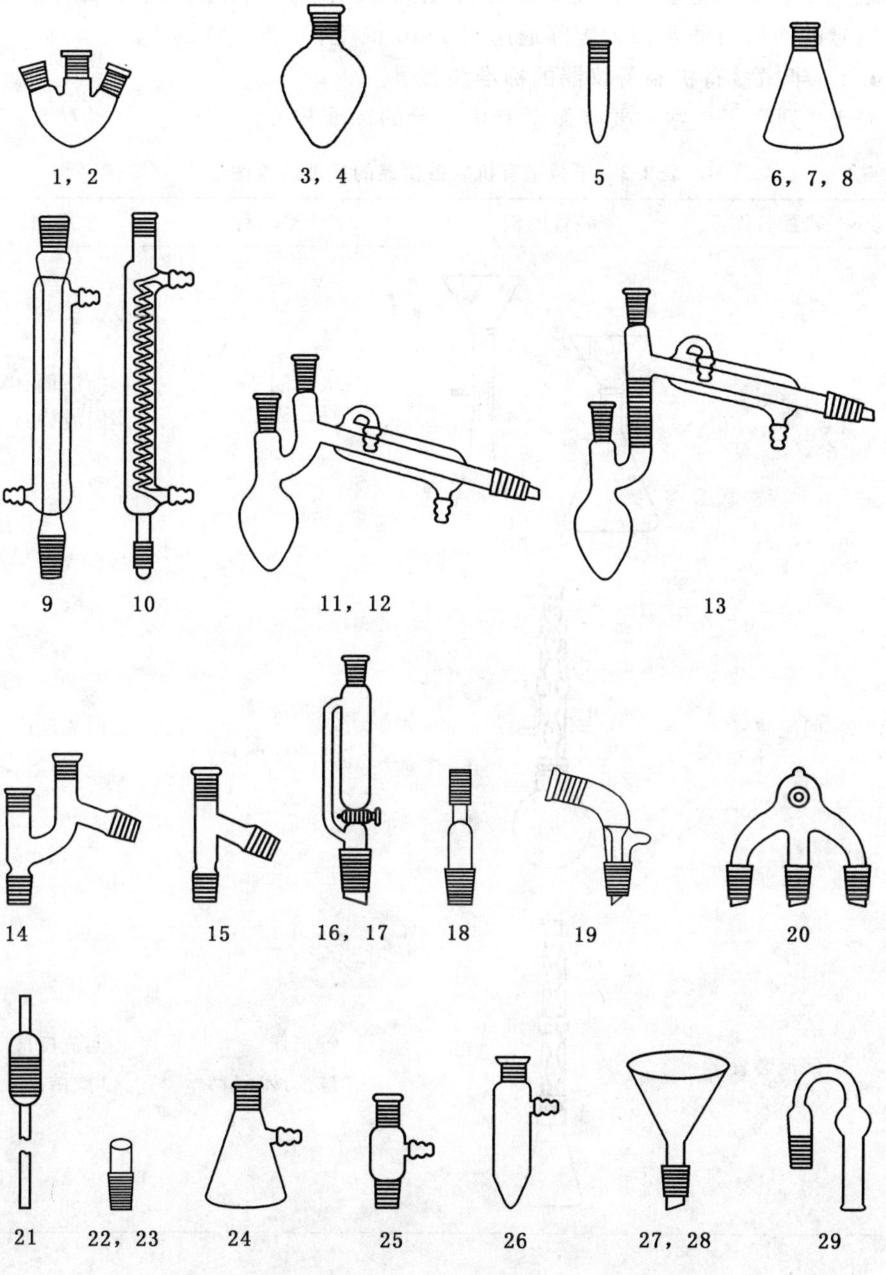

图 1-6　实验室常用配套半微量有机制备仪配件图

绝大多数实验室玻璃仪器都是标准化的，均采用可以互换的标准磨砂接口。所有型号的磨口与磨塞都为国际通用的 1/10 锥度。

1.5.4.2 半微量有机制备仪器的标准装置

表 1-2 列举了一些主要半微量有机实验的标准装置。

表 1-2 半微量有机制备仪器的标准装置图例

编号	装置名称	装置图例	仪器名称	用途
A	抽滤装置	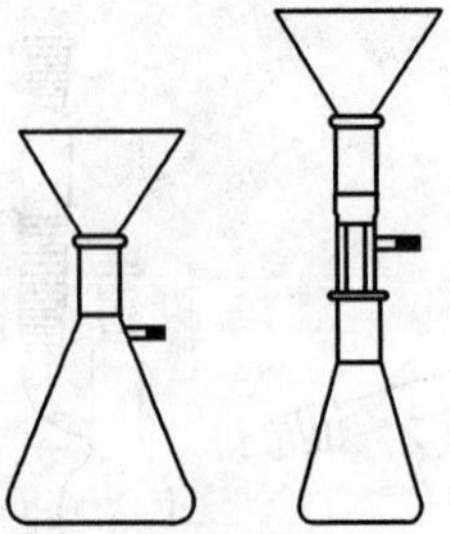	吸滤漏斗 抽气瓶	抽滤固体， 固液分离
B	回流装置		圆底烧瓶 球形冷凝管	回流反应
C	回流装置	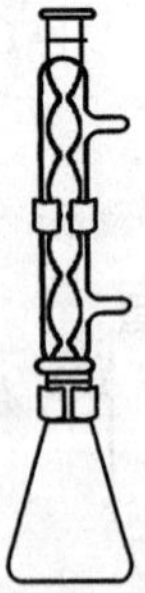	锥形瓶 球形冷凝管	回流反应 （重结晶）

续表 1-2

编号	装置名称	装置图例	仪器名称	用途
D	隔绝湿气回流装置	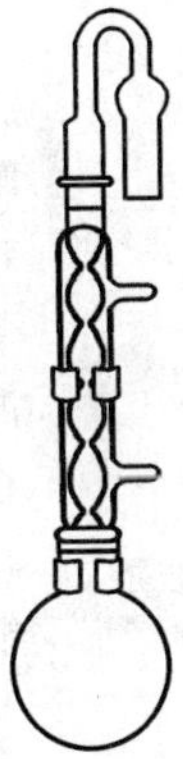	圆底烧瓶 球形冷凝管 U 形干燥管	干燥状态下的回流反应
E	加料、回流装置	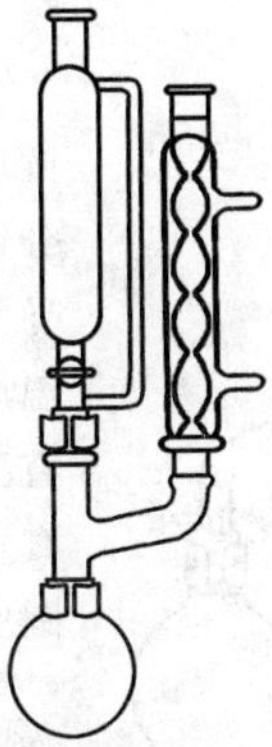	圆底烧瓶 Y 形管 球形冷凝管 恒压滴液漏斗	回流反应，同时加料
F	简单蒸馏装置	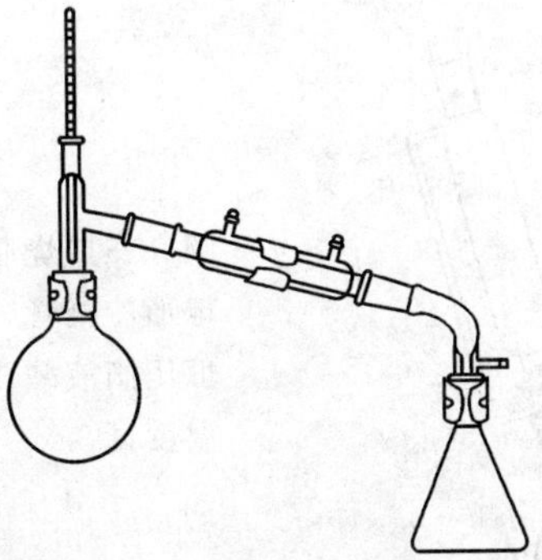	圆底烧瓶 蒸馏头 温度计 直型冷凝管 真空接收管 锥形瓶	液体纯化

续表 1-2

编号	装置名称	装置图例	仪器名称	用途
G	分馏装置	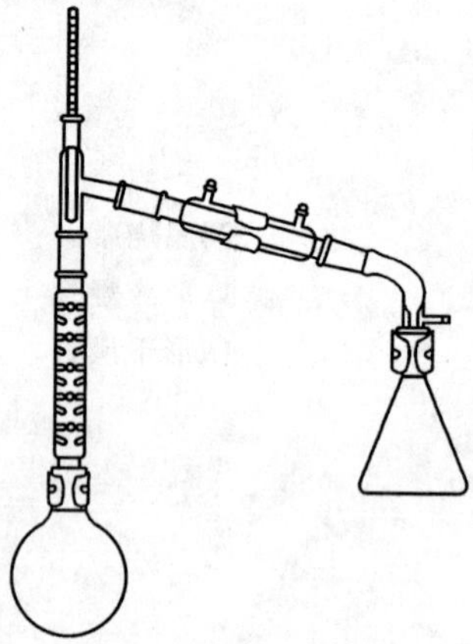	圆底烧瓶 刺形分馏柱 蒸馏头 温度计 直型冷凝管 真空接收管 锥形瓶	液体纯化
H	减压蒸馏装置	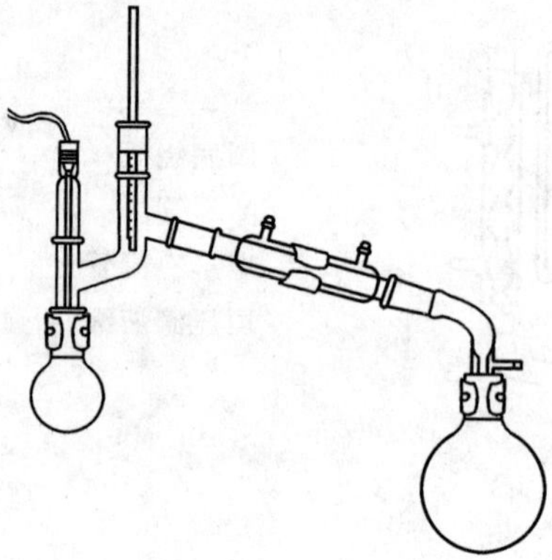	圆底烧瓶 分馏头 导气管 温度计 直型冷凝管 真空接收管 圆底烧瓶	液体纯化，适用于高沸点液体
I	加料、回流、测温反应装置	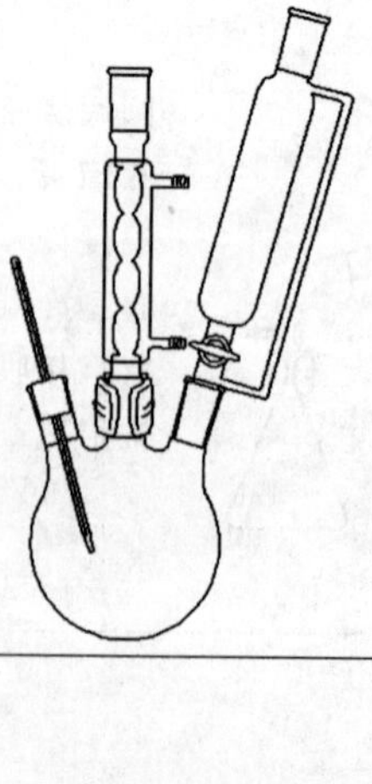	圆底三口烧瓶 球形冷凝管 恒压滴液漏斗 温度计	控温反应

续表 1-2

编号	装置名称	装置图例	仪器名称	用途
J	薄膜旋转蒸发器	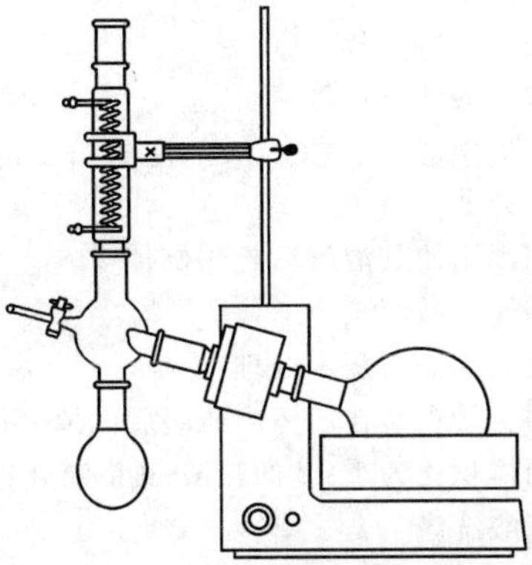		脱溶剂

装置 A 用于重结晶后或有机溶液干燥后的固液分离。

装置 B,C,D 可用于反应物能预先混合的反应,B 可以用于回流,C 用于重结晶;若反应不允许接触湿气,D 在冷凝管上口装一干燥管用于干燥状态下回流。

装置 E 为一可同时加料的回流装置。

装置 F,G,H 均可用于液体纯化。因混合物沸点不同而定。F 用于较低沸点液体有机化合物的提纯;G 用于两种互溶且沸点相差较大的混合物分离;H 用于高沸点液体有机化合物的提纯。

装置 I 用于需测定内温的化学反应。

装置 J 为实验室常用的脱溶剂装置——薄膜旋转蒸发器。

搅拌装置以磁力搅拌为主,特殊情况下需用电动搅拌。

1.5.5　玻璃器皿的洗涤、干燥和保养

1.5.5.1　玻璃仪器的洗涤

玻璃仪器沾染的脏物会干扰反应进程、影响反应速度、增加副产物和造成分离纯化困难,同时也会严重影响产品的收率和产量。因此这些影响反应的脏物必须洗涤除去。

玻璃仪器的洗涤应根据具体情况采用不同的方法。常用的方法有:

(1)刷洗。用自来水和长柄毛刷,除去仪器上的尘土、不溶性物质和可溶性物质。

表 1-3　常见脏物的处理方法

污　物	处 理 方 法
可溶于水的污物、灰尘等	自来水清洗
不溶于水的污物	肥皂、合成洗涤剂
氧化性污物(如 MnO_2、铁锈等)	浓盐酸洗涤
油污、有机物	碱性洗液(Na_2CO_3,NaOH 等),有机溶剂,碱性高锰酸钾洗涤液
残留的 Na_2SO_4,$NaHSO_4$ 固体	用沸水使其溶解后趁热倒掉
高锰酸钾污垢	酸性草酸溶液
黏附的硫磺	用煮沸的石灰水处理
瓷研钵内的污迹	用少量食盐在研钵内研磨后倒掉,再用水洗
被有机物染色的比色皿	用体积比为 1∶2 的盐酸-酒精液处理
银迹、铜迹	硝酸洗涤
碘迹	用 KI 溶液浸泡,温热的稀 NaOH 或用 $Na_2S_2O_3$ 溶液处理

(2)用去污粉、肥皂或合成洗涤剂刷洗除去油垢和有机物质,最后再用自来水清洗。有时去污粉的微小粒子会黏附在玻璃器皿壁上,不易被水冲走,此时可用2%盐酸摇洗一次,再用自来水清洗,若油垢和有机物质仍洗不干净,可用热的碱液洗。但滴定管、移液管等量器,不宜用强碱性的洗涤剂,以免玻璃受腐蚀而影响容积的准确性。

(3)用洗液洗。坩埚、称量瓶、洗瓶、容量瓶、移液管、滴定管等宜用合适的洗液洗涤,必要时把洗液先加热,并浸泡一段时间。

(4)去离子水荡洗。刷洗或洗涤剂洗过后,再用水连续淋洗数次,最后用去离子水或蒸馏水荡洗 2～3 次,以除去由自来水带入的钙、镁、钠、铁、氯等离子。洗涤方法一般是用洗瓶向器内壁挤入少量水,同时转动器皿或变换洗瓶水流方向,使水能充分淋洗内壁,每次用水量不需太多,以少量多次为原则。

1.5.5.2　玻璃仪器的干燥

实验经常要用到的仪器应在每次实验完毕后洗净干燥备用。用于不同实验对干燥有不同的要求,一般定量分析用的烧杯、锥形瓶等仪器洗干净即可使用,而用于分析、合成的仪器很多要求是干燥的,有的要求无水痕,有的要求无水。应根据不同要求进行仪器干燥。

(1)晾干。不急等用的仪器,可在蒸馏水冲洗后在无尘处倒置控去水分,然后自然干燥。可用安有木钉的架子或带有透气孔的玻璃柜放置仪器。

(2)烘干。洗净的仪器控去水分,放在烘箱内烘干,烘箱温度为 105～110℃,烘 1 h 左右。也可放在红外灯干燥箱中烘干。此法适用于一般仪器。称量瓶在烘干后要放在干燥器中冷却和保存。带实心玻璃塞的及厚壁仪器烘干时要注意慢慢升温，并且温度不可过高，以免破裂。量器不可放于烘箱中烘干。硬质试管可用酒精灯加热烘干，要从底部烤起，把管口向下，以免水珠倒流把试管炸裂，烘到无水珠后把试管口向上赶净水气。

(3)热(冷)风吹干。对于急于干燥的仪器或不适于放入烘箱的较大的仪器可用吹干的办法。通常用少量乙醇、丙酮倒入已控去水分的仪器中摇洗，然后用电吹风机吹，开始用冷风吹 1～2 min，当大部分溶剂挥发后吹入热风至完全干燥，再用冷风吹去残余蒸气，不使其又冷凝在容器内。

1.6　有机化学实验常用的设备

1.6.1　烘箱

实验室一般使用的是恒温鼓风干燥箱，主要是用来干燥玻璃仪器或烘干无腐蚀性、热稳定性比较好的药品。使用时应注意温度的调节与控制，干燥玻璃仪器应先沥干再放入烘箱，温度一般控制在 100～110℃。而且干、湿仪器分开。

1.6.2　调压变压器

主要是通过调节电压来调节电热套的加热温度或电动搅拌器的转动速度等。使用调压变压器时要注意：

(1)输入端与输出端不能接错；

(2)不允许超负荷使用；

(3)调节时要缓慢均匀，注意及时更换炭刷；

(4)用完后，旋钮回零断电，放在干燥通风处，保持清洁，防止腐蚀。

1.6.3　电动搅拌器

电动搅拌器在有机化学实验中一般用于非均相反应。使用时应注意接上地线，不能超负荷。轴承定期加润滑油，经常保持电动搅拌器的清洁干燥，还要防潮防腐蚀。

1.6.4　磁力搅拌器

它是通过磁场的不断旋转变化来带动容器内磁转子随之旋转，从而达到搅拌的目地。一般都有控制转速和加热装置。反应物料较少，加热温度不高的情况下使用磁力搅拌器尤为合适。

1.6.5 加热

有机实验中最常用的是间接加热的方法(如电热套,图 1-7),而直接用火焰加热玻璃器皿很少被采用,因为剧烈的温度变化和不均匀的加热会造成玻璃仪器破损,引起燃烧甚至爆炸事故的发生。另外由于局部过热,还可能引起部分有机化合物的分解。为了避免直接加热带来的问题,加热时可根据液体的沸点、有机化合物的特征和反应要求选用适当的加热方法。

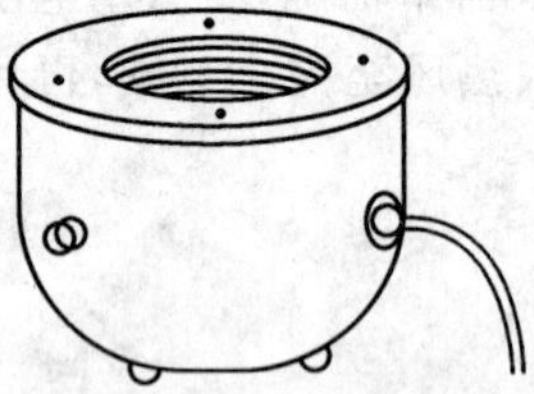

图 1-7 电热套

下面介绍几种间接加热的方法。

(1)空气浴。空气浴就是让热源把局部空气加热,空气再把热能传导给反应容器。电热套加热是简便的空气浴加热,能从室温加热到 300℃左右,是有机实验中最常用的加热方法。安装电热套时,要使反应瓶的外壁与电热套内壁保持 1 cm 左右的距离,以便利用热空气传热和防止局部过热等。

(2)水浴。当所需加热温度在 80℃以下时,可将容器浸入水浴中,热浴液面应略高于容器中物料的液面,勿使容器底触及水浴锅底。若长时间加热,水浴中的水会汽化蒸发,可采用电热恒温水浴。还可在水面上加几片石蜡,石蜡受热熔化在水面上,可减少水的蒸发。

(3)油浴。加热温度在 80～250℃之间时可用油浴。油浴所能达到的最高温度取决于油的种类。若在植物油中加入 1%的对苯二酚,可增加油在受热时的稳定性。甘油和邻苯二甲酸二丁酯的混合液适合于加热到 140～180℃,温度过高则分解。甘油吸水性强,放置过久的甘油,使用前应先蒸去吸收的水分,然后再用于油浴。液体石蜡可加热到 220℃,温度稍高,虽不易分解,但易燃烧。固体石蜡可加热到 220℃以上,其优点是室温时为固体,便于保存。硅油和真空泵油在 250℃以上时较稳定,但由于价格贵,一般实验室较少使用。

表 1-4 常用热浴物质的极限加热温度

热浴物质	加热的最高极限温度/℃	热浴物质	加热的最高极限温度/℃
水	98	甘油	220
石蜡油	200	浓硫酸	250
石油润滑油	300	6 份浓硫酸加 4 份硫酸钾	325
石蜡	310	加氢油脂	250

用油浴加热时，要在油浴中装置温度计（温度计的水银球不要放到油浴锅底），以便随时观察和调节温度。油浴所用的油不能溅入水，否则加热时会产生泡沫或爆溅。使用油浴时，要特别注意防止油蒸气污染环境和引起火灾。为此可用一块中间有圆孔的石棉板盖住油浴锅。

1.6.6　旋转蒸发仪

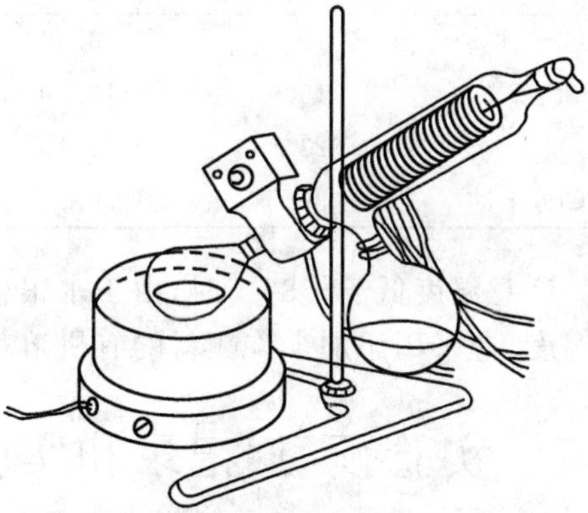
图 1-8　旋转蒸发仪

旋转蒸发仪是由电机带动可旋转的蒸发器（圆底烧瓶）、冷凝器和接收器组成（图 1-8）。可以在常压或减压下操作，可一次进料，也可分批加入待蒸发的液体。由于蒸发器的不断旋转，可免加沸石而不会爆沸。蒸发器旋转时，会使料液附于瓶壁形成薄膜，蒸发面大大增加，加快了蒸发速率。因此，旋转蒸发器是浓缩溶液、回收溶剂的理想装置。

1.6.7　冷却与冷却剂

有机合成反应中，有时会产生大量的热，使得反应温度迅速升高，如果控制不当，可能引起副反应或使反应物蒸发，甚至会发生冲料和爆炸事故。要把温度控制在一定范围内，就要进行适当的冷却。有时为了降低溶质在溶剂中的溶解度或加速结晶析出，也要采用冷却的方法。

(1)冰水冷却。可用冷水在容器的外壁流动，或把容器浸在冷水中，交换移走热量。也可用水和碎冰的混合物作冷却剂，其冷却效果比单用冰块好。如果水不影响反应进行时，也可把碎冰直接投入反应器中，以便更有效地保持低温。

(2)冰盐冷却。要在 0℃以下进行操作时，常用按不同比例混合的碎冰和无机盐作为冷却剂，见表 1-5。可把盐研细，把冰砸成小碎块，将盐均匀撒在冰块上。在使用过程中应随时加以搅拌。

(3)干冰或干冰与有机溶剂混合冷却。干冰（固体的二氧化碳）和乙醇、异丙醇、丙酮、乙醚或氯仿混合，可冷却到－78～－50℃。应将这种冷却剂放在杜瓦瓶（广口保温瓶）中或其他绝热效果好的容器中，以保持其冷却效果。

(4)低温浴槽。低温浴槽是一个小冰箱，冰室口向上，蒸发面用筒状不锈钢槽代替，内装酒精，外设压缩机循环氟里昂制冷。压缩机产生的热量可用水冷或风冷散去。可装外循环泵，使冷酒精与冷凝器连接循环。还可装温度计等指示器。反应瓶浸在酒精液体中。适于－30～30℃范围的反应使用。

表 1-5 常用冰盐冷冻剂及其冷浴的最低温度

冷冻剂	冰盐混合物中盐的含量/%(质量)	冷浴的最低温度/℃	冷冻剂	冰盐混合物中盐的含量/%(质量)	冷浴的最低温度/℃
NaCl＋冰	10	－6.56	$CaCl_2$＋冰	22.5	－7.8
	15	－10.89		29.8	－55
	23	－21.13	KCl＋冰	19.75	－11.1
K_2CO_3＋冰	39.5	－36.5	NH_4Cl＋冰	18.6	－15.8

注意温度低于－38℃时，由于水银会凝固，因此不能用水银温度计。对于较低的温度，应采用添加少许颜料的有机溶剂(酒精、甲苯、正戊烷)低温温度计。

1.7 实验预习、记录和实验报告

1.7.1 实验预习

有机化学实验课是一门带有综合性的理论联系实际的课程，也是培养学生独立工作能力的重要实践环节。因此，要达到实验的预期效果，必须在实验前认真地预习好有关实验内容，做好实验前的准备工作。

看：仔细地阅读与本次实验有关的全部内容，不能有丝毫的马虎和遗漏。

查：通过查阅手册和有关资料来了解实验中要用到或可能出现的化合物的性能和物理常数。

写：在看和查的基础上认真地写好预习笔记。每个学生都应准备一本实验预习和记录本。

预习笔记的具体要求是：

(1)实验目的和要求，实验原理和反应式(主反应、主要副反应)。需用的仪器和装置的名称及性能、溶液浓度或配制方法，主要试剂或产物的物理常数，主要试剂的规格用量(g，mL，mol)都要写在预习笔记本上。

(2)阅读实验内容后，根据实验内容用自己的语言正确地写出简明的实验步骤(不是照抄!)，关键之处应加注明。步骤中的文字可用符号简化。例如，化合物只写分子式；克用“g”，毫升用“mL”，加热用“△”，加用“＋”，沉淀用“↓”，气体逸出用“↑”……，仪器以示性图代之。这样在实验前已形成了一个工作提纲，实验时按此提纲进行。

(3)合成实验，应列出粗产物纯化过程及原理。

(4)对于将要做的实验中可能会出现的问题(包括安全和实验结果)要写出防

范措施和解决办法。

1.7.2　实验记录

实验时应认真操作，仔细观察，积极思考，并且应不断地将观察到的实验现象及测得的各种数据及时如实地记录在记录本上。实验完毕后，将实验记录交教师审阅。实验记录是实验过程的原始记录，必须以严肃认真的态度对待。做好实验记录应注意以下几点：

(1)使用记录本，编写页数。

(2)完整记录实验内容，要求记录准确，实事求是，不准弄虚作假。记录内容包括：实验的全过程、试剂用量、仪器装置、反应温度、反应时间、反应现象、产量、产率等。

(3)实验记录必须做到简明、扼要，字迹整洁，不仅要自己明白，还要别人能看懂。作为原始记录不得随便涂改。

1.7.3　实验报告

实验报告是总结实验进行的情况，分析实验中出现的问题，整理归纳实验结果必不可少的基本学习环节；也是把直接的感性认识提高到理性思维阶段的必要一步。因此必须认真地写好实验报告。实验报告的格式如下。

1.7.3.1　基本操作实验报告格式

实验名称

(1)实验目的。

(2)实验原理。

(3)实验主要试剂与装置图。

(4)实验操作步骤。

时间	步　　骤	现象及说明

(5)实验注意事项及讨论。

(6)实验结论。

(7)思考题。

1.7.3.2 合成实验报告格式

实验名称

(1)实验目的。

(2)实验原理。

①主反应与副反应；

②主要试剂及产物的物理常数；

名称	相对分子质量	性状	折光率	相对密度	熔点	沸点	溶解度		
							水	乙醇	乙醚

③反应分析；

④采用装置原理；

⑤粗产物分离过程原理。

以合成溴苯为例(见第 27 页)。

(3)实验主要试剂用量及规格。

(4)实验装置图。

(5)实验步骤及现象。

时　间	实 验 步 骤	现　　象

(6)实验结果(产品性状、产量、产率、物理常数等)。

(7)实验讨论。

(8)思考题。

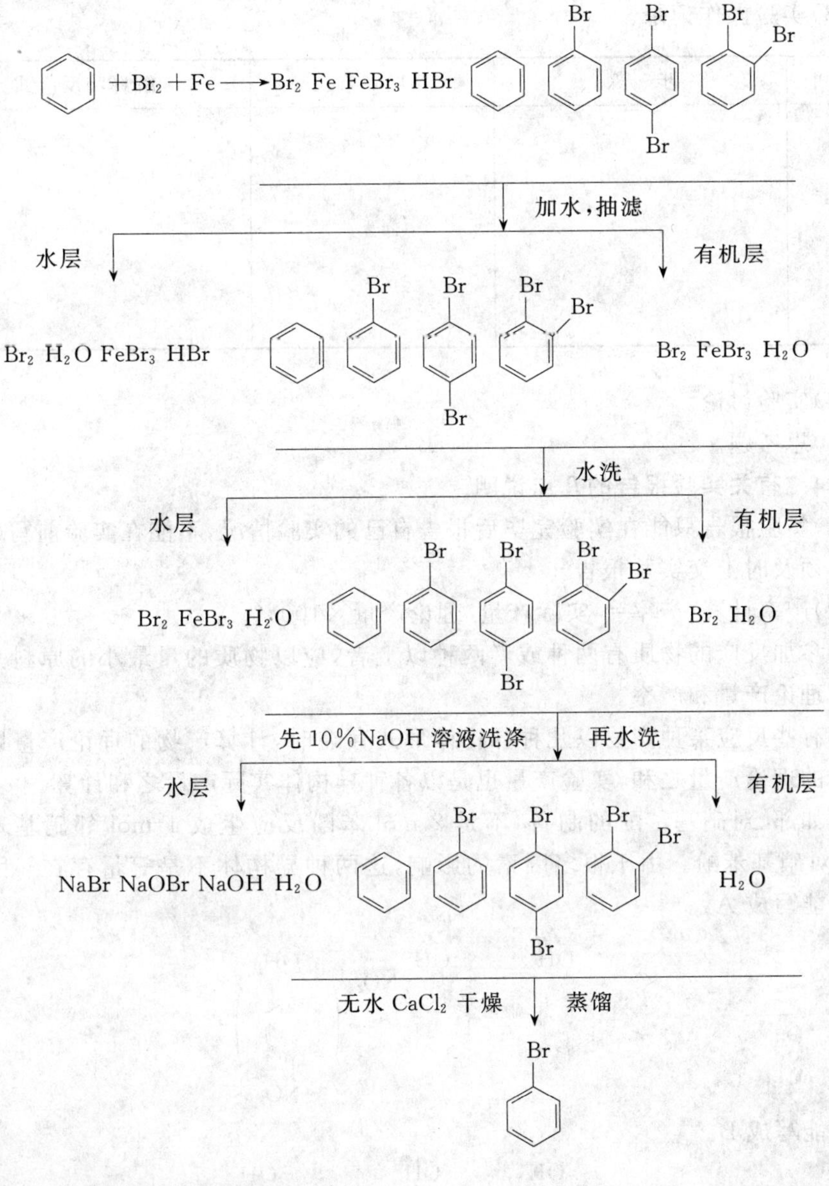

1.7.3.3 性质实验报告格式

实验名称

(1)实验目的。

(2)实验原理。

(3)实验操作记录。

时　间	步　骤	现　象	解释和反应式

(4)实验讨论。

(5)思考题。

1.7.3.4　有关实验报告的几点说明

(1)实验报告只能在实验完毕后报告自己的实验情况，不能在实验前写好。实验后必须及时上交实验报告。

(2)产率计算：产率＝ 实际产量/理论产量×100％。

①参加反应的物质有两种或者两种以上者，应以物质的量最小的原料为基准来计算理论产量和产率。

②有些反应某种产物以几种异构体形式存在时，计算产物的理论产量以各种异构体的理论产量之和，实验产量也是以各种异构体实际产量之和计算。

例如邻、对硝基苯酚的制备，不是 2 mol 苯酚反应生成 1 mol 邻硝基苯酚和 1 mol 对硝基苯酚。由于很多因素的影响，这两种异构体不是等量存在。因此反应式只能写成 A：

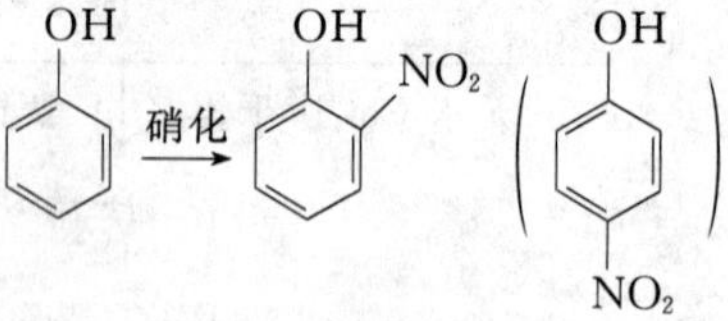

不能写成 B：

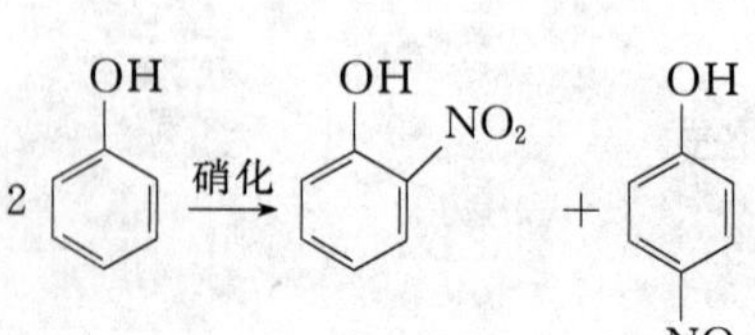

计算理论产量时，只能按式A，所用的苯酚物质的量乘以硝基苯酚的摩尔质量。求得的理论产量是邻、对硝基苯酚总的理论产量。

(3)问题讨论的内容包括自己的心得体会和对实验的意见、建议。通过讨论来总结和巩固在实验中所学的理论和技术，进一步培养分析问题和解决问题的能力。

(4)思考题用来加深学生对实验的理解和印象，可以讨论，但必须完成。

1.8　有机化学实验文献

在有机化学实验中，有机化学的各种文献是设计化合物合成方案、确定产物提纯方法的重要依据，而化合物的熔点、沸点、旋光度及折光率等物理常数可以对有机化合物进行初步定性。因此，学习查阅辞典、手册、期刊等各种有机化学文献具有重要的意义。

有机化学文献按内容一般分为三类：第一类是原始文献，主要包括期刊、杂志、专利等；第二类是检索原始文献的工具书，主要包括文摘及相关索引；第三类是将原始文献数据归纳整理形成的综合资料，主要包括综述、图书、词典、百科全书、手册等。有机化学文献的出版形式主要有印刷版、光盘版、网络版、联机数据库以及Web版数据库等，一般都可用主题、著者、刊名、结构式等进行检索。

1.8.1　期刊

1.8.1.1　国外化学期刊

目前，国外化学期刊主要由John wiley出版社、美国化学会、英国皇家化学会、Elsevier Science出版公司等出版，出版形式主要有印刷版与网络版，并且他们还制作了相应的数据库，一般均可通过作者或主题索引方便快捷地查阅全文。

(1)John wiley出版社出版的期刊(http：//www3.interscience.wiley.com)

①Angewandte Chemie(德文)，应用化学，是化学期刊最具权威的杂志之一，主要发表化学领域所取得的研究成果。

②Angewandte Chemie International Edition in English，德国应用化学(英文国际版)，影响因子为9.16(2004)。1965年创刊，是德文版Angewandte Chemie的英文翻译版，栏目有reviews，highlight和communications。

③Chemistry-A European Journal，欧洲化学，影响因子为4.52(2004)。栏目有concept和full paper，主要报道与化学相关的研究成果。

(2)美国化学会出版的期刊(http://pubs.acs.org/)

①The Journal of the American Chemical Society,美国化学会志,影响因子为6.9(2004),是化学期刊最具权威的杂志之一。栏目有 article 和 note,主要报道化学领域内各个学科最具原始创新性的、最重要的研究成果。

②The Journal of Organic Chemistry,有机化学杂志,影响因子为3.5(2004),是有机化学领域最具权威的期刊。文章类型主要有 articles 与 notes,主要报道化学领域内新的合成方法、新理论、新结构以及新反应等方面的研究成果,内容主要涉及有机化学和生物有机化学领域。

③Organic Letters,有机化学快报,1999 年创刊,影响因子为 4.2(2004)。文章类型为简报,主要报道最新的有机化学领域内的重大研究,内容涉及生物有机和药物化学,物理和理论有机化学,天然产物分离及合成,新的合成方法,金属有机和材料化学等领域。

(3)英国皇家化学会出版的期刊(http://www.rsc.org/)

①Chemical Communication,化学通讯,影响因子为 4.0(2004)。文章类型有 reviews 和 communications,主要报道化学领域的研究成果。

②J. Chem. Soc. Perkin Transactions Ⅰ,影响因子为 2.4(2004),主要报道有机化学和生物有机化学领域的合成方面的研究。

③J. Chem. Soc. Perkin Transactions Ⅱ,影响因子为 1.9(2004),主要报道有机化学、生物有机化学与有机金属化学领域的反应机理、动力学、光谱及结构分析等方面的研究。

目前,J. Chem. Soc. Perkin Transactions Ⅰ与 J. Chem. Soc. Perkin Transactions Ⅱ已合并为 Organic & Biomolecular Chemistry。

(4)Elsevier Science 出版公司出版的期刊(http://www.elsevier.com)

①Tetrahedron,四面体,1957 年创刊,影响因子为 2.64(2004)。主要发表有机化学及其相关应用领域内的具有重要性和及时性的实验及理论研究结果,包括评论与研究通讯。

②Tetrahedron Letters,四面体快报,1959 年创刊,影响因子为 2.5(2004)。内容包括实验和理论有机化学在技术、结构、方法研究的最新进展,期刊属于周刊,研究结果可迅速发表。

③Tetrahedron:Asymmetric,四面体不对称,1995 年创刊,影响因子为 2.38(2004)。主要报道与不对称有机合成方法学相关的新概念、新技术、新结构等领域的研究成果。

(5)自然和科学

①Nature,自然,英国 MacMillan 出版,1869 年创刊,影响因子为 32(2004)。主要发表全球科学研究中具有最显著的突破、最具权威性的精选论文。

②Science,科学,由美国科学发展研究促进协会出版,1883 年创刊,影响因子为 32(2004)。主要刊登自然科学领域内各学科的最具原始创新性的、一流的研究论文。

(6)其他与有机化学相关的期刊

①Synthesis,合成,影响因子为 2.2(2004)。主要发表有关有机合成的综述和论文,内容涉及金属有机化学、杂原子有机化学、光化学、药物和生物有机化学、天然产物化学等有机化学领域的各个学科。

②Synlett,合成快报,影响因子为 2.74(2004),主要报道有机合成的研究结果和趋势,短篇幅的个人综述和快速的工作简报,文章类型为快报。

③Helvetica Chimica Acta(德文、法文、英文),瑞士化学会志,影响因子为 1.8(2004)。主要报道化学领域内各个学科的研究成果。

④Journal of Heterocyclic Chemistry,杂环化学杂志,影响因子为 0.81(2004)。主要报道杂环化学方面的研究内容。

⑤Heterocycles,杂环化合物,影响因子为 1.06(2004)。栏目包括通讯、论文与综述,主要报道新发现的杂环天然产物以及进行全合成的天然产物。

⑥Justus Liebigs Annalen der Chemie(德文版),利比希化学纪事,1932 年创刊,主要报道有机化学与生物有机方面的研究成果。

⑦Chemical Reviews,化学评论,美国化学会主办,1924 年创刊,影响因子为 20.2(2004)。主要发表有机化学、无机化学、物理化学、分析化学、理论及生物化学等各个化学领域内某一主题或方向的研究综述。

1.8.1.2 国内化学期刊

(1)上海有机化学研究所和中国化学会合办的期刊(http://www.sioc.ac.cn/publication)

①有机化学,1980 年创刊,影响因子为 0.74(2004)。主要报道有机合成、生物有机、物理有机、天然有机、金属有机和元素有机等有机化学领域的研究成果。

②化学学报,文章内容涉及有机化学、无机化学、分析化学与物理化学等领域。

③ Chinese Journal of Chemistry,1983 年创刊,影响因子为 0.77(2004),原名为 Acta Chimica Sinica English,1990 年改为目前名称。主要报道有机化学、分析化学等综合化学领域内的研究成果。

(2)中科院化学所和中国化学会合办的期刊

①化学进展,主要刊登有机化学、无机化学、分析化学与物理化学等综合化学领域的评论性文章。

②化学通报,1934 年创刊,主要刊登有机化学、分析化学等综合化学领域内的论文。

(3)其他与有机化学相关的期刊

①Chinese Chemical Letters,中国化学快报,由中国医学科学院协和药物研究所与中国化学会合办,影响因子为 0.32(2004)。主要报道化学领域内各个学科的研究成果,文章形式为快报。

②高等学校化学学报,1980 年创刊,影响因子为 0.85(2004)。栏目有研究论文、研究快报和研究简报,主要报道化学领域的研究成果。

③中国科学 B 辑,主要报道化学领域内各个学科的原始的、重要的研究成果。

④应用化学,中国化学会和中科院长春应用化学研究所合办,1983 年创刊。文章形式主要有研究论文和研究简报,内容主要涉及应用化学领域的各个学科。

⑤合成化学,中科院成都有机化学研究所和四川省化工学会主办,主要报道有机化学领域内的论文,栏目有研究快报、综述、研究论文和研究简报。

⑥化学试剂,化工部化学试剂信息站主办,1979 年创刊。栏目有研究报告与简报、专论与综述、试剂介绍、经验交流、生产与提纯技术等。

1.8.2 文摘与索引

1.8.2.1 美国化学文摘(Chemical Abstracts)

由美国化学会主办,简称 CA,创刊于 1907 年。摘录全世界 160 多个国家 14 000 多种化学及化学相关期刊的论文以及 30 多个国家的专利说明书,是目前化学领域内收录最全、最具权威性的文摘索引期刊。每一期按专业分为五大部 80 类:1～20 类为生物化学,21～34 类为有机化学,35～45 类为高分子化学,47～64 类为应用化学与化工,65～80 类为物理化学、无机化学与分析化学。

CA 虽然文摘数量庞大,但可根据关键词索引(keyword index)、作者索引(author index)、专利索引(patent index)、普通主题索引(general subject index)、化学物质名称索引(chemical substance index)、分子式索引(formula index)、登记号索引(registry number index)等多种形式的索引,方便快捷地进行检索,还可根据文摘的题录查找到原始文献。目前,国内许多图书馆已购买了 1992 年以后 CA 的光盘版,有的图书馆还购买了 CA 的网络版(SciFinder),使化学文献的检索更加方便快捷。

1.8.2.2　科学引文索引(Science Citation Index)

简称 SCI，是美国科学情报研究所(Institute for Scientific Information，简称 ISI)出版的期刊文献检索工具，出版形式包括印刷版、光盘版、联机数据库以及 Web 版数据库。SCI 收录全世界出版的数、理、化、农、林、医、生命科学、天文、地理、环境、材料、工程技术等自然科学领域约 3 500 种核心期刊的论文。ISI 具有严格的选刊标准和评估程序，因此 SCI 收录的文献能全面覆盖全世界最重要和最具影响力的研究成果。另外，SCI 还具有独特的"引文索引"(citation index)，即通过先期的文献被当前文献的引用，来说明文献之间的相关性及先前文献对当前文献的影响，使得 SCI 不仅可以作为文献检索工具，而且成为科研评价的一种依据。目前，国内的许多图书馆已购买其网络版(web of science)的使用权。

1.8.3　综合资料

1.8.3.1　词典、手册与大全

(1)英汉化学化工大词汇(科技出版社)，可以查阅英文化学类名词的中文译文，有 17 万条目，内容十分详尽。

(2)汉英化学化工大词典(学苑出版社)，可以查阅中文化学类名词的英文译文，共有 14 万条目。

(3)化合物命名词典(上海竹书出版社)，主要以实例介绍了无机化合物及有机化合物的命名规则，并且有分子式索引和物质名称索引。

(4)The Merck Index(默克索引)，是德国 Merck 公司出版的非商业性的化学药品手册，提供 1 万种常用化学试剂的和生物试剂的物理常数、分子式、化学物质名称、别名、结构式、用途、毒性、制备方法以及参考文献等内容。该书编排按英文字母排序，书末有分子式及化合物名称索引，便于查阅。

(5)Dictionary of Organic Compounds(有机化合物字典)，简称 DOC，内容和编排与 Merck Index 类似，该书提供了 10 多万种化合物的分子式、分子量、别名、物理常数、用途与参考文献等。该字典有许多分册，索引单独成册，包括分子式索引、化合物名称索引与 CA 登记号对照索引。

(6)常用化学危险物品安全手册(中国医药科技出版社)，提供常见的约 1 000 种化学药品的安全资料，主要包括理化性质、毒性、包装运输方法、防护措施、泄漏处置、急救方法等内容。

(7)化学危险品最新实用手册 (中国物资出版社)，编写内容与《常用化学危险

物品安全手册》类似,新增加了 300 余种化学药品的安全资料。

(8) Handbook of Chemistry and Physics(CRC 物理化学手册),简称 CRC,包括 12 000 种无机化合物、有机化合物与金属有机化合物的各种物理常数,非常实用。其中第三分册有机化合物排序与 CA 类似,以母体化合物为主,查阅十分方便。另外,该手册还收集了共沸混合物、溶度积、蒸气压、指示剂的配制等实验室常用的数据与方法。

(9) Lange's Handbook of Chemistry(兰氏化学手册),内容和 CRC 类似,将有机化学、无机化学、分析化学、电化学、热力学等理化资料分 11 章编排。其中第 7 章为有机化学的内容,包括 7 600 种有机化合物的名称、分子式、分子量、物理常数等。

(10) Beilstein Handbuch der Organischen Chemie(贝尔斯坦有机化学大全),简称 Beilstein,介绍有机化合物的结构、理化性质、衍生物的性质、鉴定分析方法、提取纯化或制备方法以及原始参考文献等,尤其化合物的制备极其详尽。该大全从正篇到第四补篇为德文,第五补篇改用英文。

目前,由《贝尔斯坦有机化学大全》正篇到第四补篇与相关的原始文献以及 175 种期刊为数据来源开发的数据库——Beilstein Crossfire,收录了九百多万个化合物和九百多万个反应,是世界上最大的关于有机化学的事实数据库。用户可以通过化学物质索引、化学反应索引与化学文献索引进行检索,也可用反应物或产物的结构或亚结构进行检索,还可用相关的生态、毒物学、药理学等特征进行检索。

1.8.3.2 商用试剂目录

(1) Aldrich Advancing Science,美国 Aldrich 公司出版,该目录包括 37 000 种化学品的理化常数、规格与价格,并且还有各种实验设备的详细附图和功能说明与价格。

(2) Sigma Biochemicals, Reagents & Kits,主要提供美国 Sigma 公司的生化试剂产品及一些化学品的理化常数、规格与价格,还包括该公司销售的实验设备的详细附图和功能说明与价格。

(3) Fluka,由瑞典 Fluka 化学公司出版,主要提供各种实验室及分析试剂的理化常数、规格与价格。

(4) Acros Catalogue of Fine Chemicals,主要提供比利时 Acros 公司的化学试剂的理化常数、规格与价格。由于 Acros 公司供货期短(2~4 周),价格比较优惠,目前国内许多实验室使用该公司的产品。

(5) Merck Catalogue,德国 Merck 公司的商品目录,包括 8 000 种化学和生物

试剂的理化常数、规格与价格以及实验设备的附图和功能说明与价格。

(6)北京化学试剂公司，提供北京化学试剂公司销售的化学试剂的理化常数、规格与价格。

1.8.3.3　有机化学实验参考书

(1)Organic Synthesis(有机合成)，1921 年开始出版，是一套详细介绍有机合成反应操作步骤的丛书。该丛书所推荐的合成方法均经过专家验证，可信度极高，并且检索也很方便，有化合物名称、反应类型、化合物类型、分子式、作者等多种索引。目前，可以从网络上免费查阅，网址为 http://www.orgsyn.org。

(2)Reagents for Organic Synthesis(有机合成试剂)，Fieser & Fieser 主编，1967 年开始出版，主要介绍各种试剂的制备方法、纯化过程与应用范围。在后续卷中不仅补充新试剂而且对已介绍过的试剂进行补充，每卷有索引可以方便查阅。

(3)Synthetic Methods of Organic Chemistry(有机化合物的合成方法)，Theilheimer 编著，1946 年开始出版，每年出一卷。主要内容为有机化合物新的合成方法与合成方法的改进等。有主题索引与反应符号索引便于查阅。

(4)Purification of Laboratory Chemicals(实验室化合物的纯化)，Perrin 等主编，主要总结了各种有机化合物的纯化方法及相关的基本操作，并附有参考文献，是实验室中经常使用的参考书籍。

(5)有机合成事典(北京理工大学出版社，樊能廷编著)，提供了 1 700 余种有机化合物的英文名称、CA 登记号、理化性质、合成步骤等内容，尤其合成步骤翔实可靠，对于常见化合物的合成步骤的设计具有很高的参考价值。

1.8.4　一些有用的化学网站

(1)化学学科信息门户(http://www.chinweb.com.cn)，介绍国内外 Internet 化学化工资源。

(2)化学之门(http://www.chemdoor.com)，提供化学化工信息资源分类导航和检索功能。

(3)有机化学网(http://www.organicchem.com)，主要包括基础有机化学进展、文献、合成数据库、论坛等栏目。

(4)化学在线(http://www.chemonline.net)，介绍化学知识、相关软件等。

(5)ChemFinder 数据库搜索引擎(http://chemfinder.camsoft.com)，可通过化学物质名称，化学式和结构查询 3 500 个化合物的基本数据。

(6)国际化学品安全卡(中文版)数据库(http://www.brici.ac.cn/icsc)，提

供常用危险化学品的职业健康、急救、消防、泄漏处置和事故预防等14项内容。

(7)化学品安全网(http://www.hxpaq.com.cn),提供化学品安全知识及登记注册内容。

(8)各种专利网站:欧洲专利局(http://ep.espacenet.com),美国专利局(http://www.uspto.gov),Derwent专利索引(http://dii.derwent.com),中国专利信息网(http://www.patent.com.cn)等,这些专利网站一般均可通过专利号索引、主题索引或发明人索引检索到专利说明书。

第2章 有机化合物的分离纯化技术

2.1 常压蒸馏 Distillation

【实验目的】

1. 了解蒸馏及沸点测定的意义和用途；

2. 掌握蒸馏及沸点测定原理、仪器装置、操作技术和应用。

【实验原理】

蒸馏广泛地应用于分离、提纯液体有机混合物，以及将挥发性液体与不挥发的物质分开；也用于方便地测定纯净液体有机物的沸点。

液体分子由于分子运动可从其表面逸出，在液面上部形成蒸气。当分子由液体逸出的速度与分子由蒸气回到液体的速度相等时，液面上的蒸气达到饱和，它对液面所施加的压力称为饱和蒸气压。实验证明，液体的蒸气压只与温度有关，即液体在一定温度下具有一定的蒸气压。

一种液体被加热时，其蒸气压逐渐增大，当增大到与外界施于液面的总压力相等时，就有大量气泡从液体内部逸出，即液体沸腾。这时的温度称为该液体的沸点。在一定的外界压力下，纯净的液体的沸点是一个常数。外界的压力是101.325 kPa(一个大气压)时，其温度即为常压沸点。例如水的常压沸点为100℃，是指在101.325 kPa 压力下水沸腾时的温度是100℃。在室温下，一般高沸点液体的蒸气压比具有较低沸点液体的蒸气压要小。

将液体加热沸腾变为蒸气，然后再将蒸气冷却凝结为液体的联合操作称为蒸馏。

当被蒸馏的液体混合物沸腾时，液体上面的蒸气组成与液体混合物组成不同，蒸气组成富集的是易挥发的(低沸点)组分，而不易挥发的组分大多留在原来的液相中。把蒸气导引出来并冷却，收集到的液体组成与蒸气组成相同。因此蒸馏可以提纯混合物中的有机物组分。当蒸馏沸点相差显著(相差30℃以上)的两种液态混合物时，蒸馏收集到的液体主要是易挥发的(低沸点)组分；在蒸馏瓶里留下来的主要是难挥发的(高沸点)组分，从而达到分离的目的。在蒸馏过程中，混合物的沸点一开始接近于易挥发组分的沸点；随着易挥发组分在液体中的逐渐减少，混合物的沸点稍升高；当易挥发组分大部分被蒸出时，混合物的沸点快速上升，接近难挥发组分的沸点。

常压下纯净的液体有机物具有一定的沸点，在蒸馏纯液体的过程中其沸点只有很小的变动，一般沸程在0.5～1.0℃范围内。因此蒸馏可用于测定纯净液体有机物的沸点，又称常量法测沸点。沸点是有机化合物的重要物理常数之一。沸点的测定对鉴定液体有机物有一定的意义。

但必须注意的是，具有固定沸点的液体不一定是纯净的化合物。这是由于含有2个或2个以上组分的某些混合物，可以形成共沸混合物(见附录5)。共沸混合物不能利用常压蒸馏的方法将各组分分开，因为在蒸馏具有一定组成的共沸混合物时，其蒸气组成与液体组成相同，这就是恒沸现象。许多有机物溶液在蒸馏中都有恒沸现象。有些溶液的恒沸点低于组成溶液的任一纯物质的沸点，称为低恒沸现象。如乙醇-水溶液在常压下的恒沸点是78.15℃(恒沸组成为95.5%乙醇＋4.5% 水)，低于纯乙醇的沸点78.3℃和水的沸点100℃。也有些溶液具有最高恒沸点，如氯仿-丙酮溶液等。

【实验试剂】

50%乙醇的水溶液。主要物理常数(文献值)如下：

名称	分子量	性状	折光率	比重	熔点/℃	沸点/℃	溶解度/(g/100 mL溶剂)		
							水	醇	醚
乙醇	46.07	液态	1.360 0	0.785	−144	78.3	∞	∞	∞

【仪器装置】

常压蒸馏装置如图2-1所示。图中：

(1)蒸馏烧瓶是蒸馏使用的容器，容量大小取决于所需蒸馏液体的体积。通常液体的体积应占蒸馏烧瓶容积的1/2～2/3。

(2)～(3)蒸馏头是蒸气导通装置，连通蒸馏烧瓶和冷凝管，并能接插温度计。温度计由套管固定在蒸馏头上，球泡上沿应与支管下沿处于同一水平上。

(4)冷凝管是凝结蒸气的装置。蒸馏时使用直形冷凝管。按冷却介质不同，直形冷凝管还分为水冷和空气冷两种，水冷适用于沸点低于140℃的物质；沸点高于此温度的物质蒸馏时使用空气冷凝管。水冷管末端支管为进水口，前端支管为出水口。

(5)接引管(尾接管)用于引出冷凝液。蒸馏较高沸点且不需绝对干燥的物质时，可用普通牛角形尾接管；蒸馏较低沸点时须使用双磨口接头的接引管(真空尾接管)。若需保持蒸馏液体绝对干燥，在支管上要接干燥管。无论使用何种接引

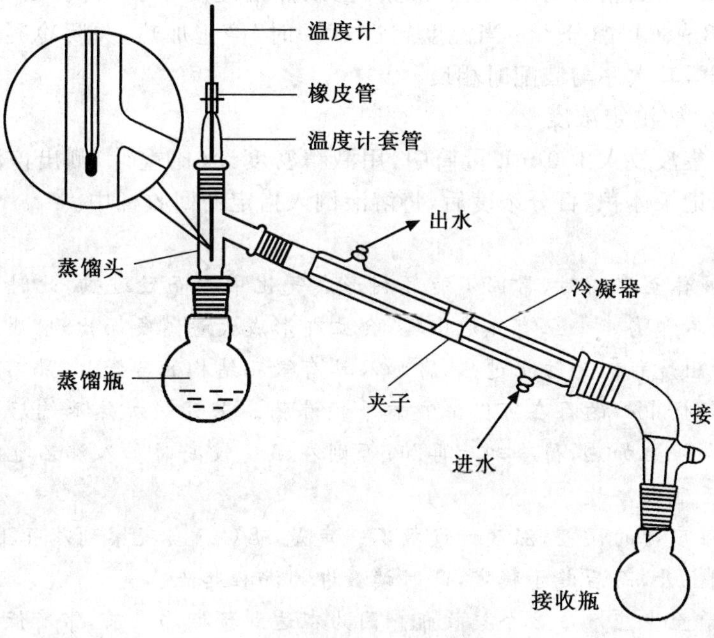

图 2-1　常压蒸馏装置

管，都必须保证这部分装置连通大气。必须牢记，蒸馏装置绝不允许全密闭操作。

(6)接收烧瓶可以根据使用目的选择三角烧瓶或圆底烧瓶等。

【实验操作】

1. 安装装置

在铁架台上放好加热源，根据热源的高低将 100 mL 圆底蒸馏烧瓶用铁夹固定在铁架台上。依次连接蒸馏头、温度计(用乳胶管套在套管上)，从正面看，保持温度计、圆底烧瓶、热源的中心轴线在同一条直线上；然后连接直形冷凝管(用铁夹固定在另一架台上)，固定冷凝管的铁夹要在冷凝管接口安装合适后再夹紧，接上通冷凝水的橡皮管；在直形冷凝管尾端安装接引管和接收瓶。从侧面看，保持接收瓶、冷凝管、圆底烧瓶的中心轴线在同一平面上，不能出现装置的歪斜或扭曲现象。

2. 蒸馏操作

(1)加料。取下温度计(连套管)，通过长颈漏斗向烧瓶中加入 60 mL 质量百分浓度约为 50％的乙醇水溶液，加入数粒沸石[1]。插好温度计，检查装置连接是否严密。

(2)蒸馏。向冷凝管中通水，使冷却水保持缓慢流动即可。开启热源加热(可用电热套、煤气灯、酒精灯等)。注意观察,控制蒸馏速度不要太快,以 1～2 滴/s 为宜。收集 78～80℃馏分[2]。当温度超过 80℃时,停止加热,关闭冷凝水[3]。稍冷后,拆卸仪器,其次序与装配时相反。

3. 回收酒精、测定浓度

将蒸馏收集液放入 100 mL 量筒中,用酒精密度计(比重计)测出该溶液的质量百分浓度。记录体积、百分浓度后,将溶液倒入指定的回收桶中。

【附注】

[1]加热液体至沸腾时,常因不能顺利形成气化中心而致过热,此时液体温度超过其沸点却不沸腾。一旦有气泡出现,会立即形成大量蒸气而出现“爆沸”,将瓶中液体携带冲出烧瓶。为防止过热,常加入具有微孔结构的碎瓷片、沸石或一端封口的毛细管,气化中心的存在可保证液体平稳沸腾。若开始加热蒸馏后才发现未加沸石,应立即停止加热,待冷却后再加;否则在温度较高时加入沸石也会立即引起“爆沸”,甚至酿成事故。

[2]由于温度计的误差,温度计读数不一定是 78℃。当观察到蒸气上升后,温度计示数急剧上升,而后趋于稳定,此时读数即为沸程起点。

[3]蒸馏前至少应准备 2 个接收瓶。因为在达到预期沸点前,常有低沸点液体先蒸出,称为前馏分;前馏分蒸完,温度趋于平稳后的馏出液为目标物质,这时应换一个新接收瓶,此时的温度即为所蒸物质的沸点。若所收集馏分的温度范围已有指定,则按照指定温度范围收集。收集沸点范围越小,收集的馏分纯度越高。无论如何,烧瓶中液体不可蒸干,以防烧瓶破裂发生事故。蒸馏完毕,应先停止加热,移走热源,待稍冷却后关闭冷却水。

【思考题】

1. 什么是沸点? 如果液体具有恒定的沸点,能否认为它是纯净的物质?

2. 什么是蒸馏? 蒸馏在有机化学实验中主要有哪些用途?

3. 常量法测沸点时,温度计由套管固定在蒸馏头上,温度计水银球与蒸馏头支管的相对位置怎样安装较为合理?

4. 蒸馏时加入沸石的作用是什么? 若开始蒸馏加热后,发现未加入沸石,应该怎样处理? 当重新蒸馏时,用过的沸石能否继续使用?

2.2 分馏 Fractional Distillation

【实验目的】

1. 了解分馏操作的意义及用途;

2. 掌握分馏的原理，分馏柱的种类和选用方法；

3. 掌握实验室常用的简单分馏的装置和操作方法。

【实验原理】

对于沸点(或者说挥发度)相差较大的液体有机混合物，用常压蒸馏可以将各组分较好地分离。而蒸馏沸点相差不大的混合物时，气相中各组分的摩尔分数相差不大，很难把各组分完全分离。用多次反复蒸馏的办法虽然理论上可行，但费时多、消耗大，实际上很少采用。此时采用分馏的方法，通过在分馏柱中进行多次的部分汽化和部分冷凝，既能克服多次蒸馏的缺点，又可有效地分离沸点相近的混合物。现阶段，精密的分馏设备已能将沸点相差1～2℃的混合物分开。分馏已在实验室和化学工业中广泛应用。

分馏是应用分馏柱将多次蒸馏在一套装置中完成的操作。在分馏装置中，将几种具有不同沸点的液体混合物加热沸腾，蒸气中易挥发液体(低沸点组分)的摩尔分数较在原混合液中为多；混合物蒸气进入分馏柱，受柱外空气冷却，上升的蒸气与下降的冷凝液互相接触时，上升的蒸气部分冷凝放出热量使下降的冷凝液部分汽化，两者之间发生了热量交换。其结果，上升蒸气中易挥发组分相对增加，而下降的冷凝液中难挥发组分(高沸点组分)增加，如此连续多次的部分汽化和部分冷凝，即达到了多次蒸馏的效果。这样靠近分馏柱顶部易挥发物质的组分比率高，而在烧瓶里高沸点组分也得到逐步富集。若分馏柱的效率足够高，在分馏柱顶部引出的蒸气就接近于纯净的低沸点组分，最终可能将低沸点的物质分离出来。

图2-2是二元理想溶液的气液相组成与温度关系图，以横坐标表示组成 x(摩尔分数)，纵坐标表示温度 t。从图中可以看出，由组分A 5%和组分B 95%组成的液体(L_1)在约87℃时沸腾，和此液相平衡的蒸气(V_1)组成约为A 20%和B 80%。将此组成的蒸气冷凝成同组成的液体(L_2)，再将其汽化，平衡蒸气(V_2)的组成约为A 50%和B 50%。显然，如此重复多次，即可获得接近100%的气相A，导引出并冷凝，即可得到纯A。而留在瓶里的液体中B的浓度逐渐增加，直到接近100%。

必须指出，效率再高的分馏也不能将共沸混合物分开，只能以较高的效率得到共沸组成。

分馏柱有不同的类型，如刺形柱和填充柱。刺形柱又称韦氏(Vigrex)分馏柱，是一根具有许多交互分布、内凸“锯齿”的玻璃柱。使用时不需要装填料，在分馏过程中残留在柱内的液体少，易于清洗，缺点是柱效率不高。为了减少柱外热量损失、减少不均衡冷却的影响，常用玻璃棉等保温材料包缠柱身。填充分馏柱在一根空玻璃管中填充诸如玻璃珠、瓷环、金属片等填料的柱子，填充的目的就是要增大

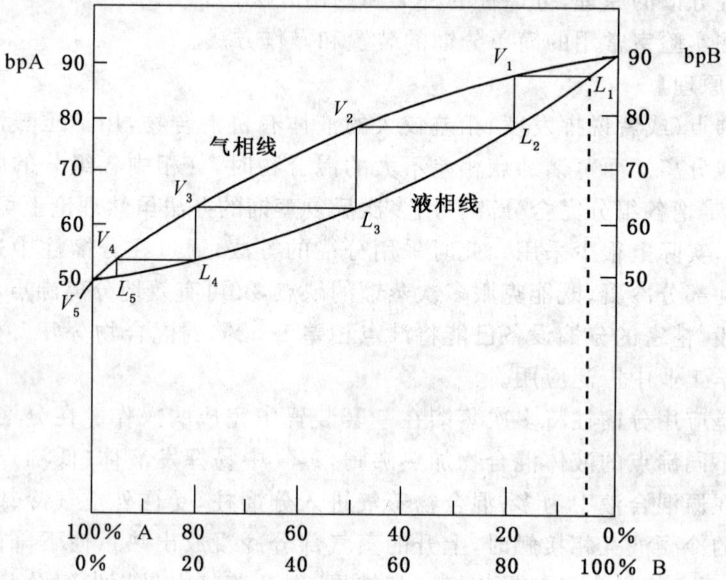

图 2-2 分馏过程曲线

气液两相的接触面积，提高分离效率。分馏柱的效率主要取决于柱高、填充物和保温性能；分馏柱越高，分馏效率越高。但是，分馏柱过高会影响蒸馏速度，填充物之间要有一定的空隙，否则气流流动阻力增加，也会影响分离效果。

【实验试剂】

50％乙醇的水溶液。主要的物理常数(文献值)见 2.1 蒸馏。

【仪器装置】

分馏装置如图 2-3 所示。

【实验操作】

取 100 mL 圆底蒸馏烧瓶，加入 60 mL 质量百分浓度约为 50％的乙醇水溶液，加入数粒沸石，依次装好分馏柱[1]、蒸馏头、温度计、冷凝管、接引管和接收瓶。检查气密性后开始加热。液体沸腾后，注意观察第一滴馏出液进入接收瓶时的温度，待温度稳定后，调节蒸馏速度为 1 滴/(2～3)s[2,3]。用 3 个接受瓶分别接收前馏分、78～80℃、80～90℃的馏分。

将 78～80℃分馏收集液放入 100 mL 量筒中，用酒精密度计(比重计)测出该溶液的质量百分浓度，记录体积和百分浓度；量出 80～90℃馏分的体积并记录；将收集液都倒入指定的回收桶中。

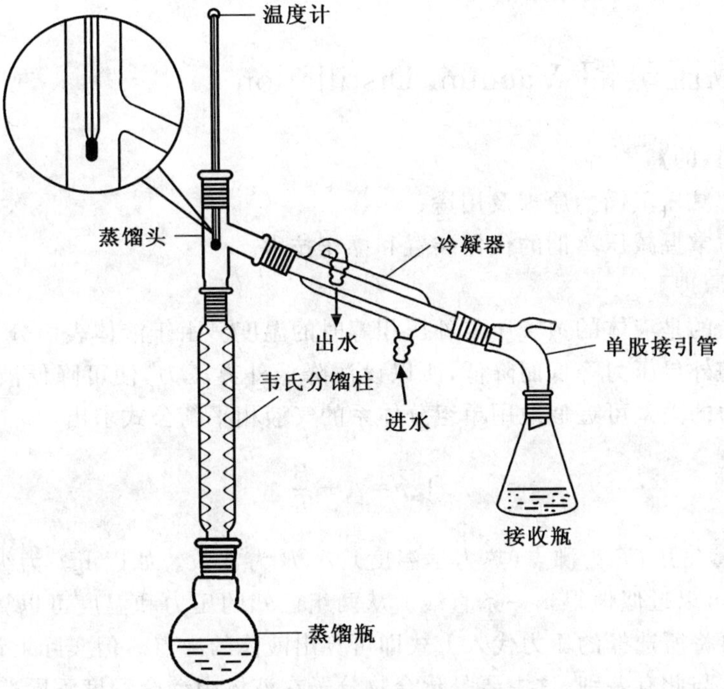

图 2-3　分馏装置图

【附注】

[1]柱的外围可用石棉包裹，减少风和室温的影响，这样可以减少柱内热量的损失和波动，使分馏操作平稳地进行。

[2]分馏一定要缓慢进行，控制好恒定的蒸馏速度；

[3]要有相当量的液体回流到烧瓶中，即要选择合适的回流比，使上升的气流和下降液体充分进行热交换。

【思考题】

1. 分馏柱的作用是什么？分馏效率决定于哪些因素？

2. 分馏和蒸馏在原理、装置、操作上有哪些异同？从 2.1 分馏和 2.2 蒸馏这两次实验的结果比较，可以说明什么？

3. 水和苯形成低共沸混合物，其共沸温度 69.4℃，共沸组成是 8.9%的水和 91.1%的苯。在分馏装置中蒸馏含有少量水的苯，蒸馏温度接近 70℃（柱顶）时馏出一部分液体，它是什么？之后蒸馏温度会升高达到 80℃，馏出液又是什么？会不会再有100℃左右的馏出液？

2.3 减压蒸馏 Vacuum Distillation

【实验目的】

1. 了解减压蒸馏的原理及用途；

2. 学习掌握减压蒸馏的仪器装置和操作技术。

【实验原理】

沸点指的是液体的蒸气压与外压相等时的温度。由于液体表面分子逸出所需要的能量随外界压力降低而降低，所以设法降低外界压力，便可降低液体的沸点。沸点与压力的关系可近似地用单组分体系的气液相平衡公式求出：

$$\lg p = A + \frac{B}{T}$$

式中：p 为蒸气压；T 为沸点（热力学温度）；A，B 为常数。如以 $\lg p$ 为纵坐标，$1/T$ 为横坐标，可以近似地得到一条直线。从两组已知的压力和温度可以算出 A 和 B 的数值。再将所选择的压力代入上式即可算出液体的沸点。但实际上许多化合物沸点的变化与此有差别，这主要是化合物分子在液体中缔合程度不同造成的。

表2-1列出一些有机化合物在不同压力下的沸点。可以看出当压力降低到2 666 Pa(20 mmHg)时，大多数有机物沸点比常压101.325 kPa(760 mmHg)的沸点低100～120℃。当减压蒸馏在1 333～3 332 Pa (10～25 mmHg)之间进行时，大体上压力相差113.3 Pa (1 mmHg)，沸点相差约1℃。

表2-1 某些化合物在不同压力下的沸点 ℃

压力/Pa(mmHg)	水	氯苯	苯甲醛	水杨酸乙酯	甘油	蒽
101 325(760)	100	132	179	234	290	354
6 665(50)	38	54	95	139	204	225
3 999(30)	30	43	84	127	192	207
3 332(25)	26	39	79	124	188	201
2 666(20)	22	34.5	75	119	182	194
1 999(15)	17.5	29	69	113	175	186
1 333(10)	11	22	62	105	167	175
666(5)	1	10	50	95	156	159

在常压蒸馏操作过程中，一些有机物加热到其常压沸点附近时，会由于温度过

高而发生氧化、分解或聚合等反应，使其无法在常压下蒸馏达到分离提纯目的。若将蒸馏装置连接在一套减压系统上，在蒸馏开始前先使整个系统压力降低，这些有机物就可以在较其正常沸点低得多的温度下进行蒸馏，这就是减压蒸馏。

在进行减压蒸馏前，应先从文献中查阅该化合物在所选压力下相应的沸点，这对具体操作和选择合适的温度计都有一定的参考价值。如果文献中缺乏此数据，可以用“压力-温度关系图”(图 2-4)来近似判断。图中有三条线：线 A(左边)表示减压下有机物的沸腾温度，线 B(中间)表示有机物的正常沸点，线 C(右边)表示系统的压力。在已知某化合物的正常沸点和蒸馏系统的压力时，连接线 B 上的相应点(正常沸点)和线 C 上的相应点(系统压力)的直线与左边的线 A 相交，交点指出在此系统压力下该有机物的沸点。即从某一压力下的沸点便可近似地推算出另一压力下沸点(近似值)。如某有机化合物常压下沸点为 250℃，要减压到 20 mmHg，它的沸点应为多少？可先从图 2-4 中间的直线上找出相当 250℃的沸点，将此点与右边直线上的 20 mmHg 时的点联成一直线，延长此直线与左边的直线相交，交点所

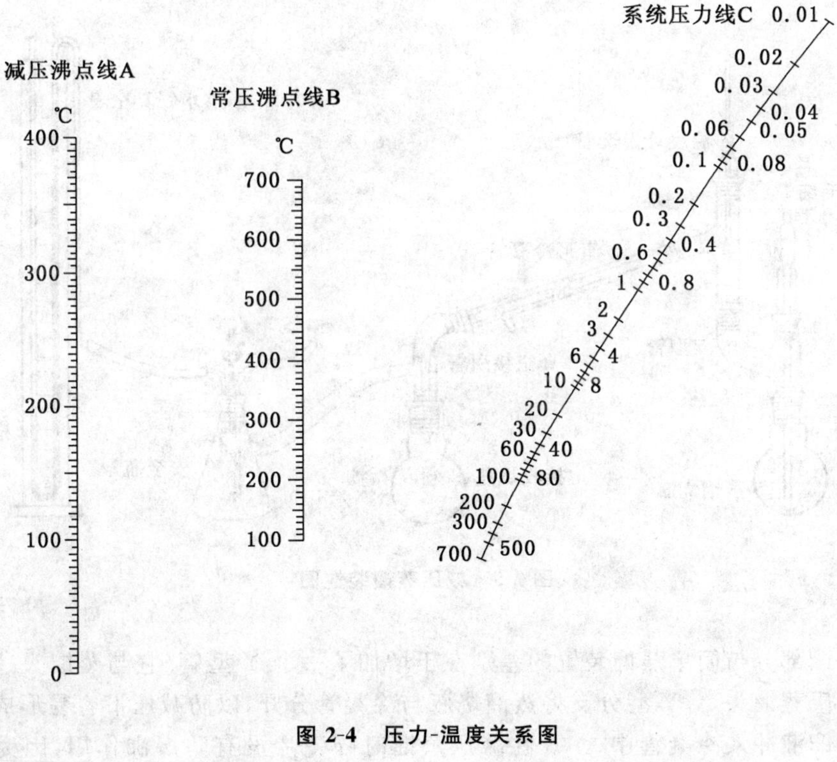

图 2-4　压力-温度关系图

示的温度就是 20 mmHg 时的某一有机化合物沸点，约为 130℃。此法得出的沸点虽为估计值，但较为简便，实验中有一定参考价值。反过来，若希望在某安全温度下蒸馏有机物，根据此温度及该有机物的正常沸点，可以连一条直线交于右边的线 C 上，交点指出此操作必须达到的系统压力。

【实验试剂】

10 mL 粗苯甲醛，物理常数(文献值)见下表：

名称	分子质量	性状	折光率	比重	熔点/℃	沸点/℃	水中溶解度
苯甲醛	106	无色透明液体	1.546 3	1.04～1.046	－26	179	微溶

【仪器装置】

常用减压蒸馏装置如图 2-5 所示。装置主要由蒸馏、抽气(减压)、安全保护和测压四部分组成。蒸馏部分由蒸馏瓶、克氏蒸馏头、毛细管、温度计及冷凝管、接收器等组成。抽气部分实验室通常用水泵或油泵进行减压。还有安全瓶、压力计等。

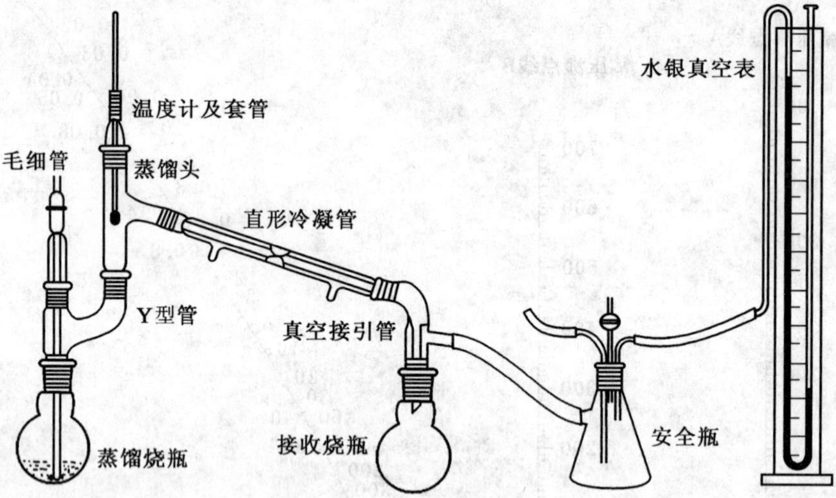

图 2-5　减压蒸馏装置图

蒸馏部分与简单蒸馏装置的差别在于增加了一个 Y 型管(它与蒸馏头一起相当于克氏蒸馏头)。Y 型分支将蒸馏烧瓶与冷凝管分开，以防减压下容易形成爆沸而将蒸馏液冲入冷凝管中[1,2]。在减压蒸馏时碎瓷片没有防爆沸作用，因为在减压下汽化中心在液体沸腾以前就已经消失。为确保形成汽化中心，在克氏蒸馏头上接一根带塞子的玻璃管，拉成毛细管的一端插入液面下，上端套上橡皮管和螺旋夹以便于控制气泡的大小。也可以用磁力搅拌器带动搅拌子旋转以防止局部过热产生爆沸。

【实验操作】

1. 按图示安装好减压蒸馏装置后，先检查系统是否漏气。方法是：关闭安全瓶上的二通旋塞，开启抽气泵，旋紧毛细管上螺旋夹，减压至压力稳定后，夹住连接抽气系统的橡皮管，观察压力计水银柱是否有变化，无变化说明不漏气；有变化时需仔细检查整个减压蒸馏系统，如玻璃仪器是否破裂，接头部分是否密合，且磨口仪器的所有接口都必须用真空脂润涂好。待检查处理妥当后，打开安全瓶上的二通旋塞通大气[3]。

2. 小心取下固定毛细管的套管，通过长颈漏斗向烧瓶中加入 10 mL 粗苯甲醛[4,5]，塞好套管，开动抽气泵，逐渐关闭安全瓶上的二通旋塞，慢慢引进少量空气以调节到所需要的真空度 7 kPa(50 mmHg)。调节毛细管导入的空气量，以能冒出一连串小气泡为宜。当压力稳定后，开始加热。液体沸腾后，应注意控制温度，并观察沸点变化情况。待沸点稳定时，记录平稳馏出温度，转动多尾接管接收馏分。在蒸馏过程中保持蒸馏速度每 1～2 s 一滴。

3. 蒸馏完毕，先停止加热，移去热源，慢慢旋开夹在橡皮管上的螺旋夹，待蒸馏瓶稍冷后再缓缓打开安全瓶上二通旋塞，平衡内外压力(若开得太快，水银柱很快上升，有冲破测压计的可能)，然后才关闭抽气泵[6]。

【附注】

[1]减压蒸馏中很容易发生爆沸，因为一滴液体在 5 kPa 时汽化形成的蒸气体积比在 101.325 kPa 时要大 20 倍左右，大气泡从液体冲出会造成猛烈的飞溅。

[2]蒸馏少量物质或常压沸点在 150℃以上的物质时，可不用冷凝管，直接将接收管和接收瓶连在蒸馏头支管上，在接收瓶下方安一个带橡皮管的漏斗，并向接收瓶上缓缓通水冷却。

[3]减压蒸馏系统有时因漏气而达不到所要求真空度(不是水泵或油泵本身的原因)。应分段检查每个连接位置。在漏气的部位涂少许熔化的石蜡，在涂蜡的缝隙处用电吹风加热熔化。涂蜡应在解除真空条件下进行。

[4]苯甲醛有毒，应避免与之直接接触。

[5]使用油泵进行减压蒸馏前，应先进行普通蒸馏，除去低沸点物质，必要时也可先用水泵减压蒸馏。加热温度以产品不分解为原则。在烧瓶中加入的待蒸馏的液体，体积不超过蒸馏瓶的一半。

[6]蒸馏结束或蒸馏过程中需要中断时均应先移去火源，打开毛细管上的螺旋

夹，待蒸馏瓶冷却后，缓慢打开安全瓶上的二通旋塞解除真空，方可关闭抽气泵，否则由于系统中压力低，油泵中的油就有倒吸的可能。

【思考题】

1. 减压蒸馏适用于哪些物质的分离提纯？

2. 怎样根据待蒸馏物的正常沸点和蒸馏时的上限温度选择必须达到的真空度？

3. 减压蒸馏操作中采取什么方法可以防止爆沸？用什么方法可以防止蒸馏液冲入冷凝管？

4. 使用油泵减压时，要有哪些吸收和保护装置？

5. 减压蒸馏为什么要先抽气再加热？蒸馏结束时为什么要先停止加热，待冷却后再停止抽气？

2.4 水蒸气蒸馏 Steam Distillation

【实验目的】

1. 学习水蒸气蒸馏的原理及应用范围；

2. 了解并掌握水蒸气蒸馏的仪器装置及其操作方法。

【实验原理】

水蒸气蒸馏是将水蒸气通入不溶于水的有机物中，使其与水经过共沸而蒸馏出来的实验操作。水蒸气蒸馏是分离和纯化与水不相混溶的挥发性有机物常用的一种方法。此法常用于下列几种情况：①反应混合物中含有大量树脂状杂质或不挥发性杂质；②要求除去易挥发的有机物；③从固体多的反应混合物中分离被吸附的液体产物；④某些有机物在达到沸点时容易被破坏，采用水蒸气蒸馏可在 100℃左右得到分离提纯。但使用这种方法，被提纯化合物应具下列条件：①不溶或难溶于水，如溶于水则蒸气压会显著下降，例如丁酸比甲酸在水中的溶解度小，虽然甲酸的沸点(101℃)较丁酸的沸点(162℃)低得多，但丁酸比甲酸容易随水蒸气蒸馏出来；②在沸腾时与水不起化学反应；③在 100℃左右，该化合物应具有一定的蒸气压，一般不小于 1 333 Pa(10 mmHg)。

当水和不(或难)溶于水的化合物一起存在时，整个体系的蒸气压力根据道尔顿分压定律，应为各组分蒸气之和。即 $p=p_A+p_B$，其中 p 为总的蒸气压，p_A 为水的蒸气压，p_B 为化合物的蒸气压。给体系加热，当混合物中各组分的蒸气压总和等于外界大气压时混合物沸腾，此时其中各组分的蒸气压或水的蒸气压都小于外压，沸腾体系的温度低于水的沸点。

图 2-6 是水和溴代苯(常压沸点 156℃)这 2 个互不相溶混合物的蒸气压对温度的关系曲线图。混合物在 95℃左右沸腾,即在该温度时总蒸气压等于大气压。此温度低于这个混合物中沸点最低的组分——水的沸点 100℃。由于水蒸气蒸馏可以在低于 100℃下进行蒸馏操作,对于那些热稳定性较差和高温下要分解的化合物的分离,是一种有效的方法。

常压下应用水蒸气蒸馏,混合物蒸气压中各气体分压之比(p_A,p_B)等于它们的物质的量之比,即

$$\frac{n_A}{n_B}=\frac{p_A}{p_B}$$

式中:n_A 为蒸气中含 A 的物质的量,n_B 为蒸气中含有 B 的物质的量,而式中,

$$n_A=\frac{m_A}{M_A} \qquad n_B=\frac{m_B}{M_B}$$

m_A,m_B 为 A,B 在容器中蒸气的质量;M_A,M_B 为 A,B 的摩尔质量。因此

$$\frac{m_A}{m_B}=\frac{M_A n_A}{M_B n_B}=\frac{M_A p_A}{M_B p_B}$$

两种物质在馏出液中相对质量(也就是在蒸气中的相对质量)与它们的蒸气压和摩尔质量成正比。例如,常压下苯胺(常压沸点 184℃)进行水蒸气蒸馏时,沸腾温度为 98.5℃,此时苯胺和水的蒸气压分别为 5.7 kPa(43 mmHg)和 95.5 kPa(717 mmHg),从计算得到馏液中苯胺的含量应占 23%,实际得到的比 23%低,主要是由于苯胺微溶于水所引起的;苯甲醛(常压沸点 179℃),进行水蒸气蒸馏,在 97.9℃沸腾,此时苯甲醛和水的蒸气压分别为 7.5 kPa(56.5 mmHg)和 93.7 kPa(703.5 mmHg),馏液中苯甲醛占 32.1%。应用过热水蒸馏可以提高馏液中化合物的含量。

鉴于通常有机化合物的分子量要比水大得多,所以如果一种化合物在接近 100℃时有一适当的蒸气压,用水蒸气蒸馏就可获得良好效果,甚至固体物质有时也可用水蒸气蒸馏实现提取。

【实验试剂】

10 mL 粗苯甲醛,物理常数见 2.3 减压蒸馏。

【仪器装置】

常用水蒸气蒸馏仪器装置如图 2-7 所示。

【实验操作】

按图示安装好装置,向圆底烧瓶中加入待蒸馏的 10 mL 粗苯甲醛[1],将烧瓶

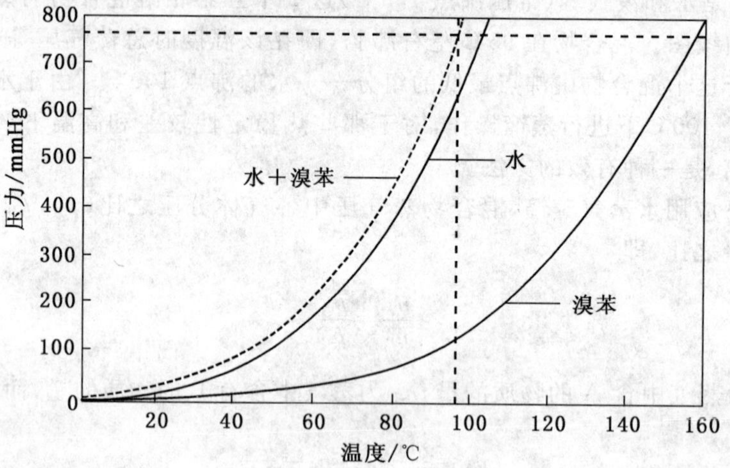

图 2-6　水蒸气蒸馏曲线

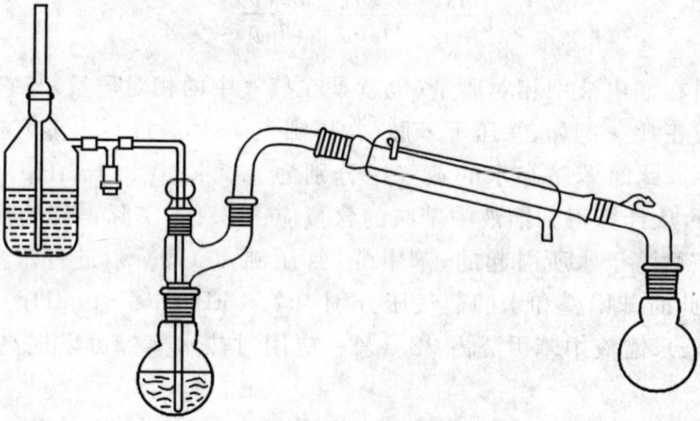

图 2-7　水蒸气蒸馏图

固定在铁架台上，小心套上水蒸气引导管，导管的末端要接近容器底部，加热水蒸气发生器至产生大量蒸气，旋紧 T 形管上螺旋夹[2]，观察蒸气导入蒸馏烧瓶中状况及瓶中沸腾状况，注意水蒸气发生器上的安全管水位是否异常升高[3]。蒸馏持续一段时间[4]，调节火焰，控制蒸馏速度每秒 2～3 滴，直至馏出液的液滴不再混浊，滴入接收瓶的液滴不呈油珠样时停止。

停止时先旋开 T 形管上的螺旋夹，移开热源，防止蒸馏烧瓶中发生倒吸。蒸出的苯甲醛沉在水底。将蒸馏收集到的液体混合物倒入分液漏斗中，静置分层[5]，分出下层苯甲醛。苯甲醛不得倒入水池或废液缸，必须倒入指定的回收瓶中。

【附注】

[1]苯甲醛有毒，应避免与之直接接触。被蒸馏物的体积不超过容积的 1/3。

[2]T 形管接通水蒸气发生器和蒸馏烧瓶，下端橡皮管上有一螺旋夹，用来连通大气。

[3]蒸馏时，因异常原因造成系统堵塞会导致水蒸气发生器中压力升高，从安全管水位异常上升可以看出。此时应立即放开 T 形管上螺旋夹，使系统放空，停止加热，移走热源，查找原因排除故障。

[4]蒸馏瓶中液体的总体积不得超过容积的 2/3。

[5]有时收集的馏出液会形成乳液，需要长时间静置才能分层。必要时可以向乳液中加入氯化钠等无机盐促进破乳分层，减少等待时间。

【思考题】

1. 水蒸气蒸馏的原理是什么？水蒸气蒸馏有哪些实际应用？

2. 用水蒸气蒸馏进行分离时，被分离的混合物应具备什么条件？

3. 水蒸气蒸馏装置包括几个部分？各部分有哪些仪器？

4. 水蒸气蒸馏时，水蒸气导管的末端为什么要接近容器底部？

2.5　萃取 Extraction

【实验目的】

1. 掌握萃取的原理和应用；

2. 掌握液-液萃取和液-固萃取的操作方法。

【实验原理】

萃取是有机化学实验中用来提取或纯化有机化合物的常用操作之一，它利用有机物在两种互不相溶（或微溶）的溶剂中分配能力的不同，使有机物从一种溶剂中转移到另一种溶剂中。分配定律是萃取的主要理论依据。例如，分液漏斗内装有溶质 A 溶于溶剂 1 组成的溶液，如果要从其中提取 A，可在分液漏斗内再加入溶剂 2，溶剂 2 对 A 溶解度较大，而与溶剂 1 不相溶和不发生化学反应。充分振荡，静置后，由于 1 与 2 不相溶，在分液漏斗内分成两层。此时 A 在两层中的浓度比在一定温度和压力下为一常数，即为分配系数，以 K 来表示，这种关系称做分配定律。用公式表示为：

$$K=\frac{\rho_1}{\rho_2}$$

式中：ρ_1和ρ_2分别为溶质A在溶剂1和溶剂2中的质量浓度(g/mL)。

要提高萃取效率，将所需要的化合物从溶液中较完全提取出来，通常萃取一次是不够的，必须重复萃取数次。

设：V为原溶液的体积，m_0为萃取前化合物的总量，m_1为萃取一次后化合物剩余量，m_2为萃取二次后化合物剩余量，m_n为萃取n次后化合物剩余量，V_e为每次使用的萃取溶剂的体积。根据分配定律的公式，进行以下推导：

经一次萃取

$$\frac{m_1/V}{(m_0-m_1)/V_e}=K \qquad m_1=m_0\frac{KV}{KV+V_e}$$

经二次萃取

$$\frac{m_2/V}{(m_1-m_2)/V_e}=K \qquad m_2=m_1\frac{KV}{KV+V_e}=m_0\left(\frac{KV}{KV+V_e}\right)^2$$

经n次萃取：$m_n=m_0\left(\frac{KV}{KV+V_e}\right)^n$

由上式可看出，n值越大，m_n越小，萃取效率越高。

例如：在100 mL水中含有4 g正丁酸的溶液，在15℃时用100 mL苯来萃取，设已知在15℃时正丁酸在水和苯中的分配系数为1/3。

用苯100 mL一次萃取后正丁酸在水中剩余量为：

$$m_1=4\ \text{g}\times\frac{\frac{1}{3}\times 100\ \text{mL}}{\frac{1}{3}\times 100\ \text{mL}+100\ \text{mL}}=1.0\ \text{g}$$

如果将100 mL苯分为3次萃取，则剩余量为：

$$m_3=4\ \text{g}\times\left[\frac{\frac{1}{3}\times 100\ \text{mL}}{\frac{1}{3}\times 100\ \text{mL}+33.3\ \text{mL}}\right]^3=0.5\ \text{g}$$

一般将同一定体积的溶剂分为3～5次萃取即可。这是因为n增加，V_e就要减少，当n大于5时，再增加n，n和V_e这两个因素的影响就几乎相互抵消了。

萃取被广泛用于有机产品的纯化，应用萃取可从固体或液体混合物中提取出所需要的物质。如从动植物中获得生物碱、脂肪、蛋白质、芳香油和中草药的有效成分等。

【实验试剂和仪器装置】

1. 试剂

乙酸乙酯、苯酚

2. 仪器装置

【实验步骤】

1. 液-液萃取

量取 5% 苯酚水溶液 20 mL，由分液漏斗的上口倒入分液漏斗中[1]，再加入萃取剂乙酸乙酯 10 mL[2]。盖好玻塞并用右手食指的末节顶住，再用左手大拇指及食指和中指握住漏斗活塞的柄上，这样在振荡时玻塞和活塞均夹紧（图 2-8）。两手振摇漏斗，振摇时漏斗的出料口稍向上倾斜。每隔几分钟将漏斗倒置（活塞朝上），小心打开活塞朝无人的地方放气（图 2-8），以平衡内外压力，再关闭活塞。重复上述操作 2～3 次后，将分液漏斗置于铁圈上，当溶液明显分成两层后[3]，将玻塞小槽对准漏斗口颈上的通气孔，小心打开活塞将下层水溶液慢慢放入一烧杯中[4]，当液面分界接近旋塞时，关闭旋塞，静置片刻，待下层液体汇集不再增多时，小心地全部放出。上层乙酸乙酯的苯酚溶液从上口倒入一磨口锥形瓶中，加入无水硫酸镁干燥，蒸馏，回收乙酸乙酯，圆底烧瓶内的残留物即为苯酚。称重，计算收率[5]。

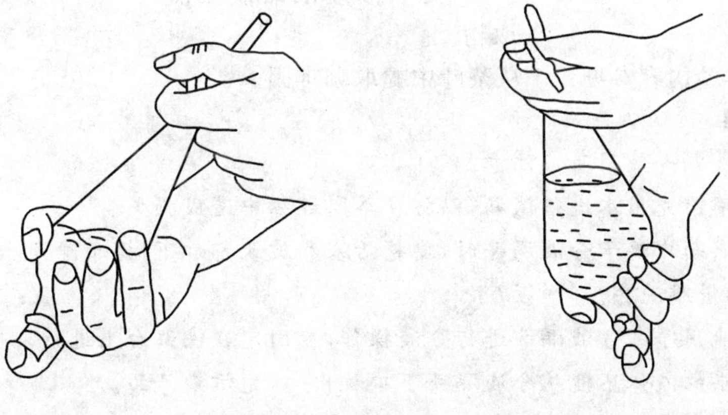

图 2-8　振荡分液漏斗和放气

2. 液-固萃取

从固体混合物中萃取所需要的物质，最简单的方法是把固体混合物研细，以增加固-液接触面积。然后放在容器里,加入适当溶剂,加热提取。

(1)浸取法。在回流装置中加入固体混合物和溶剂,加热至回流,一段时间后停止。然后采用过滤或倾析的方法把萃取液和残留的固体分开,即完成一次提取。

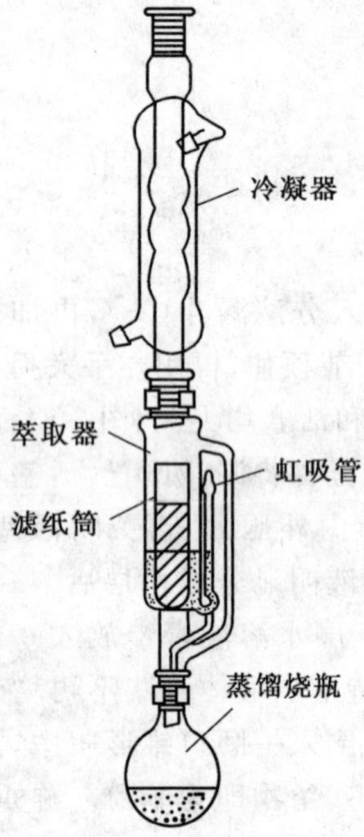

图 2-9　索氏提取器

(2)连续提取法。如果萃取物质的溶解度很小,就要进行连续多次萃取。连续多次萃取提取常使用索氏提取器(Soxhlet extractor)(图 2-9)。将滤纸做成与提取器大小相应的套袋,然后把固体混合物放入套袋内,装入提取器内。在蒸馏烧瓶中加入提取溶剂和沸石,连接好蒸馏烧瓶、提取器、回流冷凝管,接通冷凝水,加热。沸腾后,溶剂的蒸气从烧瓶进到冷凝管中,冷凝后的溶剂回流到套袋中,浸取固体混合物。溶剂在提取器内的高度超过虹吸管上端时,浸泡样品的提取液会自动流入烧瓶中。继续加热至沸腾,溶剂汽化上升,在回流冷凝管中凝结回流,再次进行提取。如此循环往复,萃取物不断地在烧瓶内富集,直到可溶物几乎全部被提取出来。一般需要数小时能完成提取,提取液经浓缩或蒸馏回收溶剂后,即获得提取物。

具体实验内容参见 6.1 从茶叶中提取咖啡因。

【附注】

[1]分液漏斗使用时应注意:

(1)使用前先用水进行试漏,以防在萃取过程中造成损失。

(2)在烘箱中烘干分液漏斗时,要将活塞和玻塞都卸下,擦干净凡士林,否则凡士林碳化后很难洗去。

(3)不能用手拿分液漏斗进行分液操作,应固定在铁架台上进行。

(4)上层的液体不能从分液漏斗下口放出,以免污染产品。

(5)所选用的分液漏斗的容积应比待处理液的体积大 1～2 倍。

(6)分液漏斗使用完毕后,应清洗干净,活塞和玻塞都应用纸包裹后再塞回去。

[2]萃取溶剂对萃取分离效果影响很大,萃取剂应有良好的化学稳定性,不易分解和聚合,一般选择低沸点溶剂,易与溶质分离和回收。另外,对其毒性、易燃、

易爆性、价格等都应考虑。一般情况下，难溶于水的物质用石油醚萃取，较易溶于水的物质用乙醚等萃取，易溶于水的物质用乙酸乙酯来萃取。同时在选择时应考虑以下几个方面：

分配系数　分配系数 K 的大小对萃取过程有着重要的影响，K 大表示被萃取组分在萃取相的比例高，说明溶质容易被萃取。

密度　在液-液萃取中，两相间应保持一定的密度差，以利于两相分层。

黏度　萃取剂黏度低，有利于两相的混合与分层，因而黏度低的萃取剂对萃取有利。

[3]振荡时，特别是溶液呈碱性时易出现乳化现象。可利用盐析效应，加入食盐等强电解质至溶液饱和，提高水相密度，同时减小有机物在水相中的溶解度，以破坏乳液稳定性，达到破乳的目的。也可轻轻地旋转漏斗，使其加速分层。长时间静置，也可达到使分液漏斗中乳液分层的目的。

[4]在实验结束前，不要把萃取后的水溶液倒掉，防止一旦分不清水层和有机层时无法挽救。

[5]有机化合物在有机溶剂中一般比在水中溶解度大。用有机溶剂提取溶解于水的化合物是萃取的典型实例。在萃取时，若在水溶液中加入一定量的电解质(如氯化钠)，利用“盐析效应”以降低有机物和萃取溶剂在水溶液中的溶解度，常可提高萃取效果。

【思考题】

1. 什么是分配系数？达到平衡时溶质 A 在水中的浓度是 1 mol/L，在苯中的浓度是 3.5 mol/L，此时在这两相间溶质 A 的分配系数是多少(忽略水与苯的互溶)？

2. 用经分液漏斗萃取后的下层水溶液和未萃取的苯酚水溶液各 2 滴滴于点板上，各加入 2%的三氯化铁溶液，比较颜色深浅？这说明了什么问题？

3. 使用分液漏斗的目的何在？使用时应注意哪些问题？

2.6　干燥和干燥剂的使用 Drying and Drying Agents

【实验目的】

1. 掌握干燥的基本原理和选择干燥剂的原则；

2. 了解通用干燥剂的适用范围；

3. 掌握干燥液体有机化合物和固体有机化合物的操作方法。

【实验原理】

干燥是指除去附在固体或混杂在液体或气体中的少量水分，也包括除去少量溶剂。干燥是常用的分离提纯有机化合物的基本操作之一。如有机化合物在定性或定量分析以及在测定熔点之前都务必进行干燥处理才能得到准确的实验结果；需要在“绝对”无水条件下进行的化学反应，就需对原料、溶剂和容器进行干燥，同时在实验过程中还要防止空气中的水进入反应容器。

有机化合物的干燥方法，大致分物理方法和化学方法。物理方法又包括加热干燥、真空干燥、气流干燥、微波干燥以及吸附、晾干、分馏、共沸蒸馏等方法。现在实验室还常用离子交换树脂和分子筛进行干燥。化学方法是使用能与水可逆的生成水合物的干燥剂或能与水起化学反应的干燥剂进行除水，一般又分为两类：第一类干燥剂，如无水 $CaCl_2$，$MgSO_4$，$CaSO_4$ 等；第二类干燥剂，如 CaO，P_2O_5 等，例如：

$$CaCl_2 + 6H_2O \longrightarrow CaCl_2 \cdot 6H_2O\text{（第一类）}$$

$$CaO + H_2O \longrightarrow Ca(OH)_2\text{（第二类）}$$

【一般操作方法】

1. 液态有机化合物的干燥

(1)干燥剂的选择。常用干燥剂的种类很多，选用时必须注意下列几点：

①液态有机化合物的干燥，通常是将干燥剂加入其中，故所用的干燥剂必须不与有机化合物发生化学反应或催化作用。

②干燥剂应不溶于液态有机化合物中。

③当选用与水结合生成水化物的干燥剂时，必须考虑干燥剂的吸水容量和干燥效能。

吸水容量是指单位重量干燥剂吸水量的多少，干燥效能指达到平衡时液体被干燥的程度。例如，无水硫酸钠可形成水合物 $Na_2SO_4 \cdot 10H_2O$，这样 1 g Na_2SO_4 最多能吸 1.27 g 水，其吸水容量为 1.27，但其水合物的水蒸气压较大，25℃时有 0.25 kPa，液体中水的含量较大，故干燥效能差。无水氯化钙能形成水合物 $CaCl_2 \cdot 6H_2O$，其吸水容量仅为 0.97，但此水合物在 25℃水蒸气压低到只有 0.04 kPa，所以尽管无水氯化钙的吸水容量不大，但干燥效能较好。所以干燥操作时应根据除去水分的具体要求而选择合适的干燥剂。通常这类干燥剂形成水合物需要一定的平衡时间，加入干燥剂后必须放置足够的时间才能达到良好脱水效果。

表 2-2　常用干燥剂的性能

干燥剂	干燥效能和干燥速度	适用有机物的类型
浓硫酸	强;快	饱和烃、卤代烃
五氧化二磷	强;快	烃、卤代烃、醚
氢氧化钠(钾)	强;快	烃、醚、胺
金属钠	强;快	烃、醚、叔胺
氧化钙	强;较快	低级醇、胺
无水碳酸钾(钠)	较弱;慢	醇、酮、酯、胺
无水氯化钙	中等;较快,放置时间长	烃、卤代烃、酮、醚、硝基化合物
无水硫酸镁	弱;较快	醇、酮、醛、酸、酯、酰胺、腈、硝基化合物
无水硫酸钠	弱;慢	醇、酮、醛、酸、酯、酰胺、腈、硝基化合物
分子筛	强;快	各类有机溶剂

(2)干燥剂的用量。掌握好干操剂的用量很重要。若用量不足,则达不到干燥的目的。若用量太多,会由于干燥剂的吸附而造成被干燥物的损失。例如,水在乙醚中的溶解度室温时为 1%～1.5%,若用无水氯化钙来干燥 100 mL 含水的乙醚时,全部转变成 $CaCl_2 \cdot 6H_2O$,其吸水容量为 0.97,也就是说 1 g 无水氯化钙大约可吸收 0.97 g 水。这样,无水氯化钙的理论用量至少要 1 g,而实际上远远超过 1 g,这是因为醚层的水分不可能完全分净,还会有悬浮的微细水滴;其次形成高比例水合物的时间很长,往往不可能达到应有的吸水容量,所以实际投入的无水氯化钙是大大过量的。

可通过查阅溶解度手册来估算干燥剂的用量。在实际操作中,一般每 10 mL 液体需 0.5～1 g 干燥剂。但干燥剂质量和颗粒大小不同,干燥温度不同,待干燥的液体产品中含水量也不同,因此一般应分批加入干燥剂,每次加入后要振摇并细致观察。如出现干燥剂附着器壁或相互黏结时,说明干燥剂用量不够,应再添加干燥剂,直到出现无吸水的、松动的干燥剂颗粒。

干燥前,有时液体会呈混浊状,经干燥后变成澄清,这可简单地作为水分基本除去的标志。

(3)干燥时的温度。对于可生成水合物的干燥剂的使用,虽然加热可以加快干燥速率,但远不如水合物放出水的速率快,因此干燥常在室温下进行,蒸馏前应将干燥剂滤去。

(4)液态有机化合物的干燥操作。液态有机物的干燥操作一般在干燥的三角烧瓶内进行。干燥前先用分液漏斗将水分离干净，以没有任何可见的水层及悬浮水珠为准。将液体移入磨口锥形瓶内，选用合适的干燥剂投入液体里，盖上塞子(用金属钠作干燥剂时则例外，此时应插入一个盛有无水氯化钙的干燥管，使氢气放出而水气不致进入)，振荡片刻后静置，如发现有水层，应将干燥剂滤出，用吸管吸出水层，再加入新的干燥剂。干燥时间应在半个小时以上，如需要最好放置过夜，并随时加以振摇。已吸水的干燥剂受热后又会脱水，其蒸气压随着温度的升高而增加，所以应滤出干燥剂，然后蒸馏精制。

2. 固体的干燥

从重结晶得到的固体常带水分或有机溶剂，应根据化合物的性质选择适当的方法进行干燥。

(1)自然晾干。这是最简便、经济的干燥方法。把待干燥的固体置于瓷孔漏斗中的滤纸上；或在滤纸上面压干，然后在一张新的滤纸上面薄薄地摊开，用另一张滤纸覆盖起来，以防污染，让它在空气中自然干燥，约需数日。若实验时间允许，可采用此法，但被干燥的样品应该是稳定、不分解、不吸潮的。

(2)加热干燥。对于热稳定性好、熔点较高的固体化合物可以放在烘箱内烘干，也可将样品置于表面皿(或蒸发皿)内，放到水浴或沙浴上烘干。加热的温度切忌超过该固体的熔点，以免固体变色和分解。如属需要则可在真空恒温干燥箱中干燥。

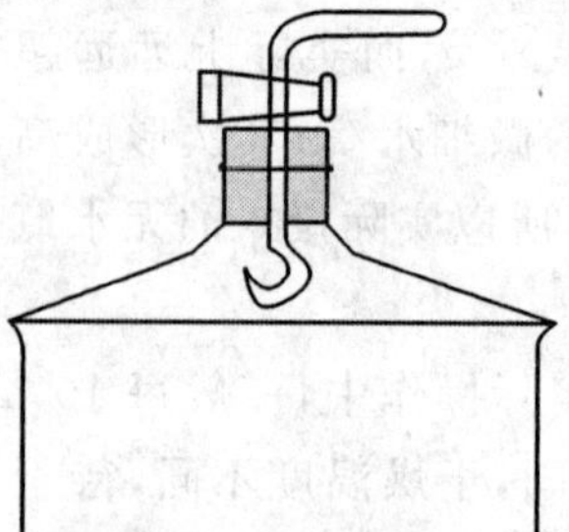

图 2-10 真空干燥器

(3)红外灯下干燥。特点是穿透性强，干燥快。

(4)干燥器干燥。对易吸湿或在较高温度干燥时会分解或变色的物质，可用干燥器干燥。干燥器有普通干燥器和真空干燥器两种。

①普通干燥器：干燥效率不高，所需时间较长。

②真空干燥器：如图 2-10 所示，其底部放置干燥剂，中间隔一个多孔瓷板，把待干燥的物质放在瓷板上，顶部装有带活塞的玻璃导气管，由此处连接抽气泵，使干燥器压力降低，从而提高了干燥效率。使用前必须试压，试压时用网罩或防爆布盖住干燥器，然后抽真空，关上活塞放置过夜。使用时，必须十分注意，防止万一干燥器炸碎时玻璃碎片飞溅而伤人。解除器内真空时，开动活塞放入空气的速度，宜慢不宜快，以免吹散被干燥的物质。

关于小量样品的干燥，可选用真空恒温器。它的干燥效率高，用于除去结晶水或结晶醇时此法更好。

3. 气体的干燥

N_2，O_2，Cl_2，H_2，NH_3 及 CO_2 气体是有机化学实验中常用的气体。实验中有时要求气体中几乎不含或只含很少的水，这就需要对上述气体进行干燥处理。干燥气体主要用吸附法，常用的仪器有各种洗气瓶（用来装液体干燥剂）、干燥管及 U 形管等，常用于气体干燥的干燥剂有很多，如 CaO，NaOH，KOH 及碱石灰，可用于干燥 NH_3；无水 $CaCl_2$ 用于干燥 H_2，HCl，CO_2，SO_2、低级烷、醚、烯烃及卤代烃等，另外还有浓 H_2SO_4，P_2O_5，$CaBr_2$，$ZnBr_2$，CaI_2 及碱石灰等，可依据待干燥的气体的性质及反应条件等来选用干燥剂。

2.7　过滤 Filtration

【实验目的】

掌握普通过滤、减压过滤及热过滤的实验技术。

【实验原理】

过滤就是分离悬浮在液体中的固体颗粒的。实验室中常用的过滤装置有砂芯漏斗、滤纸、玻璃棉等。进行过滤时有普通过滤、减压过滤及热过滤三种常使用的过滤方法。

【一般操作方法】

1. 普通过滤

常用 60°角的圆锥形玻璃漏斗，内放滤纸，其边缘应比漏斗边缘略低。操作时先将滤纸折叠成适宜角度，放入漏斗并润湿，然后过滤。倾入漏斗的液体液面应比滤纸边缘低 1 cm。

过滤分离有机溶剂中的大颗粒结晶或干燥剂时，可在漏斗锥底上铺垫脱脂棉或玻璃毛以代替滤纸。若过滤沉淀物颗粒细小或有黏结性，应先将溶液静置，使沉淀沉降，再小心地将上层清液倒入漏斗，最后将沉淀部分倒入漏斗。这些措施都可以使过滤速度加快。

2. 减压过滤（抽气过滤）

减压过滤是指通过减压系统的工作，使得与过滤漏斗密闭连接的抽滤瓶中造成真空，这样可借助于大气压的作用加快过滤的一种操作过程。

（1）安装仪器。过滤装置由减压系统、过滤装置和接收容器组成（图 2-11）。

减压系统一般由安全瓶和水泵构成;过滤装置常用瓷质布氏漏斗和玻璃砂芯漏斗,配以橡皮塞,安装在抽滤瓶上;接收容器常用抽滤瓶。抽滤瓶支管与安全瓶相连,安全瓶与水泵相连,选用厚壁橡皮管进行相互连接。

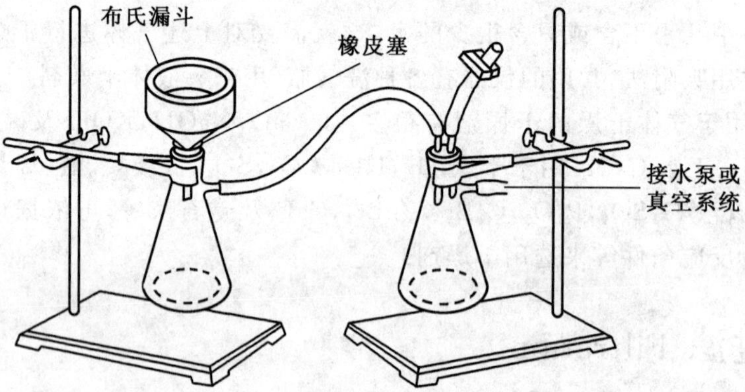

图 2-11 减压过滤装置

微量物质的减压过滤是用带玻璃钉的小漏斗组成的过滤装置。

(2)过滤操作。先剪好比布氏漏斗内径略小(滤纸的边缘不能与布氏漏斗内径接触),但能完全盖住所有小孔的圆形滤纸,将其平铺在漏斗底部。先用溶剂润湿,再开启水泵,使滤纸紧贴在漏斗底,以免待滤混合物不经滤纸而直接漏入接收容器。玻璃砂芯漏斗可以不用滤纸。

过滤时,先小心地将要过滤的混合物的上清液倒入漏斗中,然后将剩余部分均匀地分布在整个滤纸面上,一直抽气到几乎没有溶剂流出为止。为尽量除净溶剂,可用玻璃瓶塞压挤滤饼。在漏斗中洗涤滤饼时,先将滤饼尽量地抽干,然后旋开安全瓶上的旋塞使系统恢复常压,关闭水泵。把少量溶剂均匀地洒在滤饼上,使溶剂液面恰好能盖住滤饼,小心拨动滤饼并静置片刻,使溶剂渗透滤饼。待有滤液从漏斗下端滴下时,重新开动减压泵,再把滤饼尽量抽干、压干。这样反复几次,就可把滤饼洗净。

减压过滤的优点是过滤和洗涤的速度快,液体和固体分离得较完全,滤出的固体容易干燥。强酸性或强碱性溶液过滤时,应在布氏漏斗上铺上玻璃布或涤纶布来代替滤纸。

3. 加热过滤

热过滤可以除去一切不溶于热溶剂中的杂质,这种操作要求在过滤时,滤液迅速通过滤纸，而温度基本不变，从而避免晶体析出。热过滤可用热水漏斗完成。热水漏斗是铜制的，内外壁间有盛水的空腔，热水漏斗中插一个玻璃漏斗(图 2-12)。

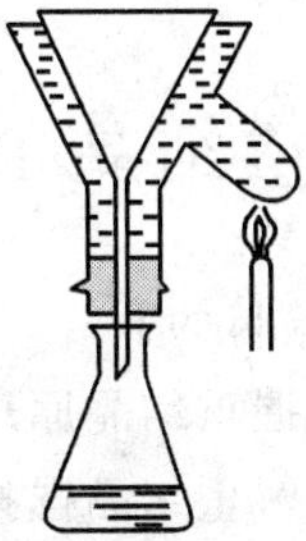

图 2-12　热过滤装置

加热过滤时为不使滤纸贴在玻璃漏斗壁上，提高过滤效率，使用折叠滤纸。折叠方法如下：

先将滤纸对半折叠，再折成 1/4。再是以 2 对 3 折出 4。以 1 对 3 折出 5，以 2 对 5 折出 6，以 1 对 4 折出 7；再以 1 对 5 折出 9，以 2 对 4 折出 8。然后向同方向折叠，叠出同向卷曲的 8 等分。

将此滤纸拿在左手上，以 2 对 8，8 对 4，4 对 6，以及 6 对 3，……各向反向折叠，如同折扇一样。然后打开滤纸，将 1 及 2 处折叠为二。最后用力将各处折痕用力压叠，再打开，即可放在漏斗中使用(图 2-13)。

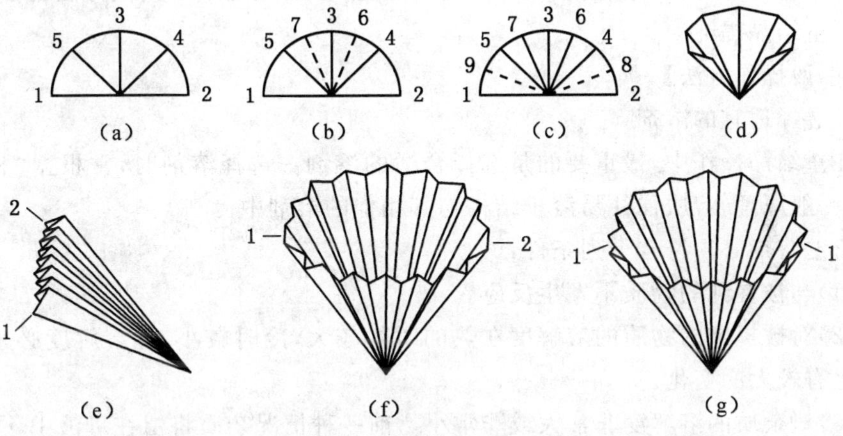

图 2-13　滤纸的折叠方法

过滤时，先在热水漏斗的夹层中注入水，在外壳支管处加热，把水烧沸而对漏斗保温；然后把热的饱和溶液逐渐地倒入漏斗中，不能一次倒入太多，以免冷却析出晶体，堵塞滤纸和漏斗。

也可用布氏漏斗趁热进行减压过滤。由于过滤速度快，滤液来不及冷却就已经完成了过滤。为了避免热溶液使漏斗破裂或热溶液在漏斗中冷却析出结晶，最好先用热水浴中或在电烘箱中把漏斗预热，然后用来进行减压过滤。

实验内容参见 2.8 的重结晶。

2.8 重结晶 Recrystallization

【实验目的】

1. 掌握重结晶原理和操作技术；

2. 了解重结晶选择适宜溶剂的原则和方法。

【实验原理】

从自然界或从有机合成得到的固态有机化合物，一般都含有杂质，需要经过提纯才能得到纯品。提纯固态有机化合物最常用的方法是重结晶。

重结晶是利用固体混合物中需要被提纯的目标组分在某种溶剂中的溶解度随温度变化有明显差异而达到提纯的目的。重结晶只适宜杂质含量在 5% 以下的固体有机混合物的提纯。如纯度不合格，可再重结晶一次，第二次重结晶总要比第一次效果好。从反应粗产物直接重结晶是不适宜的，必须先采取其他方法初步提纯，然后再重结晶提纯。

【一般操作方法】

1. 选择适宜的溶剂

在重结晶操作中，最重要的是选择合适的溶剂。选择溶剂时，常根据“相似相溶”的一般原理，溶质往往易溶于结构与其相似的溶剂中。

所选溶剂必须符合下列条件：

(1)与被提纯的物质不发生反应。

(2)对被提纯的物质的溶解度在热的时候较大，冷时较小，即溶解度必须随温度变化有较大的变化。

(3)对杂质的溶解度非常大或非常小。前一种情况杂质将留在母液中不析出，后一种情况是使杂质在热过滤时被除去，但后一种选择很少有实用价值，因为目标物的损失量可能过大。

(4)对被提纯物质能生成整齐的晶体。

(5)溶剂沸点不宜太低也不宜太高。沸点过低，加热溶解操作不易；沸点过高，回收溶剂困难。

此外也要考虑溶剂的毒性、易燃性、价格和溶剂回收是否便利等因素。有机实验室常用于重结晶的溶剂及其物理性质列于表 2-3 中。

表 2-3　常用于重结晶的溶剂及其物理性质

溶剂	沸点/℃	相对密度/g·cm^{-3}	水溶性	易燃性
水	100	1	—	—
甲醇	64.7	0.79	溶	+
95%乙醇	78.1	0.80	溶	++
乙酸	117.9	1.1	溶	+
丙酮	56.2	0.79	溶	+++
乙醚	34.5	0.71	微溶	+++
石油醚	30～90	0.68～0.72	不溶	+++
乙酸乙酯	77.1	0.90	不溶	++
苯	80.1	0.88	不溶	++++
氯仿	61.2	1.49	不溶	—
四氯化碳	76.8	1.59	不溶	—

在具体重结晶操作过程中，查阅化学手册及有关文献资料选用。有时需要采用试验的方法来选择。

(1)选择单一溶剂。取 0.1 g 样品置于干净的小试管中，滴管滴加约 1 mL 某一溶剂，不断振摇，也可在水浴上加热，观察溶解情况，若该样品在 1 mL 冷的或温热的溶剂中很快全部溶解，说明溶解度太大，此溶剂不适用。如果该物质不溶于 1 mL 沸腾的溶剂中，则可逐步添加溶剂，每次约 0.5 mL，加热至沸，若加溶剂量达 3 mL，而样品仍然不能全部溶解，说明该物质在此溶剂中溶解度太小，此溶剂不适用。若该物质能溶解 1～3 mL 沸腾的溶剂中，冷却后观察结晶析出情况，若没有结晶析出，可用玻棒摩擦刮管壁或者辅以冰盐浴冷却，促使结晶析出。若晶体仍然不能析出，则此溶剂也不适用。若在 1～3 mL 中加热溶解，冷却后有大量结晶析出者，测定结晶熔点后说明是纯净物，可选用。实际实验情况往往复杂得多，因此选择一个合适的溶剂需要进行多次反复的实验。

(2)选择混合溶剂。若实验中发现样品在某一溶剂中很易溶解(称为良溶剂)，而在另一溶剂中很难溶解(称为不良溶剂)，而这两种溶剂可以相互混溶，这时可将他们配成混合溶剂进行实验。

①固定配比法。将良溶剂与不良溶剂按各种不同的比例相混合，分别按照选择单一溶剂的方法试验，直至选到一种最佳的配比。

②随机配比法。先将样品溶于沸腾的良溶剂中，趁热过滤除去不溶性杂质，然后逐滴滴入热的不良溶剂并摇振之，直到混浊不再消失为止。再加入少量良溶剂

并加热使之溶解变清，放置冷却使结晶析出。如冷却后析出油状物，则需调整比例再进行实验或另换别的混合溶剂。

一般常用的混合溶剂有水—乙醇、水—丙酮、水—醋酸、水—吡啶、乙醚—甲醇、乙醚—丙酮及氯仿—石油醚等。

2.溶解固体物质

(1)溶解装置。在热溶时，应根据所选用溶剂选择溶解装置。若使用有机溶剂，为了避免溶剂挥发，或避免可燃性溶剂着火，或防止有毒溶剂中毒，而应在锥形瓶上装置回流冷凝管加热溶解，所需溶剂从冷凝管上端添加(图 2-14)。以水为溶剂时，可以用烧杯在石棉网上加热，但需估计并补加因蒸发而损失的水。如果所用溶剂是水与有机溶剂的混合溶剂，则按照有机溶剂处理。

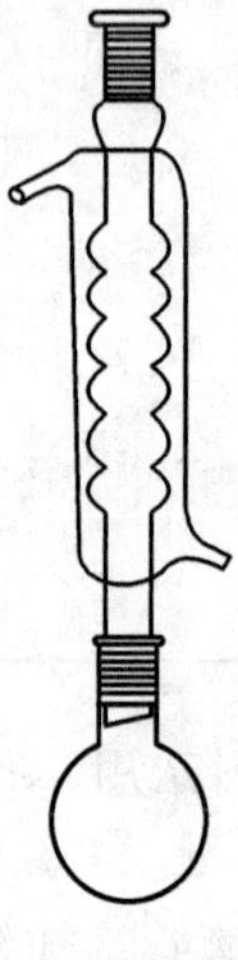

图 2-14　回流冷凝装置

(2)溶剂的用量。重结晶中溶剂的用量直接影响产品的纯度和回收率。通常根据查得的溶解度数据或溶解度试验结果先计算要得到热饱和溶液时所需溶剂的量，然后加入较需要量略少的溶剂，加热至沸，如果还有固体没有溶解，就在沸腾状态下添加溶剂至固体全部溶解，要注意判断是否有不溶性杂质存在，以免误加过多的溶剂。溶解后再多加比理论量多 20%～100%的溶剂以避免在热过滤操作中，由于冷却造成结晶在漏斗中析出。

3.脱色

当溶液中含有带色的杂质或少量树脂状物质时，可向溶液中加入吸附剂并适当煮沸(一般煮沸 5～10 min)，使其吸附掉样品中的杂质的过程叫脱色。最常使用的脱色剂是活性炭。使用活性炭应注意以下几点：

(1)根据杂质颜色深浅确定用量，一般为固体物重量的 1%～5%，用的多会因其对目标物的过量吸附而造成损失；若用量不够导致脱色不净，可以再重复操作，直至脱净。

(2)不能向正在沸腾的溶液中加入活性炭，以免引起爆沸使溶液溅出。加入活性炭后不断搅拌，加热煮沸 5～10 min。过滤时选用的滤纸要紧密，以免活性炭透过滤纸进入溶液中，如发现透过滤纸应加热微沸后重新过滤。

(3)活性炭在水溶液中进行脱色效果最好，它也可在其他溶剂中使用，但在烃类等非极性溶剂中效果较差。

除活性炭脱色外，也可采用层析柱来脱色，如氧化铝吸附色谱等。

4. 热过滤

脱色后，趁热过滤以除去不溶性杂质、脱色剂及吸附于脱色剂上的其他杂质。具体的操作方法见 2.7。

5. 冷却结晶

将收集的热滤液静置缓缓冷却，一般要几小时后才能完全。不要急冷滤液，因为这样形成的结晶会很细、表面积大、吸附的杂质多。有时晶体不易析出，则可用玻棒摩擦器壁或加入少量该溶质的结晶，不得已时也可放置冰箱中促使晶体析出。

6. 减压过滤、洗涤晶体

为了使析出的结晶体与母液分离，常用布氏漏斗进行抽气过滤，具体操作方法见 2.7。

7. 干燥

经抽滤洗涤后的晶体，表面上还有少量的溶剂，因此应选用适当方法进行干燥。固体物质的干燥方法见 2.6。

8. 回收有机溶剂

用蒸馏的方法回收有机溶剂，并计算溶剂回收率。

9. 测定熔点

将干燥好的晶体测定熔点，通过熔点来检验其纯度，以决定是否需要再做进一步的重结晶。

以上是重结晶一般性操作步骤，一个具体的重结晶实验究竟需要多少步，可根据实际情况决定。如果已经指定了溶剂，则选择溶剂一步可省去。如果制成的热溶液没有颜色，也没有树脂状杂质，则脱色一步可省去。如果同时又无不溶性杂质，则热过滤一步也可省去。如果确知一次重结晶可以达到要求的纯度，则熔点测定亦可省去。

【实验试剂与仪器装置】

1. 实验试剂

粗乙酰苯胺，活性炭。

2. 仪器装置

见图 2-11，图 2-12。

【实验步骤】

称取 5.0 g 粗乙酰苯胺，放入 150 mL 烧杯中，加入约 100 mL 水[1]，加热煮沸，不断搅拌至乙酰苯胺完全溶解。然后再补加 20 mL 水。溶液稍冷后，加入少许活性炭(约 0.2 g),不断搅拌,煮沸 5～10 min。趁热用热水漏斗和折叠滤纸过滤[2],滤液收集在洁净的 150 mL 烧杯中。在热过滤过程中,热水漏斗和溶液要分别保持加热,以免乙酰苯胺析出。待溶液充分冷却、乙酰苯胺大量析出后,抽滤,并在布氏漏斗上用冷水洗涤结晶 2 次,每次都要尽量滤干溶剂。取出结晶,放在表面皿上用红外灯烘干[3]、称重、计算收率、测定熔点,判断产品纯度。

【附注】

[1]乙酰苯胺在水中的溶解度与温度的关系:

温度/℃	20	50	80	100
溶解度/(g/100 mL H_2O)	0.46	0.84	3.45	5.55

乙酰苯胺的熔点为 114℃,但用水重结晶时,往往由于形成水化物而在 83℃左右熔融成液体,呈油珠状物。所以在加热溶解时,会看到溶液中有油珠状物。这种情况要适当增大水的用量。估算溶剂用量时也只能在 83℃乙酰苯胺在水中的溶解度作为参考依据。

在溶解过程中,应避免被提纯的化合物成油珠状,这样往往混入杂质和少量溶剂,对纯化产品不利。具体方法是:①选择沸点低于被提纯物的熔点的溶剂。实在要选择沸点较低的溶剂,则应在比熔点低的温度下进行溶解。②适当加大溶剂的用量。

[2]向热水漏斗倾到溶液时,速度要快,滤液要基本充满,但又不能高于滤纸的顶端,滤纸的折叠方式见图 2-13。

[3]烘干时温度不易过高,以免乙酰苯胺熔化。

【思考题】

1. 在重结晶操作中,各种过滤方法有什么特点?在操作中各起什么作用?
2. 抽滤时滤纸大于布氏漏斗底有什么不妥?
3. 减压过滤结束时,为什么要先旋开安全瓶上的旋塞再关抽气泵?
4. 在布氏漏斗中洗涤晶体应该怎样操作?
5. 用有机溶剂重结晶时,如何防止溶剂挥发?
6. 脱色用的活性炭为什么要在固体物质全溶解后再加入?为什么不能在溶液沸腾时加入?

2.9　升华 Sublimation

【实验目的】

1. 了解升华的原理和意义；

2. 掌握常压升华的操作方法。

【实验原理】

升华是指物质自固态不经过液态（熔化状态）直接变成蒸气，蒸气遇冷时再直接变成固体的现象。升华是纯化固体有机化合物的一种方法。利用升华方法可除去不挥发杂质，或分离不同挥发度的固体混合物。升华常可得到较高纯度的产物，特别适宜纯化易潮解的物质，但升华法只适用于在不太高的温度下有足够大蒸气压力（高于 2.67 kPa，20 mmHg）的固体物质的纯化，但操作时间长，损失较大，不适用于大量产品的提纯，因此一般用于较少量（1～2 g）化合物的纯化。

为了加快升华速度，可在减压下升华，这种方法尤其适用于常压下蒸气压不大或受热易分解的物质的升华。

【一般操作方法】

将待升华的样品经充分干燥后，粉碎研细后放入蒸发皿中，在其上倒置一个直径小于蒸发皿的玻璃漏斗，漏斗颈部塞一团疏松的棉花，防止蒸气逸出。蒸发皿和漏斗之间用一张穿有许多小孔（孔刺向上，可防止升华后形成的晶体落回到下面的蒸发皿中）的圆形滤纸隔开（图 2-15(a)）。在石棉铁丝网上（或其他热浴）上加热，小心调节火焰，控制温度（低于被升华物质的熔点），让其慢慢升华。蒸气通过滤纸孔上升，冷却后凝结在滤纸上或漏斗壁。必要时漏斗外可用湿滤纸或湿布冷却。

较大量物质的升华可在烧杯中进行。烧杯上放置一个通冷水的烧瓶，使蒸气在烧瓶底部冷凝成晶体并附着在瓶底上（图 2-15(b)）。

具体实验内容见 6.1 从茶叶中提取咖啡因。

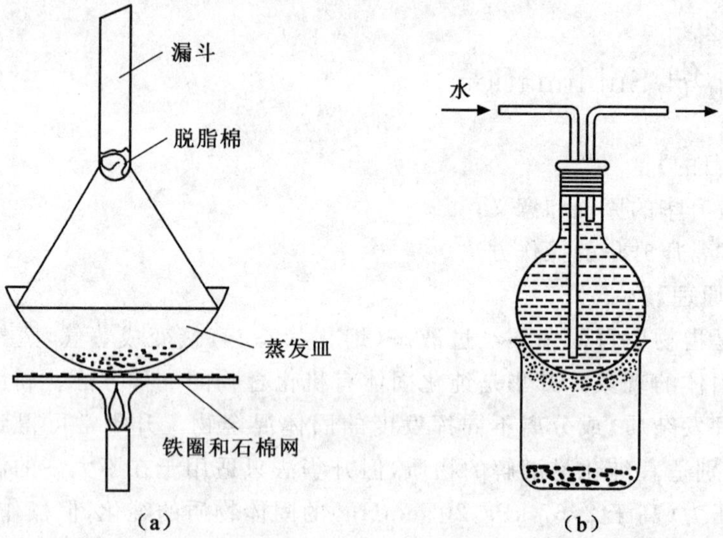

图 2-15 常压升华装置

2.10 柱色谱 Column Chromatography

【实验目的】

1. 掌握柱色谱的原理及应用；
2. 掌握柱色谱的实验操作技术。

【实验原理】

色谱法又称层析法等，是非常有效的一类分离、提纯和鉴定有机化合物的重要方法，有着广泛用途，其分离效果远比蒸馏、分馏、重结晶等一般方法好，特别适用于微量和半微量样品的分离提纯。

色谱法的基本原理是利用混合物各组分在某一物质中的吸附或溶解性能（分配）的不同，或其亲和性的差异，使混合物的溶液流经该种物质进行反复的吸附或分配作用，从而使各组分分离。构成色谱分离的两相，分别称为固定相和流动相，流动的物质称为流动相，固定的物质称为固定相（可以是固体或液体）。

根据混合组分对固定相与流动相的作用方式不同，色谱法可分为吸附色谱、分配色谱、离子交换色谱等；根据操作条件的不同，又可分为柱色谱、纸色谱、薄层色谱、气相色谱及高效液相色谱等类型。本节主要介绍柱色谱。

柱色谱属固-液吸附色谱，是依赖于混合物中各组分在固定相上的吸附能力和流动相中的溶解能力(解析能力)不同，在色谱柱中进行分离提纯的(图 2-16)。混合物从柱顶加入，然后用溶剂洗脱。吸附剂借各种分子间力(包括范德华力和氢键)作用于混合物中各组分，对极性大的物质吸附力更强，各组分在溶剂中的溶解度不同，被解吸的能力也就不同，极性大的物质被解吸的能力弱。这样各组分会以不同的速率随流动相向下移动，吸附弱的组分向下移动较快。随着流动相的移动，在新接触的吸附剂表面上又依这种吸附-溶解过程进行新的分配，结果是吸附弱的组分随着流动相逐渐移动在前面，吸附强的组分移动在后面，吸附特别强的组分甚至会不随流动相移动，各种化合物在色谱柱中形成带状分布，实现混合物的分离。如各组分为有色物质，则可以直接观察到不同颜色带；如为无色物质，则不能直接观察到，可以通过化学方法显色，如物质在紫外光照射下能发出荧光，则可用紫外光照射观察斑点，也可分段集取一定体积的洗提液，再分别鉴定。

柱色谱可用于分离量较大量的样品。

【一般操作方法】

1. 分离条件的选择

主要分离条件的选择包括对吸附剂和洗脱溶剂的选择。

(1)吸附剂。选择吸附剂时还要考虑到以下几点：不溶于所使用的溶剂，与要分离的物质不起化学反应或催化作用，具有确定的组成，颗粒大小均匀。吸附剂的粒度越小，比表面越大，分离效果越明显。但流动相流动越慢，有时会产生分离带的再重叠，适得其反。

常用吸附剂是根据其分子极性分类的。极性强的有氧化铝、硅胶、活性炭等，极性弱的有蔗糖、淀粉、纤维素等。

吸附剂对有机物的吸附作用有多种形式。以氧化铝作为固定相时，非极性或弱极性有机物与固定相之间只有范德华力作用，吸附较弱；极性有机物同固定相之间可能有偶极力或氢键作用，离子型的有机物还会有成盐作用。这些作用的强度依次为：

成盐作用 $>$ 配位作用 $>$ 氢键作用 $>$ 偶极作用 $>$ 范德华力作用。有机物的极性越强，在氧化铝上的吸附越强。氧化铝对各种化合物的吸附强度按以下次序递减：

酸和碱$>$醇、胺、硫醇$>$酯、醛、酮$>$卤代物、醚$>$芳烃、烯烃$>$饱和烃。

例如，邻-硝基苯胺和对-硝基苯胺混合物的分离，就是根据它们的极性不同。由于形成分子内氢键，邻-硝基苯胺的偶极矩较小，为 1.48×10^{-29} C·m，而对位异构体则为 2.37×10^{-29} C·m，因此邻位异构体在氧化铝上吸附较弱，可被适宜的洗脱剂先洗脱下来。

色谱用的氧化铝可分酸性、中性和碱性三种。酸性氧化铝 pH 值为 4～4.5，用于分离羧酸、氨基酸等酸性物质；中性氧化铝 pH 值为 7.5，用于分离中性物质，应用最广；碱性氧化铝 pH 值为 9～10，用于分离生物碱、胺和其他碱性化合物等。

吸附剂的活性也与其含水量有关。含水量越低，活性越高。脱水的中性氧化铝也称为活性氧化铝。

硅胶是中性的吸附剂，可用于分离各种有机物，是应用最为广泛的固定相材料之一。

活性炭适用于分离各种有机物，但由于是黑色的，不利于操作观察。

(2)溶剂。选择适宜的洗脱溶剂是实现高效的色谱分离的重要条件。

当一种溶剂不能实现很好的分离时，选择使用不同极性的溶剂分级洗脱。如一种溶剂只洗脱了混合物中一种化合物，需换一种极性更大的溶剂进行第二次洗脱。这样分次用不同的展开剂可以将各组分分离。对氧化铝固定相，首先使用极性最小的溶剂，使最容易脱附的组分分离。然后加入不同比例的极性溶剂配成洗脱溶剂，将极性较大的化合物自色谱柱中洗脱下来。常用洗脱溶剂的极性按如下次序递增：

己烷和石油醚＜环己烷＜四氯化碳＜甲苯＜苯＜二氯甲烷＜氯仿＜乙醚＜乙酸乙酯＜丙酮＜异丙醇＜乙醇＜甲醇＜水＜吡啶＜乙酸。

柱色谱的分离效果不仅依赖于吸附剂和洗脱溶剂的选择，也与制成的色谱柱有关。要求柱中的吸附剂用量为被分离样品量的 30～40 倍，若需要时可增至 100 倍。柱高和直径之比一般是 7.5∶1。

2. 分离操作

柱色谱分离操作包括装柱、洗柱、装样、洗脱。

(1)装柱。色谱柱的装填有干装和湿装两种方法。

干装时，先在柱底塞上少许玻璃纤维，再加入一些细粒石英砂，然后将准备好的吸附剂用漏斗慢慢加入干燥的色谱柱中，边加入边敲击柱身，务必使吸附剂装填均匀，不能有空隙。加完吸附剂后，在吸附剂上覆盖少许石英砂。干装的优点是简单快速，操作方便；缺点是装柱的密实度和均匀性不好。

湿装时，将准备好的吸附剂用适量溶剂调成可流动的糊，将吸附剂糊小心地慢慢加入柱中，加入时不停敲击柱身，务必使吸附剂装填均匀，不能产生气泡和裂隙，还必须使吸附剂始终被展开剂覆盖。湿装的优点是固定相密实度高，均匀性好；缺点是装柱时间长。

(2)洗柱。干柱在使用前要洗柱，目的是排除吸附剂间隙中的空气，使吸附剂填充密实。洗柱时从柱顶由滴液漏斗加入洗脱剂,适当放开柱下端的旋塞。加入时先快加,再放慢滴加速度,使吸附剂始终被展开剂覆盖。洗柱时也要轻敲柱身,排出气泡。

(3)装样和洗脱。将待分离的混合物用最小量体积的溶剂溶解后,小心加入柱中。待试样液面接近吸附剂上的石英砂时,旋开滴液漏斗旋塞,滴加溶剂。滴加速度以 1～2 滴/s 为适度。整个过程中,应使溶剂始终覆盖吸附剂。

(4)收集洗脱液。如试样各组分有颜色,使用不同的洗脱剂将色带逐一洗脱下来,分别收集。如果化合物没有颜色,多采用等份收集洗脱液的方法,每份洗脱剂的体积视所用氧化铝的量及试样的性质而定。例如用 50 g 氧化铝,每份洗脱液的体积一般为50 mL。

【实验试剂与仪器装置】

1. 试剂

中性氧化铝,甲基橙,亚甲基蓝,95 %乙醇。

2. 仪器装置

【实验步骤】

1. 装柱

柱色谱的装置如图 2-16 所示。先将玻璃柱洗净干燥,柱底铺一层玻璃棉或脱

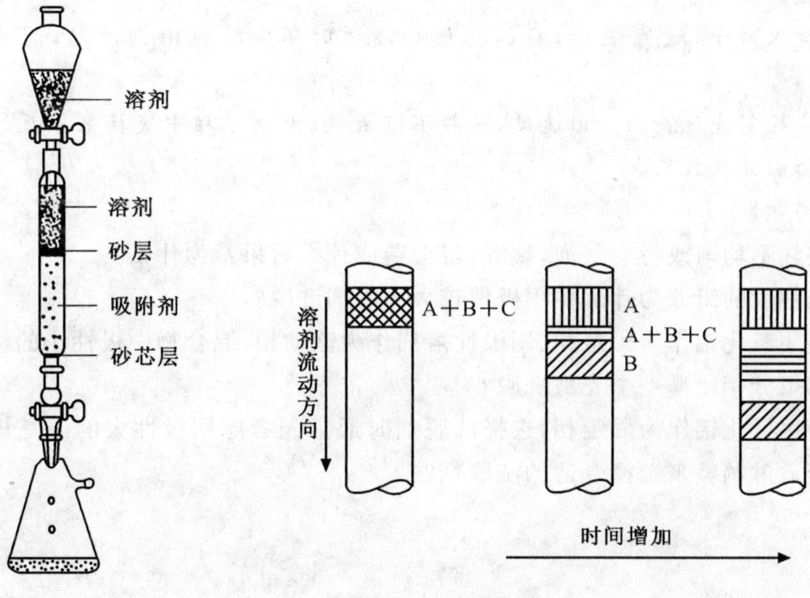

图 2-16　柱色谱装置和分离示意图

脂棉，然后采用干法将氧化铝装入管内。氧化铝顶部盖一层约 5 mm 厚的石英砂，或剪一片适宜大小的滤纸（要能平放在氧化铝顶部），盖住固定相顶部[1]。敲打柱子，使氧化铝顶端和砂子上层保持水平。装填必须均匀，严格排除空气，吸附剂不能有裂缝。

2. 洗柱

先用纯溶剂（95%乙醇）洗柱，溶液从柱中流出时，流速保持 1～2 滴/s。洗柱的整个过程中都应有溶剂覆盖吸附剂。

3. 加样

当溶剂刚好流至砂面（或滤纸面）时，立即把 2 mL 内含 1 mg 甲基橙和 5 mg 亚甲基蓝的乙醇溶液倒入色谱柱内。

4. 洗脱

当混合物液面刚好流至砂面（或滤纸面）时，逐滴加入 95%乙醇，滴加速度控制在柱下端溶剂滴出速度为 1～2 滴/s[2]。这时亚甲基蓝的谱带会与甲基橙谱带分离，向下移动。保持滴加速度，继续滴加 95%乙醇，使亚甲基蓝全部从柱子里洗提下来。待洗出液呈无色时，换水作洗脱剂。这时甲基橙随水向柱子下部移动，用容器收集。

【附注】

[1]加入砂子（或滤纸）的目的是使加液体时不会把吸附剂冲起，影响分离效果。

[2]要控制洗脱液的流出速度，一般不宜太快，太快了柱中交换来不及达到平衡，因而影响分离效果。

【思考题】

1. 装柱不均匀或者有气泡、裂缝，将会造成什么后果？为什么？

2. 极性大的组分为什么要用极性较大的溶剂洗脱？

3. 使用氧化铝作为固定相、用极性溶剂作为流动相，混合物中极性小的组分与极性大的组分相比哪一个先被洗脱？

4. 使用氧化铝作为固定相，选择洗脱剂时通常先考虑用极性大的还是极性小的？如何通过调整来选择合适的洗脱剂？

2.11　纸色谱 Paper Chromatography

【实验目的】

1. 掌握纸色谱的原理及应用；

2. 掌握纸色谱的实验操作技术。

【实验原理】

纸色谱属于液-液分配色谱，固定相是滤纸上的水（干燥的滤纸本身含有一定量的水），流动相是被水饱和的有机溶剂，称为展开剂。其原理是根据混合物的各组分在两种互不相溶的液相间（固定相和流动相）的分配系数不同而达到分离的。

纸色谱以滤纸作为分离的载体，距滤纸底边 1 cm 处点上样品，将滤纸放入展开槽中，溶剂借毛细管的作用沿滤纸上行。水溶性大的或形成氢键能力强的组分在水中浓度大，随展开剂（流动相）的移动较慢；水溶性小、疏水性强的组分在有机溶剂中分配系数大，移动较快。随着展开剂的上行，混合物中各组分在两相之间反复进行分配，以不同的速度向上移动，最终把各组分分开。

通常用相对移动值（亦称比移值，用 R_f 表示，图 2-17）表示物质移动的相对距离。

$$R_f=\frac{\text{溶质的最高浓度中心到原点中心距离}(l_i)}{\text{溶剂前沿到原点中心距离}(l_0)}$$

R_f 主要由被分离物质的结构决定，还与固定相与流动相的性质、温度及滤纸的质量等实验条件有关。当实验条件固定时，R_f 是物质特有的物理常数，可作定性分析的依据。良好的分离，R_f 应在 0.15 ～ 0.75 之间，否则应重新选择展开剂。

纸色谱对于较强的组分分离效果较好，因此更适用于多官能团的强极性化合物如糖、氨基酸的分离。优点是操作简单，价格便宜，色谱图可长期保存；缺点是展开时间较长，这是因为展开剂上升的速度随高度的增加而减慢。

【实验试剂与仪器装置】

1. 实验试剂

1％甘氨酸的水溶液，等体积 1％甘氨酸与酪氨酸的混合水溶液。

展开剂：1-丁醇：乙酸：水＝4：1：1（体积比）。

显色剂：0.2 ％茚三酮乙醇溶液。

2. 仪器装置

纸色谱装置见图 2-18。

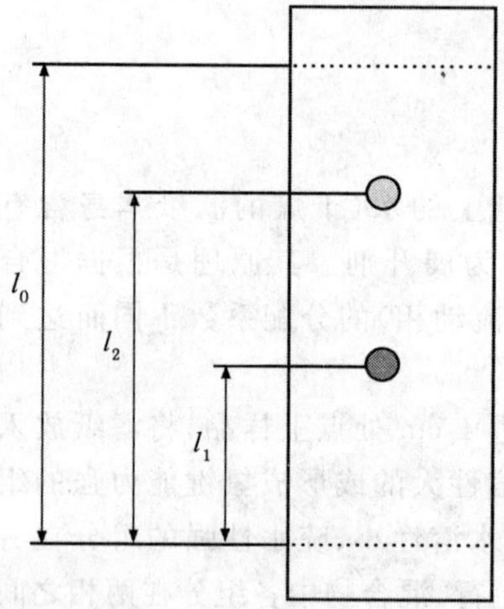

图 2-17 相对移动值示意图

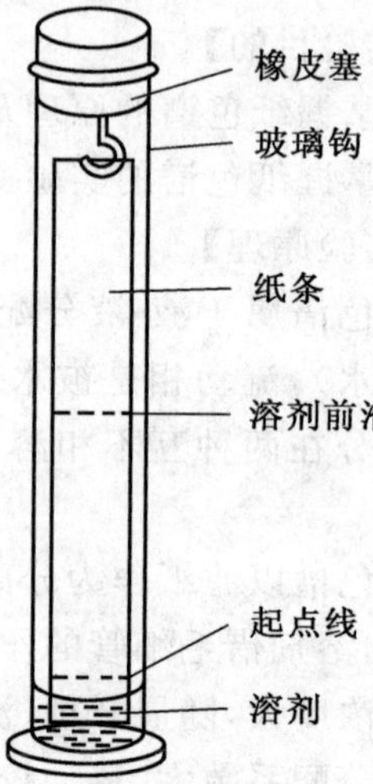

图 2-18 纸色谱装置

【实验步骤】

1. 在干燥洁净的大试管中，加入展开剂 6 mL[1]，液面高约 1.5 cm，塞紧带铁钩的塞子，适当振摇，然后垂直固定在铁架台上，让展开剂的蒸气充满整个大试管。

2. 滤纸的准备[2]

选择薄厚均匀，平整无折痕的裁好的悬挂的滤纸条（悬挂的滤纸条不能触及瓶壁），用铅笔在离底边 2 cm 处画一条“起始线”，在上端打孔，孔的高度以滤纸挂到塞子铁钩上后浸入展开剂中约 1 cm，展开剂液面不能没过“起点线”[3]。

3. 点样

用毛细管[4]蘸取少量样品溶液，在起始处点上样品溶液的斑点，斑点的直径在 0.3～0.5 cm[5]，2 个斑点之间的距离约 1 cm，然后将滤纸样品自然晾干。

4. 展开

把点好样并晾干的滤纸条小心地悬挂在大试管中，滤纸条下端浸入展开剂中约 1 cm，展开剂即在滤纸上上升，样品中各组分随之展开。当展开剂达到离滤纸上端约 2 cm 处，小心取出滤纸，用铅笔标出展开剂的前沿位置，将滤纸晾干或用红外灯烘干。

5. 显色[6]

用喷雾器将显色剂溶液均匀地喷射到滤纸上，晾干后应见到明显分开的色斑。

6. 计算 R_f 值[7]并比较甘氨酸与酪氨酸的极性大小。

【附注】

[1]选择展开剂的原则：①对易溶于水的物质，以吸附在滤纸上的水作固定相，以与水能混合的有机溶剂(如醇类)作展开剂，这是纸色谱的主要应用形式。②对难溶于水的极性物质，以非水极性溶剂(如甲酰胺、二甲基甲酰胺等)作固定相，以不能与固定相混合的非极性溶剂(如环己烷、苯、四氯化碳、氯仿等)作展开剂。③对不溶于水的非极性物质，以非极性溶剂(如液体石蜡、α-溴萘等)作固定相，以极性溶剂(如水、含水的乙醇、含水的酸等)作展开剂。

[2]注意保持滤纸条的洁净，手不能接触滤纸工作的部分，一般是捏住滤纸的上端，以免沾污纸条。

[3]样点切不可浸入展开剂中，否则会使展开剂污染和样点扩展，二者都将导致操作失败。

[4]点样用的毛细管必须专用，不得弄混。

[5]若需重复点样，则应等到前次点样的溶剂挥发后才能复点，以防止样点的面积过大，造成拖尾、扩散等现象，影响分离效果。

[6]分离的化合物若有颜色，很容易识别出来各个样点。如果是无色的，展开后，需要在纸上喷某种显色剂，使各组分显色以确定移动距离。不同物质选用不同的显色剂。如氨基酸用茚三酮，有机酸用溴酚蓝，生物碱用碘蒸气等。除用化学方法外，也可用物理方法或生物方法来检定。

[7]由于影响 R_f 值的因素很多，几次实验条件又难完全一致，所以在测定 R_f 值时，常采用标准样品在同一张滤纸条上点样对照。

【思考题】

1. 纸色谱的分离原理是什么？

2. 滤纸条上的点样点可否浸入展开剂中？为什么？

3. 为什么展开容器要密闭？

2.12　薄层色谱 Thin Layer Chromatography

【实验目的】

1. 掌握薄层色谱的原理及应用；

2. 掌握薄层色谱的实验操作技术。

【实验原理】

最常用的薄层色谱也属于液-固吸附色谱，它以薄层板作为载体，让样品溶液在其上展开而达到分离的目的。薄层色谱的分离原理与柱色谱相同，经过在吸附剂和展开剂之间的多次吸附-溶解作用，将混合物中各组分分离成孤立的样点，实现混合物的分离。

薄层色谱兼备了柱色谱和纸色谱的优点，可用于小量样品（100～0.01 μg）的分离，又可用来精制，分离多达 500 mg 的样品（此时需把吸附层加厚，将样品点成一条直线）。由于薄层色谱操作简单，试样和展开剂用量少，展开速度快，所以经常被用于探索柱色谱分离条件和跟踪化学反应进程。此法特别适用于挥发性较小或在较高温度易发生变化而不能用气相色谱分析的化合物。

【一般操作方法】

1. 薄板的制备与活化

薄层色谱的最常用的吸附剂是氧化铝和硅胶。

硅胶是聚合的二氧化硅水合物，脱水后成为无定形的多孔性物质，适用于酸性和中性物质的分离和分析。薄层色谱用的硅胶分为：

硅胶 W——不含黏合剂和其他添加剂的层析用硅胶。

硅胶 G——含煅烧过的石膏（$CaSO_4 \cdot 2H_2O$）作黏合剂的层析用硅胶，G 代表含有石膏（gypsum）。

硅胶 HF 254——含荧光物质的层析用硅胶，可在 254 nm 的紫外光下视察荧光。

硅胶 GF 254——含锻烧石膏、荧光物质的层析用硅胶。

与硅胶相似，氧化铝也因含黏合剂或荧光剂而分氧化铝 G、氧化铝 GF 254 及氧化铝 HF 254 等类型。

黏合剂除上述的煅石膏外，还可用淀粉、羧甲基纤维素钠。通常将薄层板按再加黏合剂和不再加黏合剂分为两种，再加黏合剂的薄层板称为硬板，不再加黏合剂的称为软板。

常将吸附剂调成糊状物，然后可采用下列两种涂布方法，将其涂在干燥、洁净的玻璃板上。

（1）平铺法。用涂布器（图 2-19）制板，涂层薄厚均匀，一般在大量铺板和铺较大的板时常用此法。

（2）倾注法。将调好的糊状物均匀地倒在几块玻璃板上，先用玻璃棒铺平，然后用手左右摇晃至平，然后放到水平的平板上晾干。实验室常用此法，但制出的板厚度不易控制。

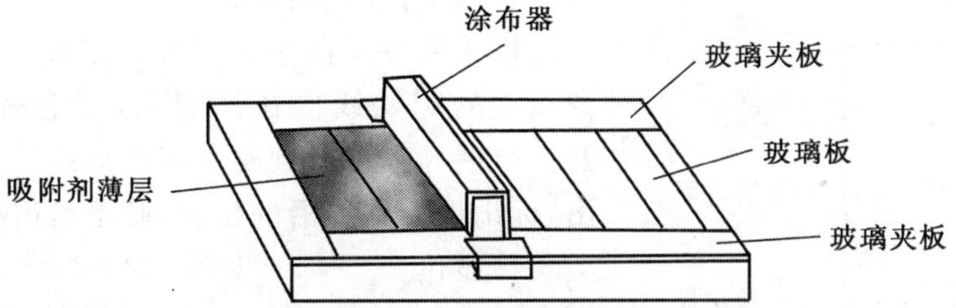

图 2-19　薄层涂布器

把涂好的薄板置于室温自然晾干后，放在烘箱内加热活化，除去水分，活化时需慢慢升温。硅胶板一般在 105～110℃活化 30 min，氧化铝板在 200℃烘 4 h 后可得到活性Ⅱ级的薄板。薄板的活性随含水量的增加而下降，因此活化后的薄板要放在干燥器内备用。

2. 点样

将样品溶于低沸点溶剂中，配成 1%～5%的溶液，用内径小于 1 mm 的毛细管点样。先用铅笔距薄板一端轻轻画一条线作为起始线，然后用毛细管吸取少量样品溶液垂直地轻轻接触薄板的起始线，斑点直径不超过 2 mm，若需重复点样，则应等到前次点样的溶剂挥发后才能复点，以防止样点的面积过大，造成拖尾、扩散等现象，影响分离效果。若要在一块板上点几个样点，样点间的距离应在 1 cm 左右为宜。待点干燥后，方可进行展开。

3. 展开

薄层色谱展开剂的选择和柱色谱相似，主要根据样品中各组分的极性、溶剂对于样品中各组分溶解度等因素来考虑。在用硅胶或氧化铝等极性吸附剂作固定相时，展开剂的极性越大，对化合物的洗脱力也越大。选择展开剂时，除参照溶剂极性来选择外（各种溶剂的极性顺序见 2.9），更多地采用试验的方法，在一块薄层板上进行试验：若所选展开剂使混合物中所有的组分点都移到了溶剂前沿，即 R_f 值都比较大，此溶剂的极性过强，应更换极性较小的展开剂；反之如果各组分的 R_f 值都比较小，应更换极性较大的展开剂。当一种溶剂不能很好地展开各组分时，常选择用混合溶剂作为展开剂。先用一种极性较小的溶剂为基础溶剂展开混合物，若展开不好，用极性较大的溶剂与前一溶剂混合，调整极性，再次试验，直到选出合适的展开剂组合。合适的混合展开剂常需多次仔细选择才能确定。

薄层的展开是在密闭的容器中如广口瓶中进行的（图 2-20），先将展开剂（0.5～1 cm 高）放到展开器中，10 min 后展开器内的蒸气达到饱和（可在展开器内

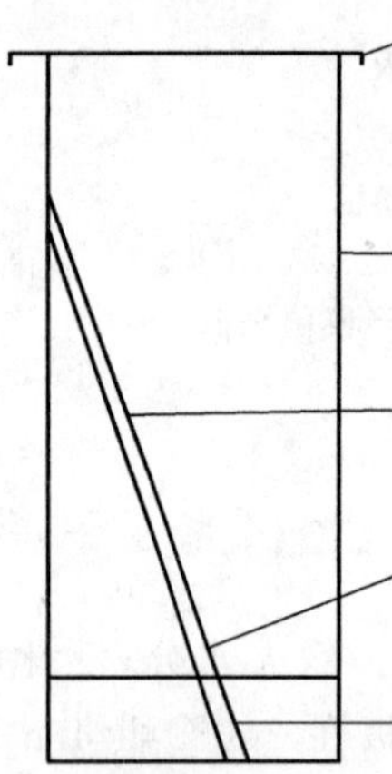

图 2-20 薄层色谱的展开

放一张滤纸，加速展开器的气液平衡)，把带有样点的板放入展开器中并与展开器成一定的角度，薄板上的起始线应在液面上，盖上盖子进行展开。待展开剂上升到距薄板顶部约 1 cm 处时取出，标出展开剂前沿的位置，晾干后进行显色。

4. 显色

同纸色谱一样，对无色化合物在展开后要显色才能观察展开的化合物样点。薄层板常用显色方法有碘蒸气显色、紫外灯显色和显色剂显色。

(1)碘蒸气显色。将展开的薄层板挥发干展开剂后，放在盛有碘晶体的封闭容器中，升华产生的碘蒸气能与许多有机物分子形成有黄棕色的复合物而显出颜色。

(2)紫外灯显色。用掺有荧光剂的固定相材料(如硅胶 F、氧化铝 F 等)制板，展开后待板上的展开挥发后，把板放在紫外灯下在暗处观察，有化合物的地方由于化合物吸收了紫外光而出现有色斑点外，其余的地方都是亮的，用铅笔标出荧光斑点的位置。

(3)显色剂显色。有时对于特殊有机物使用专用的显色剂显色。此时常用盛有显色剂溶液的喷雾器喷板显色。

5. 计算 R_f 值

计算方法与纸色谱的计算方法相同。

【实验试剂与仪器装置】

1. 实验试剂

1%间硝基苯胺，1%偶氮苯与间硝基苯胺的等体积混合物溶液；硅胶 G，0.5%羧甲基纤维素钠水溶液，展开剂为石油醚∶乙酸乙酯＝7∶3。

2. 仪器装置

【实验步骤】

1. 薄层板的制备与活化

取 3 片载玻片洗净后，用酒精棉球擦拭、平置晾干[1]。称取 3 g 硅胶 G 放入烧杯中，加入 0.5%羧甲基纤维素钠溶液约 8 mL，调成均匀的糊状[2]。然后采用倾注法铺板，将糊状物分别倒在 3 片载玻片上，用玻璃棒摊开，轻轻振摇并敲击玻片，使糊均匀光滑地覆盖玻片，勿产生气泡，然后平置在水平台面上，使其晾干[3]。

晾干后的薄层板面呈白色，置于烘箱内，从室温升温至 105～110℃，活化

30 min。冷却、备用。

2. 点样

在距薄层板一端 1 cm 处，用铅笔轻轻横划一道点样线。用点样毛细管蘸取样品溶液，在点样线处轻轻点样[4]；若点样量不足，待溶剂挥发后可在原处重复点样。样点直径不应超过 2～3 mm。每块板点 2 个样，其中一个是 1%偶氮苯，另一个是 1%偶氮苯与间硝基苯胺。

3. 展开

在层析缸中倒入已配好的展开剂，盖上盖子摇动一下，使缸内蒸气趋于饱和。将点好样的薄层板样点一端向下放入展开缸中，浸入展开剂内约 0.5 cm 即可。盖好盖子注意观察展开剂的上升。当展开剂前沿上升到离板上端约 1 cm 处时取出，即用铅笔在展开剂前沿处做记号，晾干[5]。

4. 计算各样点的 R_f 值，判断偶氮苯与间硝基苯胺的极性大小。

【附注】

[1]载玻片应干净且不被手污染。

[2]硅胶糊很容易凝胶化，结果会无法摊开成薄层，因此调浆时应迅速，但也不宜用力搅拌以免形成过多过大的气泡，在薄层晾干时出现气孔。

[3]务必使摊好的薄层板晾干，否则烘干活化时将产生皲裂，使薄层板报废；同样，湿的薄层板也不能烘烤催干。

[4]点样不能戳破薄层板面。

[5]展开时，不要让展开剂前沿上升至底线。否则，无法确定展开剂上升高度，即无法求得 R_f 值和准确判断粗产物中各组分在薄层板上的相对位置。

【思考题】

1. 可以用什么材料作为制板材料？薄层色谱与纸色相比有哪些优点？

2. 用薄层色谱对两种已知有机物组成的混合物进行分离，有什么方法可用于识别薄层板上分离开的这些有机物？

3. 由同样操作条件下进行的薄层色谱分离测得的一种有机物的 R_f，为什么可以用于鉴别这种有机物？

4. 样点斑点过大有什么不良后果？

2.13 气相色谱 Gas Chromatography

【实验目的】

1. 掌握气相色谱法的原理及应用；

2. 掌握气相色谱法的实验操作技术。

【气相色谱分离原理】

以气体为流动相的色谱法称为气相色谱法(gas chromatography;GC)。

色谱技术经过近一个世纪的发展,已经成为一种广泛使用的分析方法。在现代科学技术的发展过程中,色谱在生命科学、有机化学、材料化学、环境化学、药物化学等学科以及化工生产中都起到了极为重要的作用。G. C. Pimentel 教授在其名著《化学中的机会——今天和明天》一书中写道:"可以说,没有任何一种单一的分离技术能像色谱这样能分离性能非常接近的化合物(如异构体)"。而气相色谱则是色谱家族中的一种应用最广泛的技术。

气相色谱的流动相(称为载气)是惰性气体,固定相可以是固体或液体。按固定相的物态,可分为气-固色谱法(GSC)及气-液色谱法(GLC)两类;按柱的粗细和填充情况,可分为填充柱色谱法及毛细管柱色谱法;按分离机制,可分为吸附及分配色谱法。气-液色谱法属于分配色谱法。在气-固色谱法中,固定相常用吸附剂,因此多属于吸附色谱法。气相色谱技术的发展已有 50 多年的历史,它现在已是一种相当成熟、应用极为广泛的复杂混合物的分离分析方法。

在一支直径 3～4 mm 的玻璃柱或金属柱中,装入惰性固体颗粒(称为载体),在载体表面上涂布一层低挥发性有机物的液膜(称为固定液),这样就构成了一支填充式色谱柱。气相色谱法的载气由高压气瓶供给,经压力调节器降压、净化等进入色谱柱,经检测器流出色谱仪。液态样品用微量注射器取样,由进样器注入,气态样品可用六通阀或注射器进样,样品被载气带入色谱柱。样品中各组分在固定相与载气间分配,由于各组分在两相中的分配系数不等,它们将按分配系数大小的顺序依次被载气带出色谱柱。分配系数小的组分先流出,分配系数大的后流出。流出色谱柱的组分被载气带入检测器,检测器将各组分的浓度(或质量)的变化,转变为电压(或电流)的变化,电压(或电流)随时间的变化由记录器记录为色谱峰。根据色谱峰出现的时间及峰面积大小即可对各组分进行定性鉴定和定量测定。

通常使用的载体是表面积大、吸附活性小的物质(如硅藻土等),这样可使固定液分布面积大,又不会因吸附而干扰液体和气体之间的分配平衡。能否使试样中各组分有效地分离的关键是固定液的选择。通常依据"相似性"原则选择固定液。所谓相似性是指固定液与试样组分的性质(如极性、官能团等)有某些相似性。因此分离非极性物质时,一般选用非极性固定液,其各组分基本上按沸点不同先后流出色谱柱。低沸点的先流出,高沸点的后流出。例如,气态烃、低碳液态烃采用异三十烷、角鲨烷等长链烃固定液,都能得到满意的分离效果。分离极性物质时,则应选用极性固定液。此时试样中的各组分按其极性大小的次序先后流出色谱柱,即极性小的先流出，极性大的后流出。气相色谱分离示意图见图 2-21。

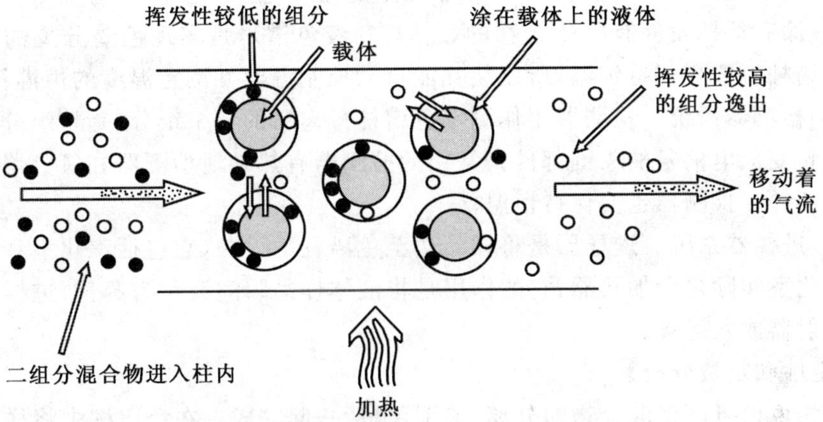

图 2-21　气相色谱分离示意图

【气相色谱的流程及仪器设备】

气相色谱流程及设备如图 2-22 所示，大致由四个基本部分组成：

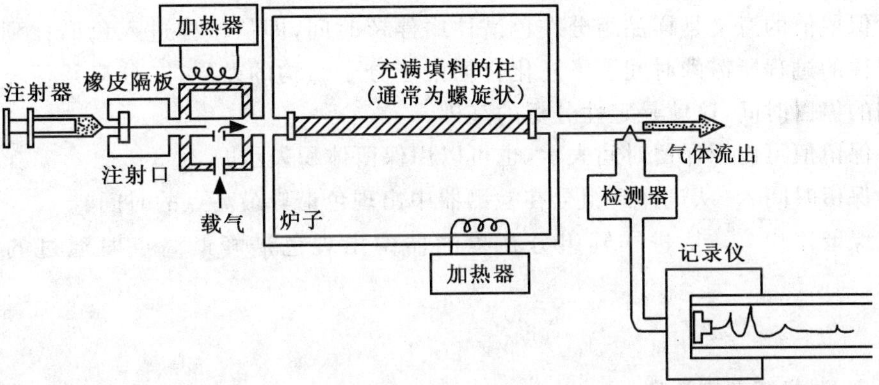

图 2-22　气相色谱系统组成

(1)载气系统。载气系统包括高压钢瓶、减压阀、载气净化器、载气流量计等构成。载气由高压钢瓶供给，瓶上装有减压阀，能使高压气体变成低压气体使用。载气的作用将样品输送到色谱柱和检测器。载气中的杂质(水、有机物)经由载气净化器除去。载气的流入由流量调节阀控制以保持恒定的流速，载气流速可由一个转子流量计或设置在柱后的皂膜流量计测量。

(2)色谱柱系统。色谱柱可以是螺旋型的或U型的,里面装有吸附剂(气-固色谱)或涂有低挥发性有机化合物的载体(气-液色谱),是实现色谱分离的关键部位。色谱柱一般要保持恒温,所以装在能自动控制温度并测定温度的恒温箱中。

(3)检测器系统。检测器用作测定色谱柱分离后的各个组分,是将组分的浓度等信息转变成电信号的关键部件。常用的检测器有热导池检测器和氢火焰离子化检测器两种。检测器也要保持恒温。

(4)进样器系统。进样器是将样品送至色谱柱的设备,它包括汽化室和进样工具。汽化室实际是个加热器,它的作用是将液体样品瞬间汽化为蒸气,进样工具通常为注射器或六通阀。

【定性和定量分析】

气相色谱可以将混合物的分离、鉴别、定量一起完成。在色谱柱中将样品中各组分分离后,首先识别混合物中各组分,然后再分别确定其含量。气相色谱的定性分析可以达到前一个目的,定量分析可以达到后一个目的。

1. 定性分析

利用保留值进行定性分析是气相色谱分析中最方便、最常用的一种方法。当操作条件严格不变时,物质的保留值不变,因而保留值可用于定性鉴定。

保留值的意义是样品组分在色谱柱中停留时间,即从试样进入色谱柱到流出色谱柱的过程所需的时间。不同化合物由于分子结构的差异,在分离条件下会有不同的停留时间,这就是定性分析的基础。

保留值可以用保留时间表示,也可以用保留体积表示图2-23。

保留时间 t_R:从进样到组分在检测器中出现色谱峰最高点的时间。

保留体积 V_R:从进样到组分在检测器中出现色谱峰最高点时通过的载气体积。

$$V_R = t_R \cdot F_C$$

式中 F_C为载气平均流速。

利用保留值进行定性分析时,可将未知物的保留值与纯净已知物的保留值对照,或将纯物质混于试样中,观测相应的色谱峰是否增高以鉴定未知物。但必须指出,有时几种物质在同一色谱柱上会有相同的保留值,因此常需选用几根具有不同极性固定液的柱子分别测定保留值,这样的定性结果才可靠。

2. 定量分析

气相色谱定量分析的依据是在实验条件恒定时峰面积与组分的量成正比,即

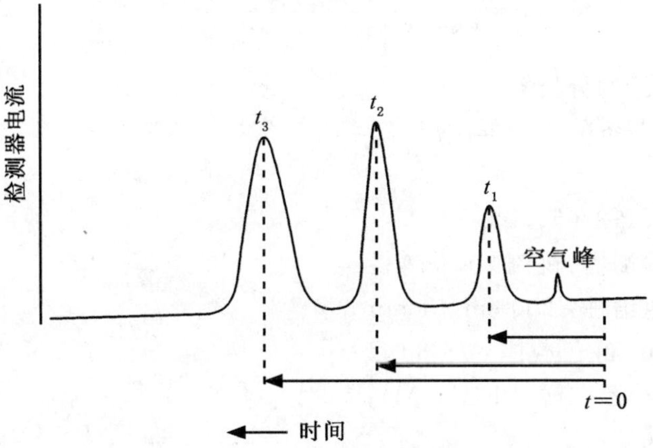

图 2-23　气相色谱保留值示意图

$W_i=f_i'A_i$。因此，必须准确测量峰面积和比例常数 f_i'(称为校正因子)。

峰面积的测量一般采用峰高乘半峰宽法(图 2-23)，根据流出曲线方程式已推导出正常色谱峰面积计算式，即：

$$A=1.065\ h\times W_1/2$$

用读数显微镜测量半峰宽，其测量误差可控制在 1%以下。目前的气相色谱仪都带有数据处理机或色谱工作站，能自动打印或显示出峰面积。

定量校正因子分为绝对定量校正因子和相对定量校正因子。

$$f_i'=W_i/A_i$$

式中 f_i'为绝对定量校正因子，即单位峰面积所代表的物质量。绝对定量校正因子的值随色谱实验条件而改变，因而很少使用。在实际工作中一般采用相对校正因子。其定义为某物质 i 与所选定的基准物质 s 的绝对定量校正因子之比，即：

$$f_{w,\mathrm{i}}=\frac{f_{w,\mathrm{i}}'}{f_{w,\mathrm{s}}'}=\frac{W_\mathrm{i}/A_\mathrm{i}}{W_\mathrm{s}/A_\mathrm{s}}=\frac{A_\mathrm{s}W_\mathrm{i}}{A_\mathrm{s}W_\mathrm{s}}$$

式中 W 为重量，因此 f_w 又称为相对重量校正因子，通常称为校正因子(f)。气相色谱的定量校正因子常可以从手册和文献查到，数据常以苯或正庚烷为基准物质。

气相色谱定量方法分为归一化法、外标法、内标法等。归一化法(normalization method) 由于组分的量与其峰面积成正比，如果样品中所有组分都能产生信号，得到相应的色谱峰，那么可以用如下归一化公式计算各组分的含量。

$$w_i\%=\frac{A_i}{A_1+A_2+A_3+\cdots\cdots+A_n}\times 100\%$$

【乙酸异戊酯的分析】

样品：自己制备的乙酸异戊酯

测试条件：

色谱仪：SP-2305；

热导池检测器：桥流 200 mA；

不锈钢色谱柱：200 cm×4 mm；

载体：6201 红色载体 60～80 目；

固定液：聚乙二醇(PEG-20M)；

柱温：100℃；

载气：H_2 流速 30 mL/min；

汽化室温度：200℃；

检测室温度：100℃；

进样量：1 μL。

第3章　有机化合物的物理性质和分子结构测定

3.1　熔点的测定和温度计的校正 Melting Point and Thermometer Calibration

【实验目的】

1. 掌握熔点测定的基本原理及意义；

2. 掌握毛细管法测定熔点的操作；

3. 掌握通过对纯净有机化合物的熔点测定校正温度计的方法。

【实验原理】

1. 纯净有机物晶体的熔点

熔点是指在固体有机化合物在一个大气压力下固液两相达成平衡时的温度，此时固相与液相的蒸气压相等，固液两相并存。纯净的固体有机化合物一般都有固定和非常敏锐的熔点。图 3-1 表示纯净有机化合物相组成随时间和温度变化的关系，当加热使温度接近其熔点范围时，升温速率随时间变化约为恒定值。加热温度低于化合物熔点时固体不熔化，随着加热的进行温度上升，达到熔点时，固体开始熔化出现少量液体，此时固液两相平衡。熔融过程是吸热的相变过程，继续加热所提供的热量使固相不断转变为液相，两相间仍为平衡，温度不再变化。当固体全部变为液体，继续加热温度又开始线性上升。因此在接近熔点时，加热速度一定要慢，每分钟温度升高不能超过 2℃，只有这样，才能使整个熔化过程尽可能接近于两相平衡条件，测得的熔点也越精确。

毛细管法在测定熔点的操作中，开始熔融时的温度(初熔温度)与完全熔融(终熔温度)之间总有一段狭窄的温度间隔，称为熔程。对于纯净的有机物晶体，熔程不长，一般在 0.5～1.0℃范围内。

2. 含有杂质的有机物晶体的熔点

少量杂质混入有机物，会使该物质的熔点下降，熔程变长。

3. 熔点测定的应用

通过测定有机物的熔点并结合文献值，可以帮助鉴定未知的有机物及其纯度。

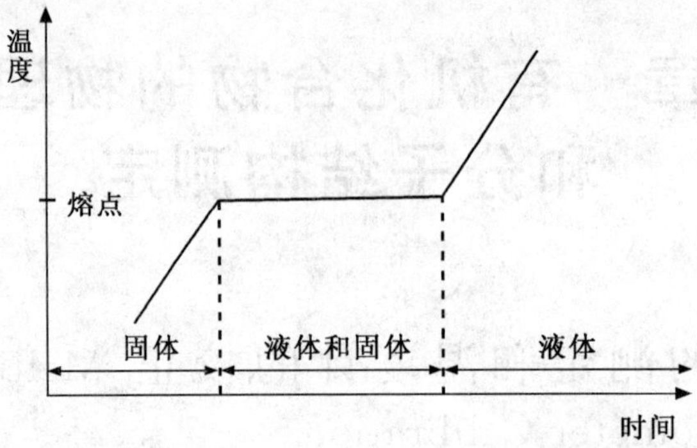

图 3-1 纯净物相组成随时间和温度的变化

若两种有机物具有相近的熔点,可以用混合熔点法判断其是否为同一物质。将二者按 1∶9,1∶1,9∶1 这三种比例混合,然后对混合试样测定熔点,若他们是相同的化合物,则熔点值不会降低,若是不同的化合物,则初熔点降低,熔程明显加长。

多数有机物的熔点都在 400℃ 以下,较易测定。但也有一些有机物在其熔化以前就发生分解,只能测得分解点。

测定熔点的方法较多,毛细管熔点测定法具有用料少,操作简便的优点,因此在有机实验中被广泛采用。另外利用熔点测定仪来测定熔点也是实验中常用的方法。

【实验试剂与仪器装置】

1. 实验试剂

乙酰苯胺、苯甲酸、α-萘胺、萘、乙酰苯胺与苯甲酸的混合物、未知物、甘油。

有机物名称	乙酰苯胺	苯甲酸	萘	α-萘胺
熔点/℃	114	122.4	80.5	50

2. 仪器装置

【实验步骤】

1. 准备毛细管和装样品

将内径约 1 mm,长 60～70 mm 毛细管一端在酒精灯上转动加热,烧融封闭制成熔点管。取少量干燥、研细的样品[1]放置在干燥洁净的表面皿上并堆成小堆,然后把毛细管开口端插入样品堆中,即有少量样品挤入熔点管中,然后把熔点管开口端朝上竖立起来,轻轻在桌上蹾几下,使样品落入管底,以同样方式重复取样几次。

然后取一根长约 40～50 cm 的玻璃管垂直于表面皿上，将熔点管封口端朝下从玻璃管上端自由落于表面皿上，如此反复几次，使样品装填紧实均匀[2]，高度为 2～3 mm(图 3-2)。

2. 装置仪器

取一只 b 型管(又叫 Thiele 管或熔点测定管)，固定在铁架台上，装入加热介质甘油至略高于支管口上沿，管口配一插有温度计的缺口木塞(或将温度计悬挂)，借助于甘油将熔点管黏附在温度计上，样品部分位于温度计水银球中部，调整温度计的位置，使其水银球恰好在 b 型管两侧管的中部(图 3-3)。

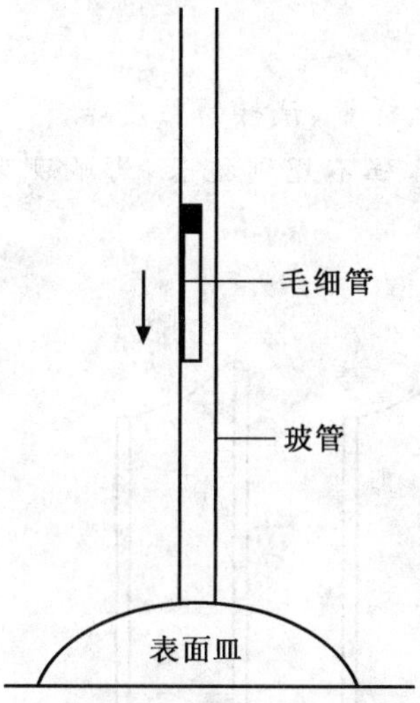

图 3-2　样品的装入

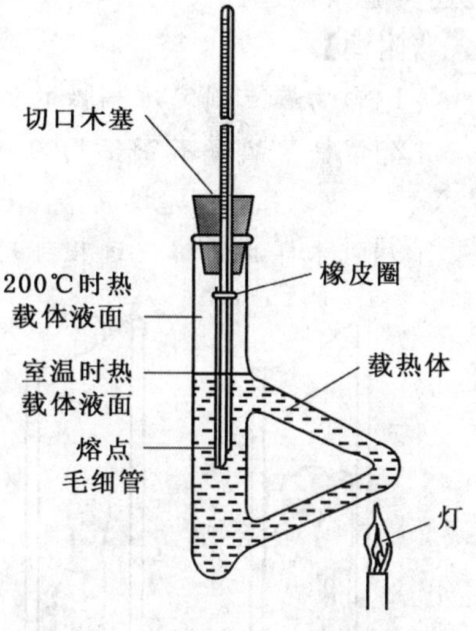

图 3-3　b 型管测定样品的装置

3. 测定熔点

按图示部位给 b 型管加热，可先以较快速度加热，距熔点十几度时，减慢加热速度，每分钟升 1～2℃，接近熔点温度时，每分钟约 0.2℃[2]。观察、记录晶体塌落并形成第一滴液体时的温度(初熔温度)和晶体完全消失并变成透明液体时的温度(终熔温度)[3]。要注意在加热过程中是否有变色、发泡、升华及碳化等现象，若有必须要如实记录。

熔点测定应有至少 2 次平行测定的数据(混合物为一次的数据)，每一次都必须用新的毛细管另装样品测定[4]，而且必须等待甘油冷却到低于此样品熔点 20～30℃时，才能进行下一次测定。

对于未知样品，可用较快的加热速度粗测一次，在很短的时间里测出大概的熔点。待浴温冷却到熔点 20℃以下，再另取一根装有待测样品的熔点管进行测定。

4.温度计的校正

测熔点时，温度计上的熔点读数与真实熔点之间常有一定的偏差。这可能由于温度计的制作质量差及所使用的温度计的种类等多种原因引起。在校正温度计时，可选择数种已知熔点的纯化合物为标准，测定它们的熔点，以观察到的熔点作纵坐标，已知熔点与测得熔点差值作横坐标，画成曲线，即可从曲线上读出此温度的校正值。

本实验校正温度计选用的化合物为乙酰苯胺、苯甲酸、萘胺、萘，根据校正值对上述实验数据进行校正。

【附注】

[1]影响熔点测定准确性的因素包括试样的纯度、试样量、试样的粒度等。

[2]试样装填得不密实均匀和取样过多都将导致熔程不规则拖长，影响测定结果。

[3]固体样品的熔化过程可用图 3-4 表示：

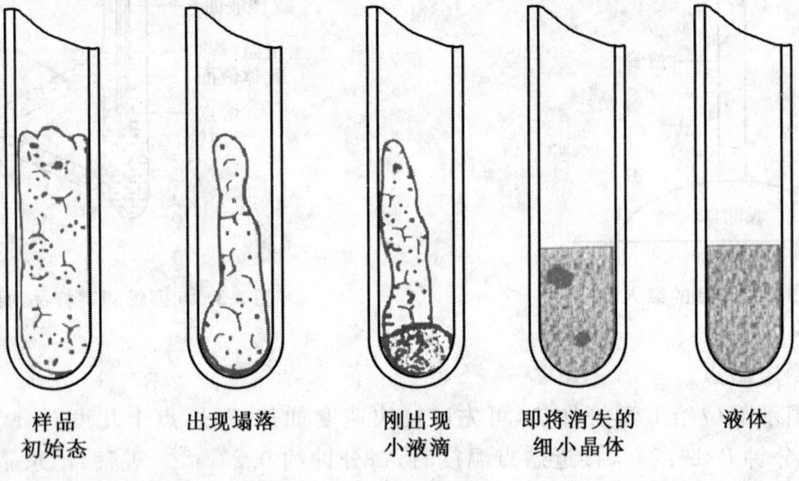

图 3-4 固体样品的熔化过程

[4]以较慢的速率加热，使热量有充分的传输时间从热源通过传热介质传到毛细管内试样，减少观察上的误差。

[5]已测定过的试样或由于分解或由于晶形改变，会与原试样不同，不能再用于测定。

【思考题】

1. 测定熔点的意义是什么？

2. 哪些因素会影响熔点的测定？

3. 熔点测定时如何控制加热速度？观察什么现象作为熔融过程的开始？什么现象作为熔融过程完成？

4. 测定有机物熔点时，若遇到下列情况，对所测熔点有什么影响？

(1)毛细管的管壁较厚；

(2)加热太快；

(3)毛细管内不洁净；

(4)试样研磨不细、装填不密实；

(5)样品未完全干燥或含有杂质。

5. 能否对一份试样进行反复多次的熔点测定？为什么？

3.2　沸点的测定 Boiling Point

【实验目的】

1. 掌握沸点测定的原理和意义；

2. 掌握微量法测定沸点的实验操作。

【实验原理】

沸点也是有机物的重要物理常数。前面介绍的借助蒸馏操作测定有机物的沸点的方法称为常量法测定沸点，也可以用微量法测定沸点。常量法测定沸点需要较多的试样，微量法仅需数滴试样即可进行测定。

蒸馏法测定沸点的原理在蒸馏部分已有详细叙述。本节讨论微量法测定沸点。

液体在一定温度下具有一定的蒸气压，液体受热时，其蒸气压随温度的升高而增大。当液体蒸气压达到与外界施于液面的总压力(通常是大气压)相等时，就有大量气泡从液体内部逸出，即液体沸腾，此时的温度称为该化合物在此压力下的沸点。

如图 3-5 所示，在最初受热时，倒置毛细管内气体受热膨胀，会逸出毛细管外，形成小气泡。继续加热，毛细管内待测样品的蒸气压不断增加，若受热温度超过其沸点时，此时毛细管内的蒸气压大于外界施于液面总压力，则有一连串气泡逸出，此时停止加热，热浴温度慢慢降低，毛细管内的蒸气压会降低，气泡逸出的速度减慢，当最后一个气泡出现而刚欲缩回到毛细管内的瞬间即表示毛吸管内液体的蒸气压与外界大气压相等，此时所测的温度即为该液体的沸点。

【实验试剂与仪器装置】

1. 实验试剂

乙酸乙酯(b. p. 77℃),甘油。

2. 仪器装置

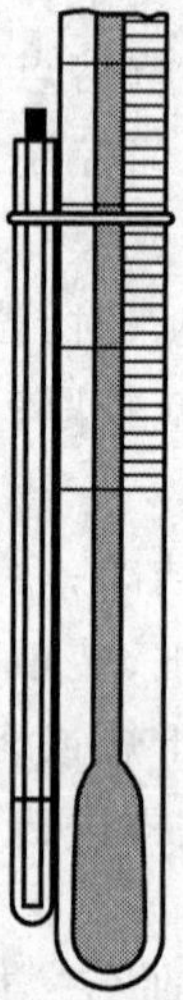

图 3-5 微量法沸点测定装置

【实验步骤】

1. 将待测样品滴入沸点管中,使液柱高约 1 cm。将一端封闭的毛细管开口向下插入待测液中。把沸点管用橡皮圈固定于温度计上,插入盛有甘油的 Thiele 管中。

2. 按图示部位缓慢加热,当温度慢慢升高时,会有小气泡从毛细管口逸出[1],继续缓慢加热并注意观察,当气泡连续成串逸出时立即停止加热。[23] 当气泡恰要停止逸出并将要缩入毛细管内时,记录温度计上所示温度,即为该样品的沸点。

待温度下降 15～20℃,重新加热再测一次,2 次测定数据差值不应超出 1～2℃。

【附注】

[1]测定沸点时,如果受热温度超过其沸点仍未观察到一连串小气泡逸出,可能是毛细管没有封闭好,此时应停止加热,更换毛细管重新测定。

[2]测定沸点时,加热速度不能过快,在接近样品沸点时,升温要更慢一些,以防受热温度超过其沸点太大,使得管内液体迅速挥发而不能测定。

【思考题】

1. 微量法沸点测定与常量法沸点测定的结果有什么不同?

2. 微量法沸点测定操作中,如何准确判断沸腾现象及相应温度?

3. 温度到达沸点前,倒置毛细管缓慢逸出的气泡是什么?

3.3　液体化合物折射率的测定 Refractive Index of Liquids

【实验目的】

1. 掌握折射率的概念及测定折射率的意义；

2. 了解阿贝折光仪的工作原理和使用方法。

【实验原理】

1. 折射率

光在不同介质中传播的速度不同。光从一个介质进入到另一个介质时，由于传播速度改变，也使传播方向发生改变（只要入射光的方向与两个介质间的界面不垂直），这种现象称作光的折射。

根据光的折射定律，波长一定的单色光在确定的外界条件下（如温度、压力等），从介质 1 射入介质 2 时，其传播速度（v）之比等于其入射角 α 与折射角 β 的正弦之比（图 3-6）。该比值 n 即为介质 2 的折光率（对介质 1）：

$$n=v_1/v_2=\sin\alpha/\sin\beta$$

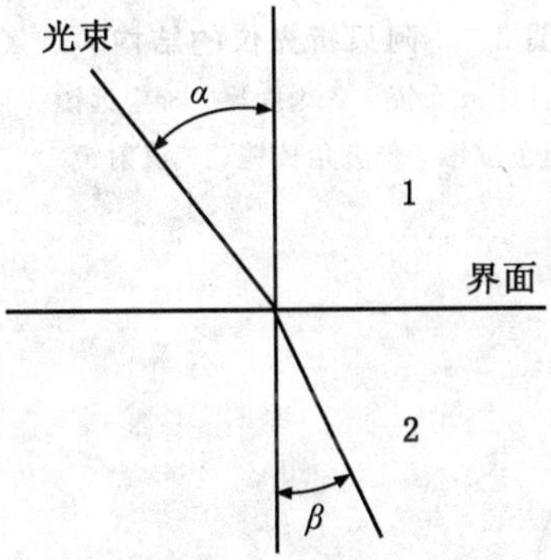

图 3-6　光的折射

在测定折射率时，一般都是光从空气射入液体介质中，因此我们通常用在空气中测得的折射率作为该介质的折光率。所有介质的折射率都大于 1，这是因为光在空气中的传播速度接近于真空中的速度，而光在任何介质中的速度均小于光速。由前面的式子可看出入射角大于折射角。

测定折射率可以判断有机化合物的纯度和鉴定未知物。化合物的折射率主要由其结构决定，还受测定时温度和入射光波长影响（只是在精密工作中才考虑压力的影响）。所以折射率的表示需要注明温度和入射光的波长。一般是在 20℃ 时，以钠光作为光源（λ=589.3 nm，以 D 表示）来测定化合物的折光率，表示为 n_D^{20}。

通常温度升高，化合物的折射率下降，在温度 t 下测定的折射率可通过下式换算成标准值 n_D^{20}：$n_D^{20}=n_D^t+4.5\times10^{-4}\times(t-20)$。

2. 阿贝折光仪的工作原理

当入射角 α 等于 90°时，这时折射角 β 也达到最大，称为临界角，此时折射率为：

$n=1/\sin\beta_0$。因此只要测定出临界角，就可以计算得到折射率。

阿贝折光仪（图 3-7）是利用光的全反射原理设计的仪器。为测定 β_0 值，阿贝折光仪采用了“半明半暗”的方法，就是让单色光从 0°～90°的所有角度从介质 1 射入介质 2，这时介质 2 中临界角以内的整个区域都有光线通过，因而是明亮的；而临界角以外的区域都没有光线通过，因而是暗的，明暗两区的界线可以用目镜观察，可以看到界线清晰的半明半暗的像。

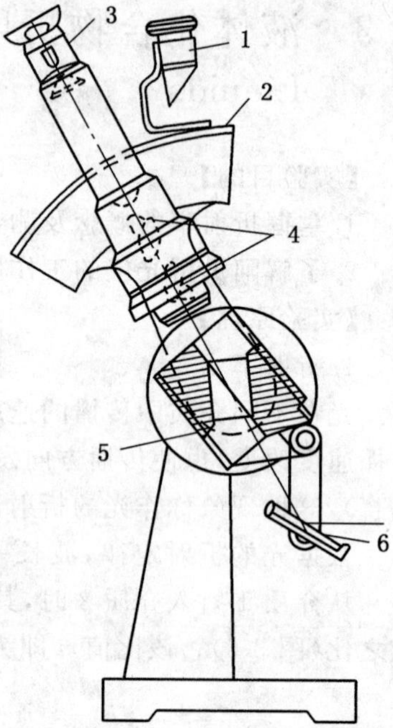

图 3-7 阿贝折光仪的结构

1 指针连放大镜 2 刻度尺 3 望远镜 4 消色散镜 5 直角棱镜 6 反射镜

介质不同，临界角也不同，目镜中明暗两区的界线位置也不一样。在目镜中刻有一个“×”交叉线，调整介质 2 与目镜的相对位置，使明暗两区的界线总是与“×”交叉线的交点重合（图 3-8），通过测定相对位置（角度）并经过换算，便可得到折射率。阿贝折射仪中的标尺刻度即是换算后的折射率，可直接读出。

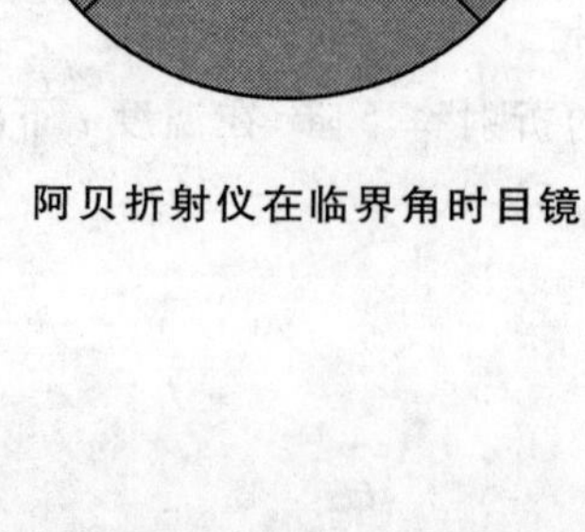

图 3-8 阿贝折射仪在临界角时目镜视野图

【实验试剂与仪器装置】

1. 实验试剂

丙酮 $n_D^{20}=1.3588$。

2. 仪器装置

见图 3-7。

【实验步骤】

(1)将折射仪置于光源充足的桌面上，但应避免阳光直射，记录温度计所示温度[1]。

(2)恒温后，打开直角棱镜的闭合旋钮，分开上下棱镜。用滴管加入少量丙酮洗上下镜面[2]，然后用擦镜纸沿一个方向轻轻把镜面擦拭干净。

(3)镜面干燥后，滴加 2～3 滴[3]试样于磨砂镜面上，使磨砂镜面铺满一薄层液体，然后合上棱镜，锁紧锁钮。

(4)转动反光镜使光线射入棱镜，视场最亮。然后转动调节旋钮，由 1.300 0 开始向前转动[4]，直到在目镜中找到明暗分界线，若出现彩色光带，再转动消色散旋钮，直到看到一清晰明暗分界线[5]。

(5)继续转动调节旋钮，使分界线对准"×"交叉线中心，并读出折射率[6]，计算出所测溶液的浓度。

(6)仪器用毕后，用沾有少量乙醚的擦镜纸擦干净，晾干两镜面，然后合紧镜面，用仪器罩盖好。

【附注】

[1]阿贝折射仪可以和恒温水浴相连，调节所需温度，通常为 20℃。

[2]操作时要特别小心，严禁滴管的末端触及磨砂镜面，以免造成刻痕。

[3]试样液体应充满冷静间隙；测定易挥发液体时应尽量缩短测定时间，或者及时补加试样。

[4]大多数有机物液体的折射率在 1.300 0～1.700 0 之间，若不在此范围内，就看不到明暗界线，所以不能用阿贝折光仪测定。

[5]读数时，若在目镜中看不到半明半暗分界线而是畸形，可能是由于棱镜间未充满液体；若出现弧形光环，可能是由于光线未经过棱镜而直接照射到聚光镜上。

[6]仪器长期使用，须对刻度盘的标尺零点进行校正。方法是按上述方法测定纯水的折射率，其标准值与测定值之差即为校正值。

【思考题】

1. 简述测定折射率的方法原理。

2. 可能有哪些因素影响有机化合物的折射率？怎样将测定温度下得到的折射

率换算成20℃的折射率?

3.4 旋光度的测定 Optical Rotation

【实验目的】

1. 了解测定旋光度的意义,掌握比旋光度的概念;

2. 了解旋光仪的工作原理,掌握旋光仪的使用方法。

【实验原理】

1. 旋光度

旋光性是指手性物质使平面偏振光的振动平面旋转一个角度的性质。这个旋转角度称为旋光度。

旋光度的大小除与物质的结构有关外,还与待测液的浓度、样品管的长度、测定时的温度、光源波长以及溶剂的性质有关。因此,表示旋光度时应注意温度、波长及所用溶剂等条件。为比较各种物质的旋光性能,通常用比旋光度[α]表示物质的旋光度,即每毫升含 1 g 旋光性物质的溶液,放在 1 dm 长的样品管中所测得的旋光度,它与旋光度的关系为:

$$[\alpha]_{\lambda}^{t}=\frac{\alpha}{\rho \cdot L}$$

式中:α 为旋光仪上测得的旋光度;ρ 为被测液的质量浓度(g/mL);L 为样品管长度,单位是 dm;t 为测定时的温度;λ 为所用光源的波长,常用的单色光源为钠光灯 D(λ=589.3 nm)。比旋光度只与物质的结构有关,是旋光性物质的特性常数之一。手册、文献上多有记载。测定旋光度对于鉴定旋光性化合物是不可缺少的,还可计算出已知物溶液的浓度或作为鉴定未知物的依据。

2. 旋光仪的工作原理

圆盘旋光仪由单色光源(钠灯)、起偏镜(固定不动的尼科耳棱镜)、盛液管、检偏镜(转动的尼科耳棱镜)、刻度盘、目镜构成(图 3-9)。

光线从光源经过起偏镜,得到振动平面只与起偏镜晶轴平行的单色光即平面偏振光,再经过盛液管时,具有旋光性的有机物使得平面偏振光的振动平面发生偏转而不能透过检偏镜,这样在目镜中看不到偏振光透过,视野是全黑的。只有旋转检偏镜到一定的角度才能看到光透过,由标尺盘上转动的角度,可以指示出检偏镜转动的角度,即为该物质在此浓度时的旋光度。

为能准确判断旋光度,在视野中分出三分视场。其形成原因是在起偏镜后面加入一片石英晶片,宽度为视场的1/3。石英有旋光性,使透过的偏振光旋转一个固定

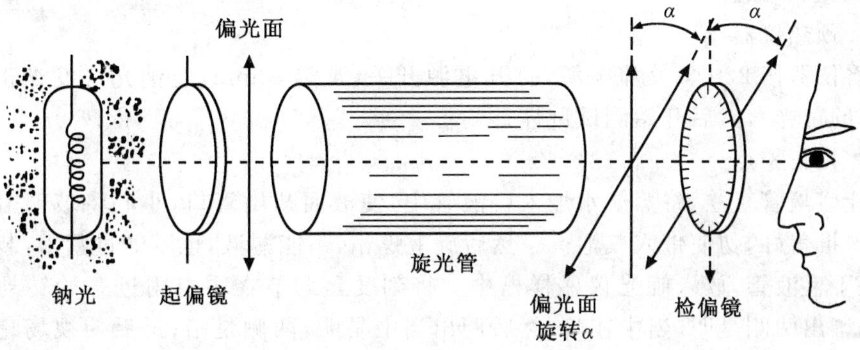

图 3-9　旋光仪构造示意图

的角度 φ，这样就产生了一个三分视场。当检偏镜的晶轴与起偏镜的晶轴平行，通过目镜可观察到图 3-10(a) 所示的现象(当中较暗，两侧是明亮的)，若检偏镜的晶轴与透过石英晶片的光的振动平面平行时，可观察到图 3-10(b)所示(当中明亮，两侧是暗的)；只有当检偏镜的偏振面处于 $\varphi/2$ 时，视场内明暗相等(图 3-10(c))，此时刻度盘上的读数即为待测液的旋光度。视场内明暗相等的位置很敏锐，容易观察。

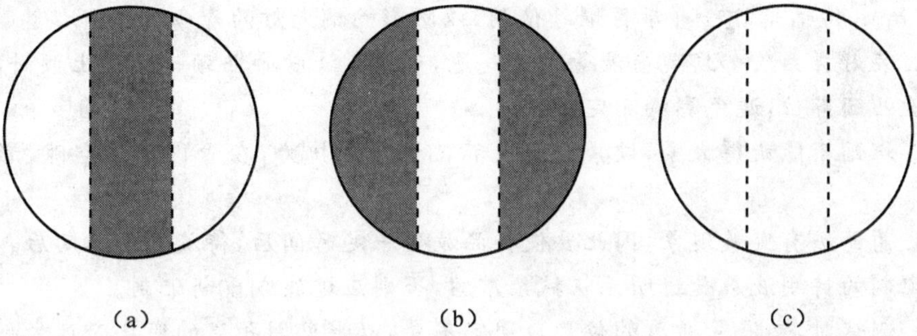

图 3-10　旋光仪三分视场示意图

【实验试剂和仪器装置】

1. 实验试剂

葡萄糖水溶液、蔗糖水溶液等。

2. 仪器装置

旋光仪构造如图 3-9 所示。

【实验步骤】

1. 预热仪器

将仪器接 220 V 交流电源，打开电源开关，预热 5 min，使钠光灯发光正常[1]（稳定的黄光），然后开始测试试样。

2. 校正零点

让盛液管直立，将蒸馏水加入盛液管中，使液面凸出管口，小心将玻璃盖板沿管口平推盖好，勿使带入气泡[2]。然后旋上螺帽，不能漏液，也不能过紧[3]，装液完毕，擦干盛液管，放入旋光仪盛样槽中。将刻度盘调节在零点附近开始转动刻度盘，先调出两侧是明，当中较暗，然后调出当中是明，两侧是暗；最后使视场亮度均匀。此时记下读数为此仪器的零点。重复操作 3 次。在测定样品时，从读数中减去此零点值。

3. 测定试样的旋光度

准确称取 10 g 葡萄糖，放入 100 mL 容量瓶中，用蒸馏水稀释至刻度[4]。测定前先用少量待测液洗涤盛液管 2 次，使其浓度保持不变。然后依上装入样品并进行测定[5]，复测 2 次，取测定结果的平均值。

【附注】

1. 钠灯不宜长时间连续使用，一般不要超过 4 h，如使用时间过长，应关闭电源 20 min，待钠光灯冷却后再继续使用，以防影响钠光灯的寿命。

2. 装好样品后如发现盛液管仍有气泡，可将盛液管带凸颈一端向上倾斜，将气泡赶至凸颈部位，避免影响测定。

3. 螺帽不能旋得太紧，过紧会使玻璃盖板产生扭力，在管内产生空隙，影响测定结果。

4. 葡萄糖有变旋现象，因此要使样品放置一定时间后，待旋光度稳定后再测。配制的待测液应是透明无机械杂质的，否则应过滤或重新配制。

5. 测试时，盛液管所放的位置应固定不变，以避免因距离的变化而产生测定的误差。

温度变化对旋光度有一定的影响，因此所测样品要在恒温的条件下测定；盛液管用毕要及时将溶液倒出，用去离子水洗净，擦干放好。

【思考题】

1. 什么是旋光度和比旋光度？测定旋光度有什么实际意义？

2. 有哪些因素影响物质的旋光度？

3.5　红外光谱 Infrared Spectroscopy

现代物理学技术如：红外光谱(infrared spectroscopy，IR)、紫外光谱(ultraviolet spectrum，UV)、核磁共振(nuclear magnetic resonance，NMR)、质谱(mass spectrum，MS)等目前已广泛应用于有机分子结构分析。这些波谱分析技术与经典的方法相比，具有以下特点：①分析结果准确，包括空间构型；②测定速度快；③所用样品量少；④能实现在线检测。对于不同类型的有机化合物，由于其结构不同，分子在振动和转动跃迁时吸收不同波长的红外光，产生特征红外吸收峰。因此，根据吸收峰的位置、强度以及形状可以判断分子中存在哪些官能团。红外光谱是解决有机化合物结构鉴定的有效工具之一。

【实验目的】

1. 了解测定红外光谱的意义与用途；

2. 掌握红外光谱仪的工作原理和仪器的操作方法。

【基本原理】

红外光谱(IR)是一种吸收光谱，它与分子振动能级和转动能级有关。分子的振动形式很多，只有那些在振动过程中有瞬时偶极变化的振动发生能级跃迁时，才吸收红外光而形成红外光谱。引起分子偶极变化的振动有伸缩振动(用 V 表示)和弯曲振动(用 δ 表示)。伸缩振动是化学键两端的原子沿键轴方向来回做周期运动。如果原子间除了伸缩振动外，还有键角的周期变化，这种振动形式称为弯曲振动或变形振动，如图 3-11 所示，可分为面内弯曲振动和面外弯曲振动。

当用一束红外光照射某化合物时，分子吸收部分红外光能，并将其转变为分子的振动能量和转动能量，透过的光经单色器色散后得到一条谱带。以波长 $\lambda(\mu m)$ 或波数 $\sigma(cm^{-1})$ 为横坐标，表示吸收峰的位置；以吸光度(A)或透光率($T\%$)为纵坐标，表示吸收强度。将谱带记录下来，就得到该化合物的红外光谱图。图 3-12 为苯甲酸的红外谱图。

大量实验表明，在不同的化合物中，同一类型的化学键或官能团的红外吸收频率总是出现在一定的波数范围内。这是由于化学键的振动频率与原子质量、键的强度及振动方式有关，所以不同的基团有不同的吸收频率。因此，根据吸收峰的位置、强度以及形状可以判断分子中存在哪些官能团。对于简单的分子，可以用 IR 进行未知物的结构判断。

红外光谱可分为两个区域：4 000～1 350 cm^{-1}，是由伸缩振动产生的吸收带，称为官能团特征频率区。该区域内出现的吸收峰受分子的化学环境影响较少，只

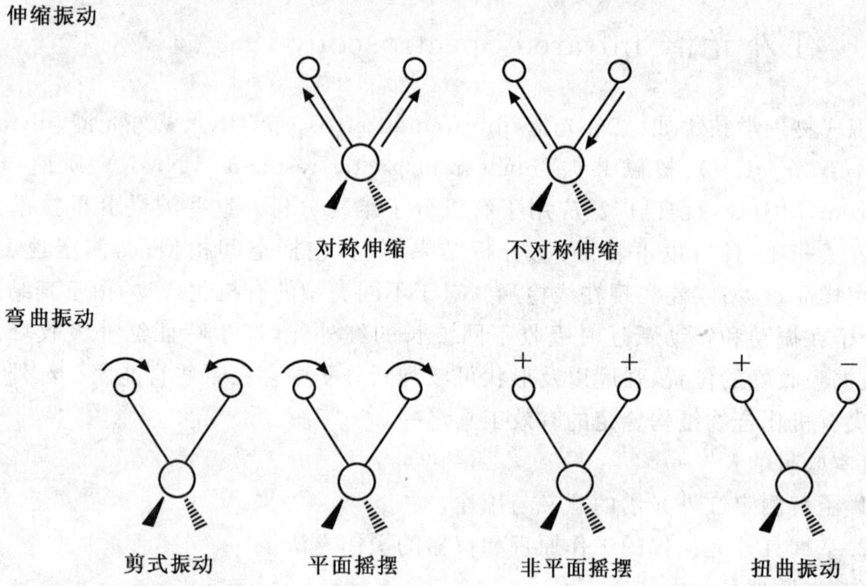

图 3-11 分子伸缩振动和弯曲振动示意图

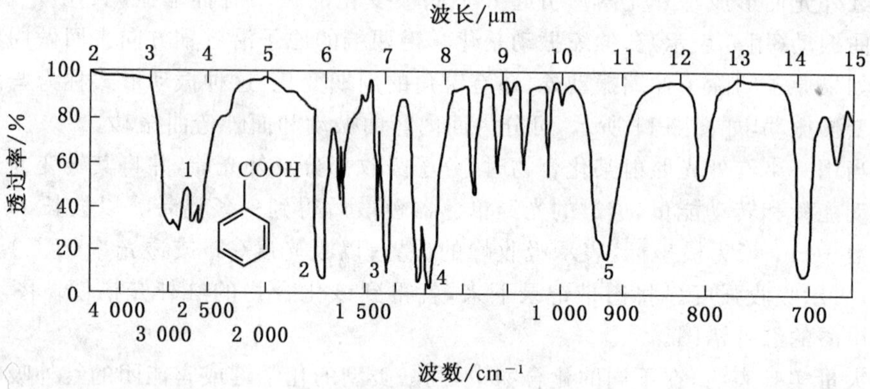

图 3-12 苯甲酸的红外谱图

要分子内存在这样的官能团，在相应的频率范围内都会出现吸收峰。人们总结了大量的有机化合物的红外光谱，得到了详细的官能团的特征频率，并汇编成册，需要时可查有关资料。附录 10 列出了一些常见官能团的红外特征频率。1 350～

650 cm^{-1}称指纹区。该区域内主要出现各种单键(如 C—O,C—N 等)的伸缩振动及弯曲振动的吸收。这些吸收峰特别密集,分子结构稍有不同,就有明显的差别,如同人的指纹一样。每个化合物都有自身特征的指纹光谱,这对未知物的鉴定非常重要。一些官能团的红外特征吸收频率见附录 11。

影响基团频率的因素很多,其中诱导效应和共轭效应对不饱和键的红外吸收频率影响显著。若诱导效应和共轭效应使化学键的键级增加,则红外吸收频率增加;反之,红外吸收频率变小。

根据实验测得化合物的红外谱图,通过分析推断化合物的结构,再与标准谱图对比,即可确定化合物的结构。

【仪器装置】

红外光谱仪分为色散型和干涉型两种。目前较普遍使用的是色散型红外光谱仪,主要由 3 个基本部分组成,即红外光源、单色器和检测器。另外还有样品池或特殊的样品分析装置、滤光器和放大记录系统。

【实验操作】

1. 波数校正

在测定化合物的红外光谱以前,先要对波数进行校正。一般是把测定的聚苯乙烯薄膜光谱图与标准谱图相对照,找出主要吸收峰的归属,同时检查 2 850、1 602 和 906 cm^{-1}的吸收峰位置是否正确。

2. 样品的制备

(1)固体样品。

①溴化钾压片法:取 1～2 mg 样品,置于玛瑙研钵中研细后,加入事先已研细干燥的溴化钾 100～200 mg。继续混合研磨成细粉(2 μm 左右)。将磨细的混合粉末装入压片机模具内,在 60 MPa 下压制成厚 1 mm 左右的透明薄片。它可直接置于样品支架上进行扫描。

②糊剂法:取 10 mg 样品,于玛瑙研钵中研细。滴入几滴石蜡油,进一步研磨至糊状。将糊剂涂在一块氯化钠盐片上,盖上另一块盐片,放在支架上,进行红外光谱的测定记录。

(2)液体样品。对于易挥发的液体样品应使用固定密封吸收池。其他液体样品一般使用可拆卸吸收池,以便于清洗。常用制样方法有两种。

①液膜法:液体样品直接滴在盐片上,盖上另一片盐片,将两盐片压紧排除气泡。拧紧吸收池架上的螺丝来适当夹紧盐片,使样品形成薄膜。

②溶液法:将一定量液体溶于适当溶剂配成浓度为 0.05%～10%的溶液,然后将溶液倒入固体密封吸收池中进行测定,这就是溶液法。常用的溶剂有 CS_2,

CCl_4 及 $CHCl_3$ 等，溶剂本身的吸收峰用溶剂为参比来校正。

(3)气体样品。用气体吸收池来测定气体样品。进样时先把气体吸收池内的空气用真空泵抽出，然后充入样品。吸收峰强度可通过调节气池内样品的压力来达到。

3. 光谱测定和记录

红外光谱仪有多种型号，具体操作规程和使用方法可见具体的使用说明书。在实际测定中，教师可先示范红外光谱仪的操作，然后提供适合的样品，由学生按规范的操作步骤测定红外光谱。测试完毕后，立即将样品名称、所用溶剂、制样方法等记录在谱图上。并将玛瑙研钵和模具等接触样品部件用丙酮擦洗，红外灯烘干，冷却后放入干燥器中。红外光谱仪应切断电源，光源冷却至室温，关好光源窗，拆卸样品池。最后将仪器罩上防尘罩，登记操作时间和仪器状况等，经指导教师允许方可离去。

4. 谱图解析

根据图谱的特征频率区，判断存在何种官能团；进一步解析指纹区的精细结构，确定未知物可能的结构式。

5. 实验内容

(1)用液膜法测定液体样品茚的红外光谱。将测得的红外光谱图与标准谱图比较，检查所用红外光谱仪的精度。

(2)用溴化钾压片法测苯甲酸的红外光谱图。与标准谱图比较，并对谱图进行解析。

【附注】

[1]石蜡油是高分子量烷烃的混合物，因此在 3 030～2 830 cm^{-1} 处有 C—H 伸缩振动吸收，在 1 460～1 375 cm^{-1} 处有 C—H 弯曲振动吸收。

[2]氯化钠盐片易碎，取用时要格外小心。使用完后应将盐片用软纸擦干净，用二氯甲烷清洗后放回干燥器中。

【思考题】

1. 红外光谱图可以揭示化合物的哪些结构信息？
2. 简述测定固体有机物红外光谱的一般步骤。

3.6 核磁共振 Nuclear Magnetic Resonance

【实验目的】

了解测定核磁共振谱图的意义和核磁共振仪的工作原理。

【基本原理】

核磁共振(NMR)是由原子核的自旋运动引起的。原子核电自旋运动状况可用自旋量子数 I 表示，I 与原子的质量和原子序数有一定的关系，当原子的质量数和原子序数两者之一是奇数或均为奇数时，$I\neq 0$，这时原子核就像陀螺一样绕轴做旋转运动。例如 ^{1}H，^{13}C，^{19}F 等都可以做自旋运动，由自旋而产生磁矩。核磁共振图谱是由具有磁矩的原子核，在外加磁场中受辐射而发生能级跃迁所形成的吸收光谱。有机化学中研究得最多、应用最广的是氢原子核(即质子)的核磁共振谱，用 ^{1}H NMR 表示。

质子带正电，其自旋量子数为 $I=1/2$，可以自旋产生磁矩，自旋有两种取向，每一种自旋的原子核就相当于一个小磁铁，在无外磁场下，小磁铁的方向是无序的。在外磁场的作用下，小磁矩做定向排列，一种是顺着外磁场方向的，质子的能量低；一种是逆着外磁场方向的，质子的能量高，两者产生能级差 ΔE，如图 3-13 所示。

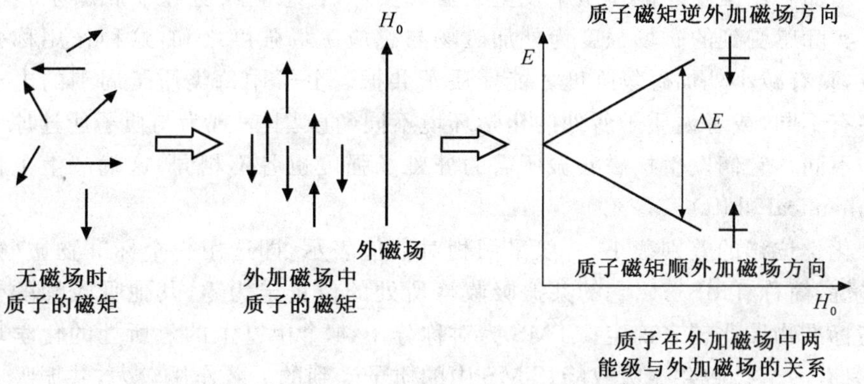

图 3-13　质子在外加磁场作用下的能量变化

ΔE 与外加磁场的磁场强度有关：

$$\Delta E=\gamma\frac{h}{2\pi}H_0=h\nu,\nu=\frac{\gamma H_0}{2\pi}$$

式中：γ 为磁旋比，是物质的特征常数；ν 为照射频率；h 为 Plank 常数。

当照射电磁波的能量恰好等于两能级能量之差时，质子吸收电磁波从低能级跃迁到高能级，这时就发生核磁共振。

核磁共振波谱仪主要由永久磁铁或超导磁体、射频发生器、检测器和放大器、记录仪等组成。测定核磁共振谱时，一种方法是固定磁场改变频率，称扫频；另一种是固定频率改变磁场，称为扫场。一般的核磁共振仪都采用扫场的方法。测试样品放在磁铁两极之间的细长样品管内，用固定频率的无线电波照射试样，调节磁场强度达到一定值 H_0，使共振频率 ν 恰好等于照射频率时，试样中的某一类质子发生能级跃迁，检测器检测并放大接收到的讯号，若以能量吸收峰的强度为纵坐标，磁场强度为横坐标，由记录器记录下来，就得到核磁共振谱图。

1. 化学位移

在一定的外磁场中，有机分子中的各类质子似乎都应在同一照射频率下发生共振，只得到一个吸收峰。但实际上核磁共振谱能分辨出分子中的各类质子。这是因为任何有机分子中的质子周围都有电子，在外加磁场作用下，电子的运动产生感应磁场，而感应磁场的方向与外加磁场的方向相反，所以质子实际感受到的磁场强度并非是外加磁场的强度，而是外加磁场强度减掉感应磁场强度。核外电子对质子产生的这种作用称为屏蔽效应。质子周围的电子云密度越大，屏蔽效应越大，只有增加磁场强度才能使质子发生共振。反之，若感应磁场与外加磁场方向相同，质子实际感受到的磁场强度为外加磁场与感应磁场强度之和，这种作用称去屏蔽效应，只有减小外加磁场强度才能使质子共振。分子中每类质子周围的电子云密度各有不同，或者说质子所处的化学环境不同（直观上表现为与质子所连原子或基团的不同），它们发生核磁共振所需的外磁场强度也各不相同，这就产生了化学位移(chemical shift)。

化学位移的差别很小，一般采用相对数值表示，即选用一个标准物质（如四甲基硅烷，简称 TMS），以它的共振吸收峰所处的位置定为零，其他吸收峰的化学位移与标准物质比较来确定。TMS 为对称分子，4 个甲基上的氢所处的化学环境相同，只有一个核磁共振吸收峰；TMS 中的质子受到的屏蔽作用较大，共振吸收出现在高场。绝大多数有机化合物的屏蔽效应都比 TMS 小，共振吸收都在低场。规定化学位移用 δ 来表示，TMS 的 δ 值为零。核磁共振谱通常以 δ 值为横坐标，吸收强度为纵坐标。化合物质子的核磁共振吸收频率与 TMS 相比，共振吸收频率低、在低场的，峰在左边，δ 值为正值；共振吸收频率高、在高场的，峰在右边，δ 值为负值。由于感应磁场与外加磁场成正比，所以化学位移与外加磁场有关，在实际测定中，为了消除因采用不同磁场强度的核磁共振仪对化学位移变化的影响，将 δ 值定义为：

$$\delta=\frac{\nu_{样}-\nu_{标}}{\nu_{仪}}\times10^6$$

式中 $\nu_{样}$ 和 $\nu_{标}$ 分别代表样品和标准化合物的共振频率，$\nu_{仪}$ 为操作仪器的频率。由于所得 δ 数值很小，一般只有百万分之几，为使用方便，故乘以 10^6。

在同一分子内的质子，由于化学环境不同，化学位移也不同。影响化学位移的主要因素有相邻基团的电负性、各相异性效应、范德华效应、溶剂效应和氢键作用等。一些常见特征质子的化学位移见附录 12。

2. 峰面积

核磁共振氢谱不仅给出了各种不同类型 H 的化学位移，并且还给出了各种不同 H 的数目。共振吸收峰的面积大小，一般用积分曲线的高度来量度。核磁共振仪上带的自动积分仪对各峰的面积进行自动积分，得到的数值用阶梯式积分曲线高度表示。积分曲线的画法是由低场到高场，从积分曲线的起点到终点的总高度与分子中全部氢原子的数目成正比。每一阶梯的高度与该峰面积成正比，即与产生该吸收峰的质子数成正比，如图 3-14 所示。

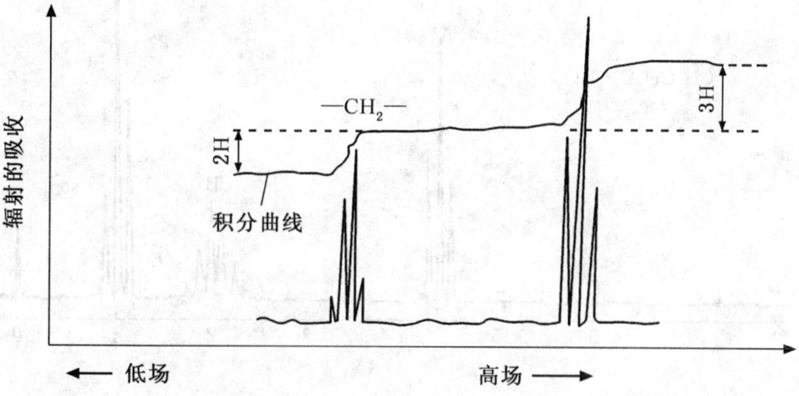

图 3-14　积分曲线与分子中氢原子的数目

3. 自旋偶合

在分子中，不仅核外的电子对质子的共振吸收产生影响，邻近质子之间也会互相影响，引起共振谱线增多。这种相邻原子核之间的相互作用称为自旋-自旋耦合(spin-spin coupling)。因自旋耦合而引起的谱线增多现象称为自旋裂分(spin-spin split)。

在外磁场(磁场强度为 H_0)的作用下，自旋的质子产生小磁矩(磁场强度为 H')，通过成键电子对邻近质子产生影响。质子的自旋有两种取向，自旋取向与外磁场方向相同的质子，使邻近质子感受到的总磁场强度为 $H_0 + H'$，自旋取向与外磁场方向相反的质子，使邻近质子感受到的总磁场强度为 $H_0 - H'$。因此，当发生核磁共振时，一个质子的吸收信号被另一个质子裂分为 2 个，这 2 个峰强度相等，其总面积正好和未裂分的单峰的面积相等。2 个峰对称分布在未裂分的单峰两侧。

^{1}H 谱的自旋裂分是有规律的，若一组化学等价的质子（化学环境完全相同的质子），它只有一组数目为 n 的相邻碳原子上的等价质子，那么它的吸收峰裂分为 $(n+1)$ 个，这就是 $(n+1)$ 规律。假设有两种不等同氢，其数目分别为 m 个和 n 个，则吸收信号裂分为 $(m+1)(n+1)$ 个峰。图 3-15 为 1-硝基丙烷的核磁共振谱图。在核磁共振谱中常以 s(singlet)表示单峰，d(doublet)表示双峰，t(triplet)表示三重峰，q(quartet)表示四重峰，m(multiplet)表示多重峰。

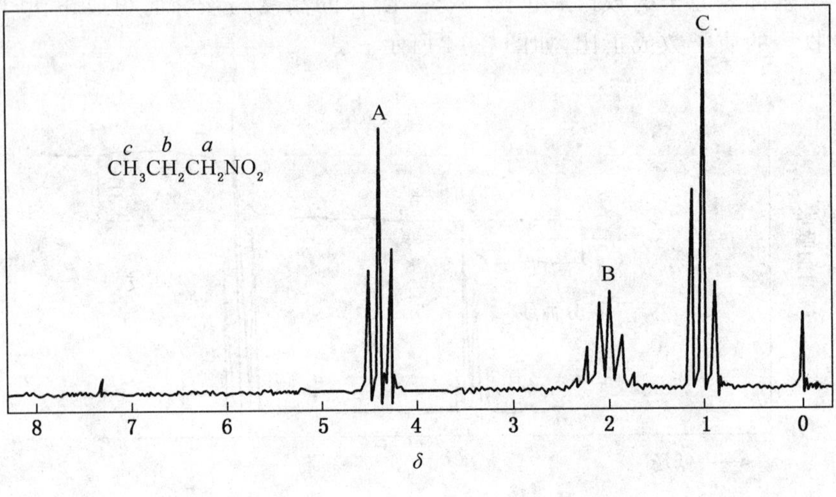

图 3-15　1-硝基丙烷的核磁共振谱图

【样品的制备】

核磁共振测定往往使用配有塑料塞子的标准玻璃样品管，一般是 5～10 mg 待测样品溶于 0.5～1.0 mL 溶剂中制成溶液。所用溶剂不能含有质子。最常用的有机溶剂是 CCl_4。随着被测化合物极性的增加，就要选择氘代溶剂如 $CDCl_3$，D_2O，CD_3OD，CD_3COCD_3，C_6D_6，DMSO-d_6 等。

第 4 章　有机化合物的定性鉴定

有机物的定性鉴定是有机化学实验的重要组成部分。有机定性分析包括元素分析、物理常数测定和官能团分析等。其中官能团分析是利用有机物中各官能团所具有的不同特性而与其他化合物区别开来。官能团的定性试验操作简单、快速省时、价廉经济，对化合物的鉴定有很大实用价值。本教材安排了部分有机化合物的性质鉴定实验，帮助学生掌握官能团分析的基本方法。

4.1　不饱和烃、卤代烃的性质鉴定 Identification of Alkene，Alkyne and Alkyl Halide

【实验目的】

掌握不饱和烃、卤代烃的特征反应和鉴别方法。

【实验原理】

不饱和烃(烯烃与炔烃)含有官能团 C═C 与 C≡C，容易发生加成和氧化反应。两者均易与溴发生加成反应，使溴的红棕色褪去。它们均可被高锰酸钾溶液氧化，使紫色高锰酸钾溶液褪色，并生成褐色的二氧化锰沉淀，在酸性条件下则生成无色的二价锰离子，反应式如下：

$$\mathrm{RCH{=}CHR} \xrightarrow{\mathrm{Br_2/CCl_4}} \mathrm{RCH(Br)CH(Br)R}$$

$$\mathrm{RCH{=}CHR'} \xrightarrow[\mathrm{H^+}]{\mathrm{KMnO_4}} \mathrm{RCOOH + R'COOH}$$

卤代烷与硝酸银乙醇溶液可发生取代反应，生成卤化银 AgX 沉淀。

$$\mathrm{RX + AgNO_3} \xrightarrow{\mathrm{C_2H_5OH}} \mathrm{RONO_2 + AgX}\downarrow$$

不同结构的卤代烃反应活性有较大的差异，一级(1°)、二级(2°)、三级(3°)卤代烃的反应活性为：3°RX ＞ 2°RX＞1°RX。烯丙型卤代烃反应活性较高，易于与硝酸银乙醇溶液反应，而乙烯型卤代烃由于共轭效应，卤原子不易离去，故一般情况下不反应。3°和烯丙型卤代烃在室温下反应生成卤化银沉淀，2°卤代烃、1°卤代烃需要加热反应生成卤化银沉淀，乙烯型卤代烃加热也不反应。卤原子不同时，反应活性为：RI>RBr>RCl。因此可用硝酸银乙醇溶液来鉴别各种结构类型的卤代烃。

【实验试剂】

2%溴的四氯化碳溶液，1%高锰酸钾水溶液，10%碳酸钠水溶液，5%硝酸银乙醇溶液，5%硝酸，碘化钠丙酮溶液。

【实验内容】

1. 溴的四氯化碳溶液

在试管中滴入2滴液体样品，再加入2滴2%溴的四氯化碳溶液，振摇均匀，观察溴的橙红色是否褪去。

样品：环己烯。

2. 高锰酸钾水溶液

在试管中滴入2滴液体样品，再加入1%高锰酸钾水溶液和10%碳酸钠水溶液各6滴，充分振荡，观察高锰酸钾的颜色变化。

样品：环己烯。

3. 硝酸银乙醇溶液[1][2]

取10滴5%硝酸银乙醇溶液盛于试管中，加2滴液体样品，振荡后静置5 min，观察现象，记录每个样品生成沉淀的时间。若无沉淀可煮沸片刻，观察现象。在生成白色沉淀的试管中，加入2滴5%硝酸，沉淀不溶者视为正反应，若加5%硝酸沉淀溶解则视为负反应。比较各样品与硝酸银反应的活性。

样品：2-甲基-2-氯丙烷、氯化苄、2-氯丁烷、1-氯丁烷、氯苯。

4. 碘化钠丙酮溶液[3]

在试管中加入0.5 mL碘化钠丙酮溶液，再滴加2滴液体样品，振荡试管，观察有无沉淀生成，并记录样品生成沉淀的时间。如果没有变化，可将试管放入50～60℃温水浴中加热几分钟，取出后冷却到室温，观察有无卤化钠沉淀生成。如果加热后仍为澄清液体，该反应应被视为负结果。

样品：2-甲基-2-氯丙烷、氯化苄、2-氯丁烷、1-氯丁烷、氯苯、2-溴丁烷、1-溴丁烷。

【附注】

[1]一些特殊试剂的配制见附录。

[2]此反应主要为S_N1历程。

[3]此反应主要为S_N2历程。本实验可以作为硝酸银乙醇溶液实验的补充。两个反应同时做，可以更准确地判断卤代烃的结构。本实验仅限于氯代烷和溴代烷。

【思考题】

1. 有3个瓶子，分别装有石油醚、环己烯和苯乙炔，如何鉴别它们？

2. 有 3 瓶液体试剂，分别是 1-溴丙烷、1-溴丙烯和 3-溴丙烯，试用化学方法鉴别它们。

4.2　醇、酚的性质鉴定 Identification of Alcohols and Phenols

【实验目的】

掌握醇、酚的特征反应和鉴别方法。

【实验原理】

醇与氢卤酸可以发生反应，生成卤代烃。不同类型的醇，即一级(1°)、二级(2°)、三级(3°)醇与 $HCl/ZnCl_2$（卢卡斯 Lucas 试剂）反应速率不同。反应速率为 3°醇>2°醇>1°醇。含 6 个碳原子以下的醇溶于 Lucas 试剂，反应生成的卤代烃不溶于 Lucas 试剂，而出现混浊现象。一级、二级、三级醇反应速率不同，因此可鉴别不同结构的醇。反应式：

$$ROH \xrightarrow{HCl/ZnCl_2} RCl$$

含 10 个碳原子以下的醇能与硝酸铈铵形成红色络合物。反应式如下：

$$ROH + (NH_4)_2Ce(NO_3)_6 \rightarrow (NH_4)_2Ce(RO)(NO_3)_5 + HNO_3$$

酚类化合物具有酸性，和强碱反应生成酚盐。酚羟基使苯环活化，使苯环易发生取代反应。如苯酚与溴水作用生成三溴苯酚沉淀。

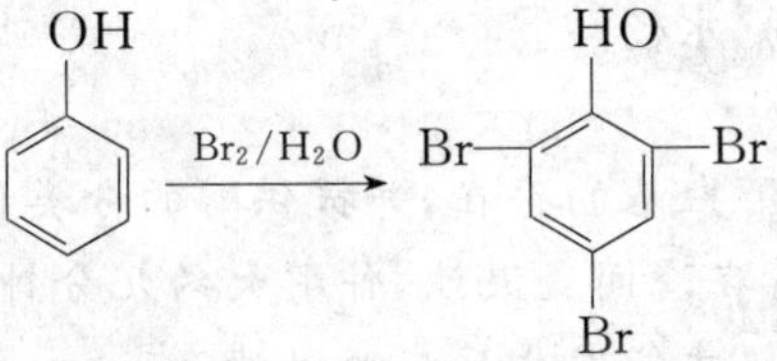

含有酚羟基的化合物具有烯醇式结构，能与 $FeCl_3$ 溶液反应，生成具有各种颜色的络合物，依此可区别各种酚。

【实验试剂】

卢卡斯试剂，硝酸铈铵试剂，5%氢氧化钠溶液，5%盐酸，饱和溴水，1%三氯化铁水溶液。

【实验内容】

1. 卢卡斯(Lucas)试验[1]

取 5 滴样品放入试管中，再加卢卡斯试剂（盐酸-氯化锌试剂）10 滴，充分振荡，然后静置，观察溶液混浊和分层的时间。长时间不发生混浊的样品，可将试管放入热水浴中加热几分钟，以促进反应进行。

样品：正丁醇、仲丁醇、叔丁醇。

2. 硝酸铈铵试验[2]

取 1 滴液体样品或 20 mg 固体样品放入试管中，加入 2 mL 水使其溶解，再加入硝酸铈铵试剂，振摇均匀，观察溶液的颜色变化。

样品：乙醇、仲丁醇、苯酚。

3. 酚的酸性

在试管中加入 0.1 g 苯酚(固体)，加水 1 mL，振荡。部分溶解后，取一滴饱和溶液滴在蓝色石蕊试纸上，观察蓝色石蕊的反应。当试管的苯酚溶液呈过饱和时(即呈乳浊状或少量固体苯酚)，滴加 5%氢氧化钠溶液数滴，则苯酚完全溶解，形成清亮溶液，再向试管中滴加 5%盐酸，观察有无沉淀生成？为什么？

样品：苯酚、β-萘酚。

4. 与溴水作用[3]

将 10 mg 样品溶于 1 mL 水中，滴加饱和溴水。观察溴水是否褪色，是否有沉淀析出。

样品：苯酚、水杨酸。

5. 三氯化铁实验[4]

将 10 mg 样品溶于 1 mL 水中，若不溶解，滴入 2 滴乙醇。加入 1～2 滴 1%三氯化铁水溶液，观察颜色变化。

样品：苯酚、间苯二酚、水杨酸。

【附注】

[1]本试验用于检验醇羟基的存在，并提供醇的分类信息。碳原子数较多的醇不宜用此方法鉴别。叔醇在瞬间变混浊，仲醇大约几分钟变混浊，伯醇变混浊的时间要更长一些，或需要加热才能发生反应变混浊。

[2]10 个碳原子数以下的醇与硝酸铈铵反应，溶液的颜色由黄色变为红色。酚与硝酸铈铵作用，溶液中产生由棕色到绿棕色的沉淀。如果样品不溶于水，可以加 1 mL 冰醋酸于试液中，再滴入样品。

[3]酚在水中的溴化速度比在四氯化碳或二硫化碳中快得多，并且酚羟基邻对位上的氢均可以被溴取代。

[4]大多数酚类和具有烯醇结构的化合物都可以和三氯化铁反应，生成有色物质。通常呈现的颜色是绿色、蓝色、紫色等。生成何种颜色，取决于化合物的结构、溶液的浓度。

【思考题】

1. 什么情况下可用卢卡斯试剂来鉴别醇?

2. 苯酚和碳酸氢钠是否反应？苦味酸和碳酸氢钠反应否？若反应，有何现象？为什么?

4.3　醛、酮、羧酸及其衍生物的性质鉴定 Identification of Aldehydes, Ketones and Derivatives of Carboxylic Acid

【实验目的】

1. 掌握醛、酮的重要性质和鉴别方法;

2. 掌握羧酸及其衍生物特别是乙酰乙酸乙酯的性质。

【实验原理】

醛、酮可与 2,4-二硝基苯肼反应生成腙，而腙为黄色或橙色结晶，因此可用于鉴别醛、酮。

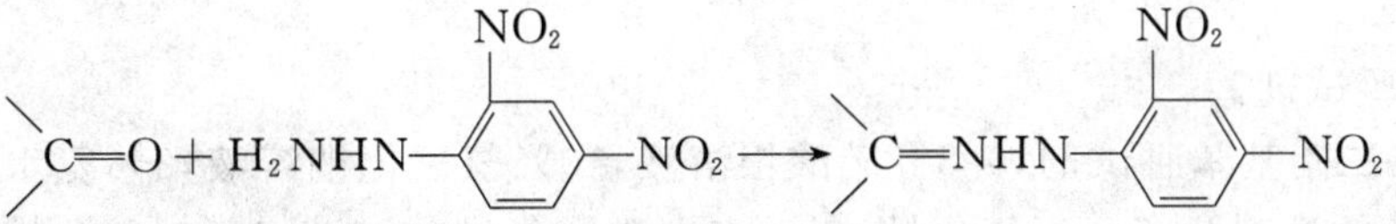

醛易被弱氧化剂氧化，酮不易被氧化，用弱氧化剂可区分醛、酮。常用弱氧化剂包括 Tollens 试剂（银氨溶液）和 Fehling 试剂（Fehling 试剂的组成为 $CuSO_4$，NaOH，酒石酸钾钠）等。Fehling 试剂可氧化脂肪醛但不能氧化芳香醛，可用来区分脂肪醛和芳香醛。

$$RCHO \begin{cases} \xrightarrow{Ag(NH_3)_2^+} RCOO^- + Ag\downarrow \\ \xrightarrow{Cu^{++}} RCOO^- + Cu_2O\downarrow \end{cases}$$

甲基酮 CH_3CO—和具有 $CH_3CH(OH)$—结构的醇能发生碘仿反应，生成碘仿黄色沉淀，碘仿反应可用于含上述结构化合物的鉴别。

$$R\overset{O}{\overset{\|}{C}}CH_3 \xrightarrow[NaOH]{I_2} R\overset{O}{\overset{\|}{C}}CI_3 \longrightarrow R\overset{O}{\overset{\|}{C}}ONa + CHI_3\downarrow$$

羧酸具有酸性，酸性比碳酸强，可与碳酸氢钠成盐，同时放出二氧化碳气体。

$$RCOOH + NaHCO_3 \rightarrow RCOONa + CO_2 \uparrow$$

乙酰乙酸乙酯存在酮式、烯醇式互变异构，具有双重反应性能。酮态乙酰乙酸乙酯和2,4-二硝基苯肼作用产生沉淀，烯醇态乙酰乙酸乙酯与$FeCl_3$有颜色反应。乙酰乙酸乙酯的酮式、烯醇式以一定比例平衡存在并能相互转化，乙酰乙酸乙酯与$FeCl_3$呈紫红色，如加入溴水，烯醇式中的双键与溴水发生加成反应，紫红色消失，放置一会儿，酮式转化为烯醇式，紫红色又渐渐出现，再加入溴水，紫红色又消失，如此直到酮态乙酰乙酸乙酯全部变成了烯醇态，后者与溴加成，全部变成酮态溴化物为止。反应式如下：

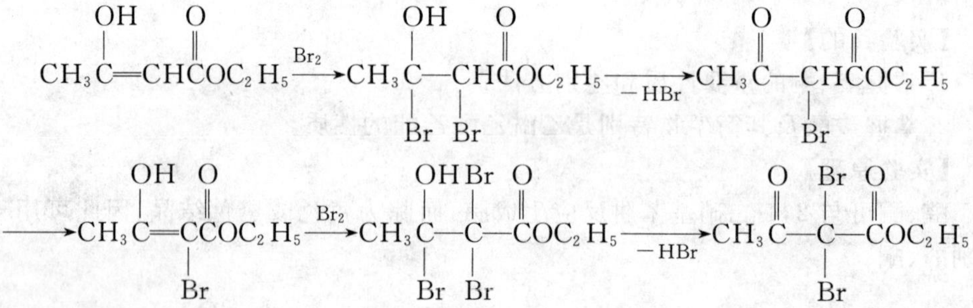

【实验试剂】

2,4-二硝基苯肼试剂，0.5%硝酸银溶液，10%氢氧化钠溶液，2%氨水，菲林试剂Ⅰ和菲林试剂Ⅱ，5%氢氧化钠溶液，10%碳酸氢钠水溶液，1%三氯化铁水溶液，饱和溴水。

【实验内容】

1. 醛、酮与2,4-二硝基苯肼的反应

在试管中加入5滴2,4-二硝基苯肼试剂[1]，再加入液体样品2滴，振荡，观察有无沉淀的生成。如不立即生成沉淀，可微热半分钟，再振荡，冷却片刻观察沉淀的生成。

样品：乙醛、苯甲醛、丙酮、苯乙酮。

2. 醛与托伦(Tollens)试剂的银镜反应

在干净的试管中，加入0.5 mL 0.5%硝酸银溶液和同体积的10%氢氧化钠溶液。振摇，溶液中产生沉淀。滴入2%氨水，同时振摇试管，直至沉淀全部溶解为止[2]。加入2滴样品，试管置于热水浴上温热数分钟，观察现象[3]。

样品：甲醛、乙醛、苯甲醛、丙酮。

3. 醛与菲林(Fehling)试剂反应[4]

在试管中，加菲林试剂Ⅰ和菲林试剂Ⅱ各5滴，混合均匀，然后加入3～4滴样品，在沸水浴上加热，观察现象。

样品：甲醛、乙醛、苯甲醛。

4. 碘仿反应

在试管中加入2滴样品，再加入碘溶液10滴，混合均匀，再慢慢滴加5%氢氧化钠溶液，至碘的颜色恰好褪掉为止，观察现象[5]。

样品：乙醛、丙酮、乙醇、异丙醇。

5. 羧酸酸性——与碳酸氢钠反应

取少量样品于试管中，加入10%碳酸氢钠水溶液数滴，观察有无气泡产生。

样品：乙酸、苯甲酸、苯酚。

6. 乙酰乙酸乙酯的互变异构

(1)乙酰乙酸乙酯烯醇式反应。取0.5 mL1%乙酰乙酸乙酯水溶液于试管中，加入1～2滴1%三氯化铁水溶液，观察现象。

(2)乙酰乙酸乙酯酮式反应。取0.5 mL 2,4-二硝基苯肼试剂于试管中，加入2滴乙酰乙酸乙酯水溶液，观察现象。

(3)乙酰乙酸乙酯的烯醇式与酮式的互变。取0.5 mL 1%乙酰乙酸乙酯水溶液于试管中，加入1～2滴1%三氯化铁水溶液，即有紫红色产生，然后小心滴入饱和溴水，直至紫红色消失为止。放置片刻，紫红色又恢复，再滴入饱和溴水，观察现象。

【附注】

[1]2,4-二硝基苯肼有毒，操作时要小心。如不慎弄在手上，先用少量醋酸擦拭，再用水冲洗。

[2]实验中氨水用量不能多，滴加到沉淀刚好溶解为止。否则影响灵敏度。

[3]有银镜或灰色沉淀生成，视为正反应。

[4]菲林试剂的配制见附录。

[5]如碘的棕色消失，生成黄色沉淀，视为正反应。

【思考题】

1. 用化学方法鉴别下列各组化合物。

(1) $CH_3\overset{\overset{O}{\|}}{C}CH_2CH_3$　$CH_3CH_2\overset{\overset{O}{\|}}{C}CH_2CH_3$　$CH_3CH_2CH_2CHO$

(2) C_6H_5CHO　$C_6H_5CH_2OH$　$C_6H_5\underset{\underset{O}{\|}}{C}CH_3$

2. 具有何种结构的化合物可发生碘仿反应？

3. 如何鉴别乙酰乙酸乙酯、乙酸乙酯和2-己酮？

4.4 胺、氨基酸与蛋白质的性质鉴定 Identification of Amine, Amino Acid and Protein

【实验目的】

1. 掌握胺的重要性质和鉴别方法；

2. 掌握氨基酸与蛋白质特征颜色反应及其鉴别方法。

【实验原理】

胺类化合物具有碱性，可以与酸形成胺盐，这是胺类化合物最基本的性质。

$$RNH_2 + HCl \longrightarrow RNH_3^+Cl^-$$

一级、二级胺与苯磺酰氯或对甲基苯磺酰氯反应，形成 *N*-取代和 *N*,*N*-二取代苯磺酰胺，三级胺与苯磺酰氯不反应，一级胺生成的 *N*-取代苯磺酰胺具有酸性氢原子，能溶于氢氧化钠溶液中，而二级胺所生成的 *N*,*N*-二取代苯磺酰胺没有酸性氢原子，不能溶于氢氧化钠溶液中。一级、二级、三级胺与苯磺酰氯在碱性条件下反应现象不同，因此磺酰化反应(Hinsberg 反应)可用于鉴别伯、仲、叔胺。反应式：

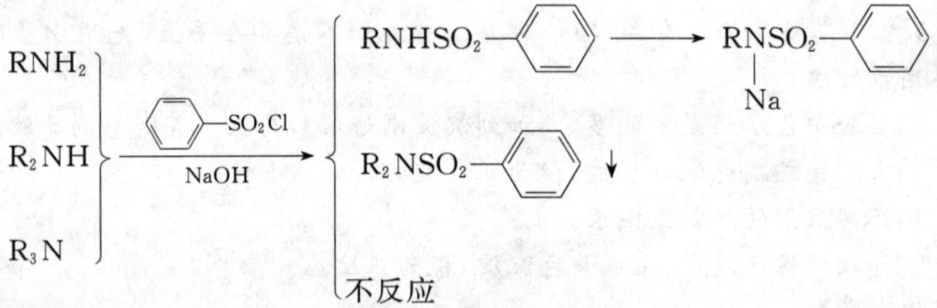

氨基酸、蛋白质与茚三酮反应，生成蓝紫色物质。

蛋白质和 $CuSO_4/OH^-$ 反应呈现紫红色，这种颜色反应称为二缩脲反应。分子中含有2个或2个以上酰胺键的化合物，均能发生二缩脲反应。

蛋白质遇浓硝酸变为黄色，这黄色遇氢氧化铵则变成橙色，称为黄蛋白反应。

【实验试剂】

浓盐酸，饱和溴水，苯磺酰氯，5% HCl，0.1%茚三酮乙醇溶液，5% NaOH，10%氢氧化钠溶液，1%硫酸铜，浓硝酸，10%氢氧化铵溶液。

【实验内容】

1. 苯胺的碱性

取一支试管，加 1 滴苯胺和 0.5 mL 水，摇动试管。观察苯胺是否溶解？然后滴加 1～2 滴浓盐酸，摇动试管，观察现象。

2. 苯胺与溴水作用

于试管中加入 1 滴苯胺和 1 mL 水，充分振荡后，滴加饱和溴水。观察溴水是否褪色，是否有白色沉淀析出。

3. 兴斯堡(Hinsberg)试验

于试管中加入 2 滴样品，再加入 2 滴苯磺酰氯及 1 mL 5%NaOH，塞住试管口剧烈振荡，检查是否显碱性，若不显碱性，应再加入 5%NaOH 至液体显碱性。

若溶液中无沉淀析出，且用 5%HCl 酸化至酸性后出现沉淀者为伯胺。若溶液中析出油状物和沉淀，且用 5%HCl 酸化后亦不溶解者为仲胺。若溶液中仍有油状物，加浓盐酸酸化后即溶解者为叔胺。

样品：苯胺、*N*-甲基苯胺、*N*，*N*-二甲基苯胺。

4. α-氨基酸、蛋白质与茚三酮反应[1]

取 1 mL 样品溶液于试管中，然后加入 2 滴 0.1%茚三酮乙醇溶液，摇均，在沸水浴中加热 2 min，观察现象。

样品：1%谷氨酸水溶液、蛋白质溶液[2]。

5. 二缩脲反应

取 1 mL 样品溶液于试管中，加入 1 mL10%氢氧化钠溶液，再加入 2 滴 1%硫酸铜溶液，观察现象[3]。该反应要避免加入过多的硫酸铜，以防止硫酸铜在碱性溶液中形成氢氧化铜沉淀而掩盖了反应产生的颜色。

样品：卵清蛋白。

6. 黄蛋白反应

取 1 支试管，加入蛋白质溶液 1 mL，再滴加浓硝酸 8 滴，此时混浊或有白色沉淀，加热煮沸，溶液和沉淀都呈黄色，冷却，逐滴加入 10%氢氧化铵溶液，颜色由黄色变成更深的橙色。

【附注】

[1]茚三酮的配制见附录。α-氨基酸、蛋白质都可以与茚三酮作用生成紫红色，反应十分灵敏，在 pH 值 5～7 的溶液中进行为宜。

[2]蛋白质溶液的配制见附录。

[3]含有 2 个或 2 个以上的酰胺键的化合物，在碱性条件下与硫酸铜作用生成紫红色的络合物。因二缩脲有该颜色反应，因此把这一反应称为二缩脲反应。三

肽以上的化合物和蛋白质都有此反应。

【思考题】

1. 如何鉴别苯胺和六氢吡啶？

2. 什么叫二缩脲反应？哪些物质能发生二缩脲反应？

3. 用简单灵敏的化学方法来鉴别 α-氨基酸和蛋白质。

4.5 糖的性质鉴定 Identification of Carbohydrate

【实验目的】

掌握糖类的鉴别方法，加深对糖类物质化学性质的理解。

【实验原理】

Molish 反应是用于糖类化合物的一个通用试验，绝大多数的糖可被浓硫酸脱水变成糠醛或 5-羟甲基糠醛，这些糠醛与 α-萘酚作用生成紫色物质。

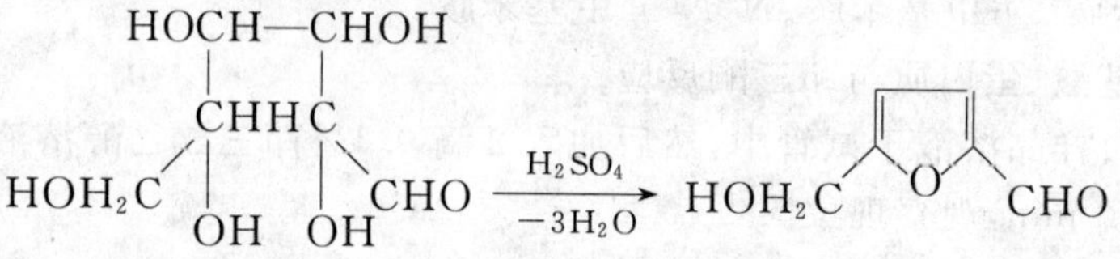

单糖包括醛糖、酮糖均具有还原性，均可被 Tollens，Fehling 和 Benedict 试剂氧化。单糖与过量的苯肼反应生成糖脎。不同的单糖，成脎的速率不同，析出糖脎的时间不同，糖脎有良好的晶形和固定的熔点，根据所形成的糖脎的晶形和熔点，可以鉴别不同的糖。

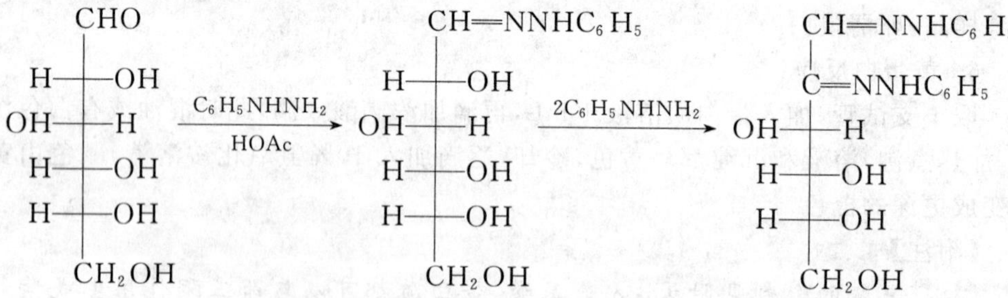

二糖由于 2 个单糖的结合方式不同，有的有还原性，有的则没有。麦芽糖等二糖分子中有一个半缩醛羟基，属于还原糖。蔗糖分子中无半缩醛羟基，因此无还原性。

淀粉和纤维素都是由很多葡萄糖缩合而成的，葡萄糖通过 α-糖苷键连接形成淀粉，通过 β-糖苷键连接形成纤维素。两者均无还原性，在酸性条件下水解生成葡萄糖。淀粉遇碘生成蓝色络合物，以此可鉴别淀粉。

【实验试剂】

5%α-萘酚乙醇溶液，浓硫酸，菲林试剂Ⅰ和菲林试剂Ⅱ，银氨溶液，本尼迪特试剂，苯肼试剂，浓盐酸，10%氢氧化钠溶液，碘溶液。

【实验内容】

1. 与 α-萘酚的颜色反应（Molish 反应）[1]

试管中，加入 0.5 mL 5%糖溶液，加 2 滴 5%α-萘酚乙醇溶液，振荡后，将试管倾斜，沿试管壁加入 10 滴浓硫酸（不能摇动），浓硫酸沉底，糖溶液和浓硫酸形成两相液体，静置片刻，观察硫酸与水层交界处是否形成紫色环。

样品：葡萄糖、蔗糖和淀粉溶液（质量分数均为 5%）。

2. 菲林（Fehling）试验[2]

在试管中分别加菲林试剂Ⅰ和菲林试剂Ⅱ各 2 mL，混合均匀，待用。另取 4 只试管，分别加入 1 mL 5%糖溶液和混合后的菲林溶液 1 mL，摇匀。将试管置于水浴上加热，注意颜色的变化及有否沉淀析出。

样品：葡萄糖、果糖、蔗糖、麦芽糖（浓度均为 5%）。

3. 托伦（Tollens）试验[3]

在洁净的试管中分别加入 10 滴银氨溶液，再加入 5 滴 5%糖溶液，振荡后静置片刻，在温水浴上加热，观察反应现象。

样品：葡萄糖、果糖、蔗糖、麦芽糖（浓度均为 5%）。

4. 本尼迪特（Benedict）试验

取 5 支试管，各加入本尼迪特试剂 10 滴，再分别加入 5 滴 2%糖溶液，在沸水浴上煮沸几分钟，取出冷却，观察有无红色或黄色沉淀，比较其结果。

样品：葡萄糖、果糖、蔗糖、麦芽糖、淀粉（浓度均为 2%）。

5. 与苯肼试剂作用（成脎反应）[4]

取 4 支试管，分别加入 0.5 mL 糖溶液和 1 mL 新配制的苯肼试剂，摇匀，将试管放入沸水浴中加热，观察有无黄色沉淀糖脎产生。记录各试管中黄色晶体析出的时间。然后将全部试管取出，自然冷却。用长滴管取少量晶体于载玻片上，再置于显微镜下观察其结晶形状。

样品：葡萄糖、果糖、蔗糖、麦芽糖。

6. 蔗糖的水解

取 1 mL 2%蔗糖水溶液放在试管中，加入 2 滴浓盐酸，摇匀，在沸水浴上加热几分钟，用 10%氢氧化钠溶液中和至石蕊试纸显碱性[7]。再加入 1 mL 菲林溶液，摇匀后在沸水浴上加热,观察反应现象。

7. 淀粉的鉴定——与碘的反应

在一支试管中盛 1 mL 淀粉溶液,加一滴碘溶液[8],观察现象。将试管置沸水浴上加热,观察有何变化。将试管取出后冷却,观察溶液颜色又有何变化。

【附注】

[1]用该反应可以鉴别所有的糖,包括单糖、寡糖、多糖和糖苷等。

[2]菲林溶液的配制见附录 8。

[3]托伦试剂的配制见附录 8。

[4]苯肼试剂的配制见附录。蔗糖为非还原性二糖,不与苯肼试剂作用,但如果加热时间过长,有可能发生水解,导致有黄色晶体生成。

[5]间苯二酚试液的配制见附录 8。

[6]在酸性条件下,酮糖的脱水产物可以和间苯二酚形成鲜红色物质。

[7]菲林溶液在碱性条件下氧化还原性糖,溶液呈酸性则该氧化反应不能进行,不能产生砖红色的氧化亚铜沉淀。

[8]碘溶液的配制见附录 8。

【思考题】

1. 什么叫还原性糖? 多糖有没有还原性? 为什么?

2. 如何鉴别麦芽糖、蔗糖和淀粉?

3. 蔗糖有无变旋现象? 为什么?

第 5 章　有机化合物的基本合成

有机合成实验是有机化学实验重要的组成部分，也是有机化合物合成理论的最生动的表达方式。基本有机化合物的合成，不仅可以巩固蒸馏、分馏、重结晶等一些基本操作技能以及烯烃、卤代烃、醇、醚、酮、羧酸与羧酸衍生物等有机物合成的原理，而且可以学习化合物的制备方法和普通回流、带滴液装置的搅拌回流、低温反应等一些基本实验技能，为后续综合性实验的学习做准备。

5.1　环己烯的制备 Synthesis of Cyclohexene

【预习提示】

1. 复习常压分馏操作的原理与方法；
2. 复习烯烃的一般制法和醇在酸性条件下脱水成烯的反应原理；
3. 预习用分液漏斗洗涤液体有机化合物的方法；
4. 盐析的基本原理与操作方法。

【安全提示】

1. 环己烯

具有中等毒性，避免吸入蒸气或与皮肤接触；易燃，请勿接近明火。

2. 环己醇

有毒，请勿吸入蒸气或与皮肤接触；量取应在通风橱中进行并戴防护手套。

3. 磷酸

为二级酸性腐蚀性物质，请勿溅入眼睛和触及皮肤；量取时需戴防护手套。

【实验目的】

1. 学习由醇制备烯烃的方法；
2. 巩固常压分馏操作的原理与方法；
3. 学习盐析的基本原理与应用。

【反应式】

【实验试剂与仪器装置】

1. 实验试剂

环己醇，磷酸，5% 碳酸钠水溶液，无水氯化钙等。

2. 仪器装置

常压分馏装置，常压蒸馏装置，分液漏斗等。

【实验操作步骤】

1. 小量合成

在 50 mL 圆底烧瓶中加入 10 mL(9.6 g, 0.096 mol)环己醇，搅拌下缓慢滴入 5 mL 磷酸[1]，使其混合均匀。放入 2～3 粒沸石，安装成常压分馏装置。小火加热烧瓶，使反应液沸腾，缓慢蒸出含水的混浊液体，控制分馏柱顶部温度不超过 90℃[2]，蒸馏至无液体滴出[3]，反应瓶内有白色烟雾出现，立即停止反应[4]。

搅拌下，向馏出液逐渐加入氯化钠固体至饱和，然后转移至分液漏斗中，分出有机相，用 10 mL 5% 碳酸钠水溶液洗涤[5]。将有机相倒入干燥的具塞锥形瓶，用无水氯化钙干燥 0.5～1 h，间歇振摇锥形瓶。将干燥后的粗产品滤入 50 mL 圆底烧瓶[6]中，加入沸石，常压蒸馏，收集 82～85℃的馏分，称重，计算产率。

纯环己烯为无色液体，沸点 83℃，d_4^{20} 0.810 2，n_D^{20} 1.446 5。

2. 半微量合成

在 25 mL 圆底烧瓶中加入 5 mL(4.82 g, 48.1 mmol)环己醇，缓慢滴入 3 mL 磷酸，边加边搅拌，使其混合均匀。放入 1～2 粒沸石，安装成常压分馏装置。将烧瓶用小火加热，收集 90℃ 以下的馏分。蒸馏至无液体滴出，结束反应。搅拌下向馏出液逐渐加入氯化钠固体至饱和，用分液漏斗分出有机相，用 5% 碳酸钠水溶液 5 mL 洗涤，无水氯化钙干燥后蒸馏，收集 82～85℃的馏分，称重，计算产率。

3. 微量合成

在 5 mL 圆底烧瓶中加入 0.5 g(5.0 mmol)环己醇[7]，搅拌下滴入 0.3 mL 磷酸，混合均匀后放入 1 粒沸石，装上微型分馏头，分馏头上装温度计。缓慢加热烧瓶，控制分馏柱顶部温度不超过 90℃直至无馏出液滴出。用毛细滴管从微型分馏头的支管处吸出馏出液，滴入 3 mL 具塞离心管中。向馏出液逐渐加入氯化钠固体至饱和，再加 2 滴 5% 碳酸钠水溶液中和微量的酸。充分振摇，静置分层后，下层水相用毛细滴管吸出。有机相用无水氯化钙干燥 10 min，用干燥的毛细滴管吸出，放入 3 mL 蒸馏烧瓶，装上微型蒸馏头，加热，收集 82～85℃的馏分，称重，计算产率。

【附注】

[1]由于使用浓硫酸会导致反应液局部碳化产生黑色物质，使反应瓶不易洗干

净，而且浓硫酸腐蚀性大，不易操作，故本实验改为磷酸催化。

[2]在本实验中，环己烯-水形成共沸物的沸点为 70.8℃，含水 10%。环己醇与水形成共沸物的沸点是 97.8℃，含水 80%。因此，反应加热时，温度不可过高，以减少未反应的环己醇被蒸出。

[3]由于环己醇的脱水为可逆反应，因此本实验采用在反应过程中将产物从反应体系分离出来的措施，推动反应向正反应方向移动，提高产率。

[4]反应是否到达终点，可以从以下两个方面判断：

①分馏出的环己烯-水共沸物达到理论值。

②反应瓶中出现白雾。

[5]用 5% 碳酸钠水溶液中和少量的酸。

[6]由于水不利于本实验，故本实验的反应器皿及蒸馏产品所用的仪器应充分干燥。

[7]环己醇在室温下为黏稠液体，微量实验时，由于量筒内的环己醇很难倒净，误差太大，因此称其质量。

【其他制备方法】

用环己醇与浓硫酸共热或由环己醇与邻苯二甲酸酐共热亦可得到环己烯。苯在金属催化下用氢气还原也可制备环己烯。

【附图】

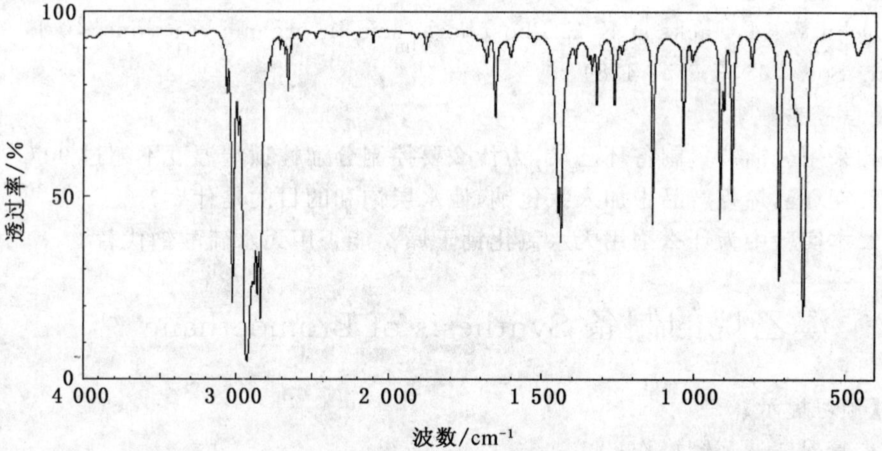

图 5-1　环己烯的红外光谱

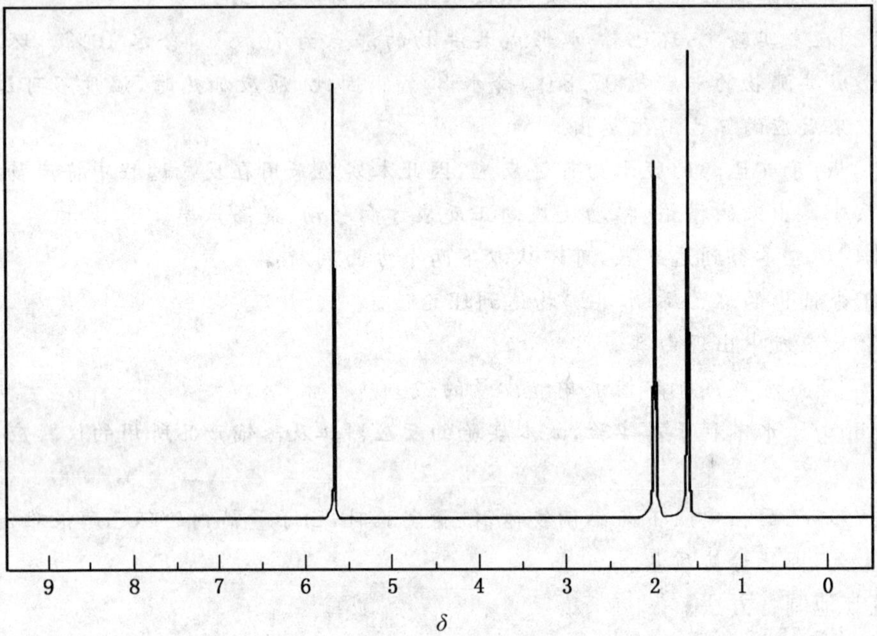

图 5-2 环己烯的核磁共振氢谱

【参考文献】

Dehn W M, Jackson K E. Phosphoric acid in organic reactions. 40 J. Am. Chem. Soc., 1933, 55: 4284

【思考题】

1. 采用分馏装置制备环己烯,为什么要控制分馏柱顶端温度不超过 90℃?
2. 在环己烯粗产品中加入氯化钠,使水层饱和的目的是什么?
3. 本实验中为什么采用无水氯化钙干燥?能否用无水硫酸钠代替?

5.2 溴乙烷的制备 Synthesis of Bromoethane

【预习提示】

1. 复习普通蒸馏操作;
2. 复习分液漏斗的使用方法。

【安全提示】

1. 溴乙烷

易燃，请勿接近明火。有毒，避免吸入蒸气或与皮肤接触。

2. 浓硫酸

有毒，腐蚀性强，为一级无机酸性腐蚀品，要避免与皮肤接触。量取浓硫酸时，需佩戴特制手套。

【实验目的】

1. 学习以醇为原料制备饱和一元卤代烃的实验原理和方法；

2. 掌握低沸点液体的制备收集和蒸馏操作。

【反应式】

主反应：

$$NaBr + H_2SO_4 \xrightarrow{\text{加热}} HBr + NaHSO_4$$

$$C_2H_5OH + HBr \xrightarrow[\text{加热}]{\text{浓 } H_2SO_4} C_2H_5Br + H_2O$$

副反应：

$$H_2SO_4 + HBr \xrightarrow[\text{加热}]{\text{浓 } H_2SO_4} SO_2 + H_2O + Br_2$$

$$2CH_3CH_2OH \xrightarrow[\text{加热}]{\text{浓 } H_2SO_4} CH_3CH_2OCH_2CH_3 + H_2O$$

$$CH_3CH_2OH \xrightarrow[\text{加热}]{\text{浓 } H_2SO_4} CH_2{=}CH_2 + H_2O$$

【实验试剂与仪器装置】

1. 实验试剂

95%乙醇，浓硫酸，溴化钠等。

2. 仪器装置

蒸馏装置，分液漏斗等。

【实验操作步骤】

1. 小量合成

在 100 mL 圆底烧瓶中加入 10 mL(0.17 mol)95% 乙醇和 10 mL 水[1]。在不断振摇和冷水冷却下，缓慢加入 19 mL (0.35 mol) 浓硫酸，混合物冷却至室温，在搅拌下加入 15 g (0.15 mol)研细的溴化钠，混合均匀，加入 2～3 粒沸石，安装成蒸馏装置。在接收瓶内装入冰水[2]，使接收管的末端刚好浸没在冰水中。缓慢加热烧瓶，使反应平稳发生[3]，当观察到有油状物滴入接收瓶后，可适当增加加热速度，当接收瓶内无油状物滴出，反应即可结束。趁热将反应瓶内残余的硫酸氢钠等废液倒入废液缸，以免冷却后结块，难以清洗。

将馏出液小心倒入分液漏斗，分出有机层[4]，置于锥形瓶中。振荡下，逐滴加入浓硫酸，除去乙醚、乙醇等杂质[5]，直至可以看出硫酸与溴乙烷分层，摇匀后静置，用干燥的分液漏斗分去硫酸层。将溴乙烷粗产品倒入蒸馏烧瓶，加入沸石，缓慢加热蒸馏，接收瓶外用冰水冷却，收集 35～40℃的馏分。

纯溴乙烷为无色液体，沸点 38.4℃，d_4^{20} 1.46，n_D^{20} 1.432 9。

2. 半微量合成

在 50 mL 圆底烧瓶中加入 5 mL(0.085 mol)95% 乙醇和 4 mL 水，不断振摇和冷水冷却下，缓慢加入 10 mL(0.18 mol)浓硫酸，混合物冷却至室温，搅拌下加入 7.5 g(0.075 mol)研细的溴化钠，混合均匀后蒸馏。在接收瓶内装入冰水，使接收管的末端刚好浸没在冰水中。缓慢加热烧瓶，当观察到有油状物滴入接收瓶后，可适当增加加热速度，反应至接收瓶内无油状物滴出。

后处理同常量合成。

3. 微量合成

在 10 mL 圆底烧瓶中加入 1.2 mL(20 mmol)95%乙醇和 10 mL 水。在不断振摇和冷水冷却下，缓慢加入 2 mL (35 mmol) 浓硫酸，混合物冷却至室温，在搅拌下加入 1.5 g (15 mmol)研细的溴化钠，混合均匀，加入 1 粒沸石，装上微型蒸馏头。在接收瓶内装入冰水，使接收管的末端刚好浸没在冰水中。缓慢加热烧瓶，使反应平稳发生，直至接收瓶内无油状物滴出。

将馏出液用滴管转移至锥形分液管，分出有机层，置于另一干燥的锥形分液管中，振荡下，逐滴加入浓硫酸，直至有明显硫酸层出现，用滴管吸出下层硫酸层。将溴乙烷粗产品进行蒸馏，收集 35～40℃的馏分。

【附注】

[1]加入少量水可以防止反应时产生大量泡沫，减少氢溴酸的挥发，并可溶解副反应产生的 SO_2 等气体。

[2]溴乙烷沸点低，加入冰水可减少产物挥发损失。

[3]温度过高会使反应剧烈而引起爆沸，并且由于 HBr 被浓硫酸氧化为溴使产物带有黄色。

[4]粗产物中的水分一定要分离干净，否则加浓 H_2SO_4 时会与水中的 HBr 反应产生溴，并且浓硫酸遇水也会放热，使产物挥发。

[5]乙醚、乙醇等杂质可与浓硫酸作用生成鎓盐溶于浓硫酸。

【附图】

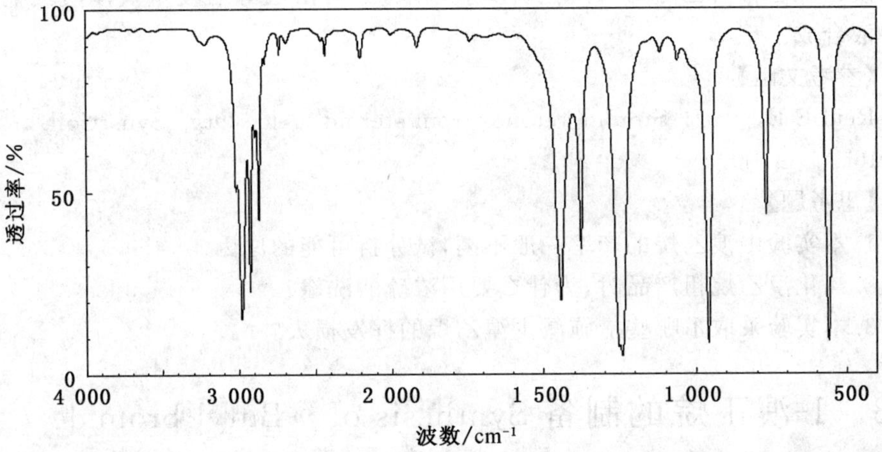

图 5-3　溴乙烷的红外光谱

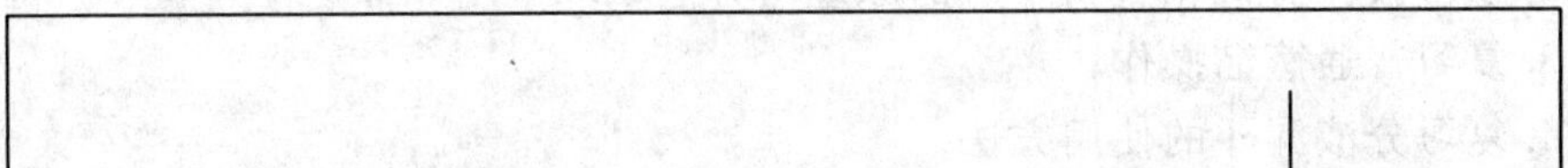

图 5-4　溴乙烷的核磁共振氢谱

【其他制备方法】

溴乙烷还可由乙醇与三溴化磷反应制取，亦可由乙醇与发烟氢溴酸或氢溴酸水溶液合成。

【参考文献】

Reid E E, *et al*. Steroid ketones from steroid. Alc. Org. Syn. Coll., 1943, 2: 246

【思考题】

1. 本实验中溴乙烷的产率一般不高，试分析可能的原因。
2. 纯化溴乙烷粗产品时，为什么要用浓硫酸洗涤？
3. 本实验采取了哪些措施减少溴乙烷的挥发损失？

5.3 1-溴丁烷的制备 Synthesis of *n*-Butyl bromide

【预习提示】

1. 预习带有气体吸收装置的回流操作；
2. 预习液体有机化合物干燥的原理与方法；
3. 复习普通蒸馏操作；
4. 复习分液漏斗的使用方法。

【安全提示】

1. 1-溴丁烷

易燃，请勿接近明火。有毒，避免吸入蒸气或与皮肤接触。

2. 浓硫酸

见"5.2 溴乙烷的制备"的安全提示。

3. 正丁醇

二级易燃品，请勿接近明火。有毒，避免吸入蒸气或与皮肤接触。

【实验目的】

1. 学习以溴化钠、浓硫酸和正丁醇共热制备1-溴丁烷的原理和方法；
2. 学习带有气体吸收装置的回流反应的操作方法。

【反应式】

主反应：

$$NaBr + H_2SO_4 \xrightarrow{加热} HBr + NaHSO_4$$

$$CH_3CH_2CH_2CH_2OH + HBr \xrightarrow[加热]{浓\ H_2SO_4} CH_3CH_2CH_2CH_2Br + H_2O$$

副反应：

$$H_2SO_4 + HBr \xrightarrow[\text{加热}]{\text{浓 } H_2SO_4} SO_2 + H_2O + Br_2$$

$$2CH_3CH_2CH_2CH_2OH \xrightarrow[\text{加热}]{\text{浓 } H_2SO_4} CH_3CH_2CH_2CH_2OCH_2CH_2CH_2CH_3 + H_2O$$

$$CH_3CH_2CH_2CH_2OH \xrightarrow[\text{加热}]{\text{浓 } H_2SO_4} CH_3CH_2CH{=}CH_2 + CH_3CH{=}CHCH_3 + H_2O$$

【实验试剂与仪器装置】

1. 实验试剂

正丁醇，浓硫酸，溴化钠，10% 碳酸钠水溶液，无水氯化钙等。

2. 仪器装置

带气体吸收的回流装置，蒸馏装置，分液漏斗等。

【实验操作步骤】

1. 小量合成

在 50 mL 圆底烧瓶中加入 6 mL 水[1]，在不断振摇下，缓慢加入 8.3 mL (0.16 mol)浓硫酸，冰水浴中混合均匀并冷却至室温[2]。再加入 5 mL(0.055 mol)正丁醇，并在搅拌下加入 6.8 g(0.066 mol)研细的溴化钠[3]，混合均匀，加入 2～3 粒沸石，装上回流冷凝管，并在冷凝管上端连接气体吸收装置，漏斗口刚好接触到水面[4]，用 5% 氢氧化钠水溶液吸收溴化氢气体。缓慢加热烧瓶，使反应平稳发生，回流 0.5 h 后，停止反应，此时烧瓶内液体分为两层。待反应混合液冷却后，加入 2～3 粒沸石，改为蒸馏装置，待蒸出所有 1-溴丁烷后停止蒸馏[5]。

将馏出液小心转移至分液漏斗，用 10 mL 水洗涤，分出的有机层置于锥形瓶中。振荡下，逐滴加入 4 mL 浓硫酸[6]，摇匀后静置，用干燥的分液漏斗分去下层硫酸层。有机层依次用 6 mL 水、6 mL10% 碳酸钠水溶液与 6 mL 水洗涤[7]。将洗涤后的 1-溴丁烷放入干燥的具塞锥形瓶中，加入适量无水氯化钙，干燥 1～2 h，间歇摇动锥形瓶。将干燥后的 1-溴丁烷粗产品滤入干燥的蒸馏烧瓶中，加入沸石，缓慢加热蒸馏，收集 99～103℃的馏分。

纯 1-溴丁烷为无色透明液体，沸点 101.6℃，d_4^{20} 1.27，n_D^{20} 1.440 1。

2. 微量合成

在 5 mL 圆底烧瓶中加入 0.5 mL 水，不断振摇下缓慢滴入 0.7 mL(13 mmol) 浓硫酸，混合均匀并冷却至室温。再加入 0.45 mL(4.8 mmol)正丁醇，并搅拌下加入 0.65 g(6 mmol)研细的溴化钠，混合均匀后加入 1 粒沸石，装上微型回流冷凝管及气体吸收装置，用 5% 氢氧化钠水溶液吸收溴化氢气体。温和加热烧瓶，使反应平稳发生，回流 30 min 后，停止反应。待反应液冷却后，加入 1 粒沸石，改为蒸馏装置，蒸出 1-溴丁烷粗产品。

用毛细管将馏出液小心转移至锥形分液管,用 0.5 mL 水洗涤。将有机层转移至干燥洁净的分液管。振荡下,逐滴加入 0.5 mL 浓硫酸,洗涤后分去硫酸层。有机层依次用 0.5 mL 水、0.5 mL10%碳酸钠水溶液与 0.5 mL 水洗涤。无水氯化钙干燥,蒸馏收集 99～103℃的馏分。

【附注】

[1]见"5.2 溴乙烷的制备"附注 1。

[2]若混合物未冷却至室温,加入溴化钠后,会和浓硫酸反应生成溴,最终影响产品的纯度与收率。

[3]溴化钠结块会影响溴化氢的生成。

[4]气体吸收装置的漏斗口若全部浸入水中,会引起倒吸。

[5]正溴丁烷是否蒸完,可以从以下三个方面判断:

①馏出液是否由混浊变为澄清。

②蒸馏瓶中上层油状物是否消失。

③用试管收集几滴溜出液,加水振摇,观察其是否与水混溶。

[6]未反应的正丁醇与正丁醚等杂质可与浓硫酸作用生成镁盐溶于浓硫酸被除去,否则它们会与正溴丁烷形成共沸物。

[7]用毛细管向液体中鼓气泡,搅拌洗涤,反复数次。

【附图】

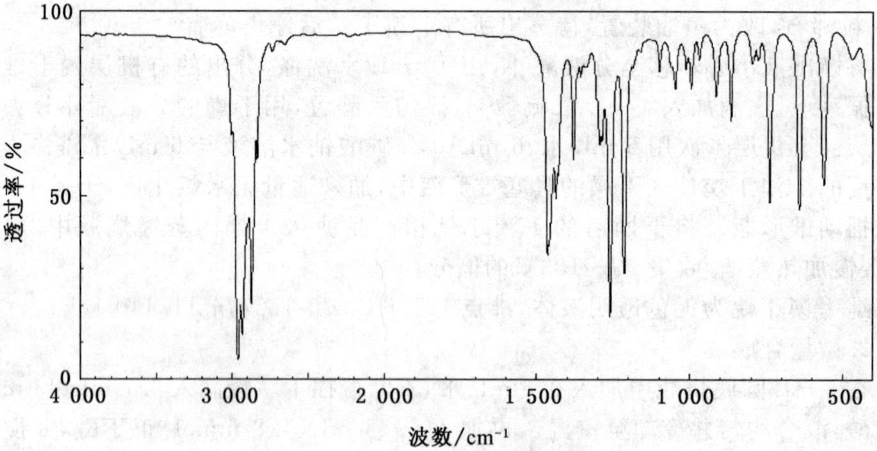

图 5-5 1-溴丁烷的红外光谱

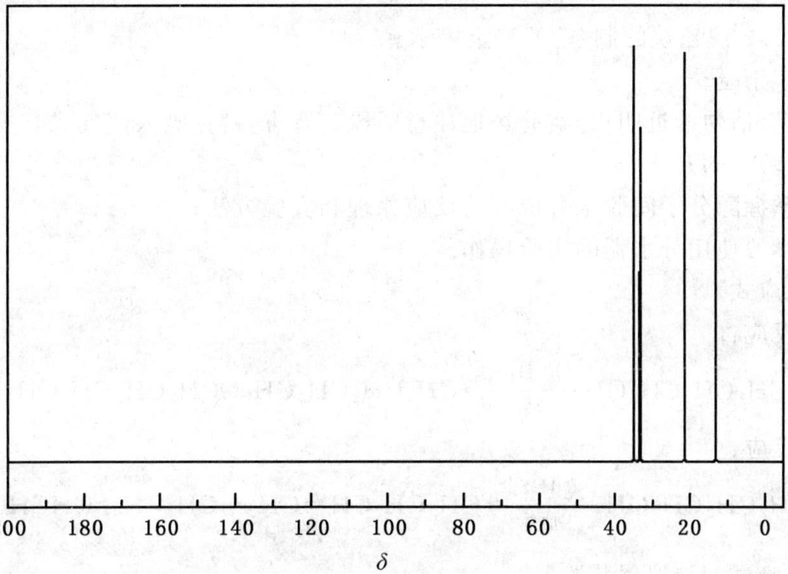

图 5-6　1-溴丁烷的核磁共振碳谱

【其他制备方法】

1-溴丁烷还可由正丁醇与三溴化磷反应制取，亦可由正丁醇与发烟氢溴酸或氢溴酸水溶液合成，由正丁醇与溴在磷的催化下也可以合成 1-溴丁烷。

【思考题】

1. 本实验的正溴丁烷粗产物中含有哪些杂质？各步洗涤的目的是什么？

2. 实际操作时若加原料不按本实验的操作顺序加入，会产生什么后果？

3. 加热回流时反应液常带有棕红色，是什么原因？如何除去此棕红色物质？

5.4　正丁醚的制备 Synthesis of *n*-Butylether

【预习提示】

1. 复习简单醚的制备方法；

2. 预习使用分水器的原理与方法。

【安全提示】

1. 正丁醇

见“5.3 1-溴丁烷的制备”的安全提示。

2. 浓硫酸

见“5.2 溴乙烷的制备”的安全提示。

3. 正丁醚

易燃，请勿接近明火，实验场地注意通风。有毒，避免吸入蒸气或与皮肤接触。

【实验目的】

1. 掌握醇分子间脱水合成醚的反应原理和实验方法；

2. 学习使用分水器的实验操作。

【反应式】

主反应：

$$2CH_3CH_2CH_2CH_2OH \xrightarrow[135℃]{浓\ H_2SO_4} CH_3CH_2CH_2CH_2OCH_2CH_2CH_2CH_3 + H_2O$$

副反应：

$$CH_3CH_2CH_2CH_2OH \xrightarrow[加热]{浓\ H_2SO_4} CH_3CH_2CH{=}CH_2 + CH_3CH{=}CHCH_3 + H_2O$$

【实验试剂与仪器装置】

1. 实验试剂

正丁醇，浓硫酸，50％硫酸，无水氯化钙等。

2. 仪器装置

蒸馏装置，分水装置，分液漏斗等。

【实验操作步骤】

1. 小量合成

在 50 mL 三口瓶中加入 15.5 mL(0.17 mol)正丁醇，然后缓慢加入 2.5 mL 浓硫酸，混合均匀后[1]加入 2～3 粒沸石。三口瓶一侧口装温度计[2]，另一口用玻璃塞封闭，中口装分水器，分水器上端接回流冷凝管。先在分水器内加入($V-2$)mL 水[3]，然后用小火加热烧瓶 20 min，使反应液微沸但不到回流温度(100～115℃)，然后加热保持回流约 40 min。随着反应进行，分水器中液面不断升高，反应液的温度也不断上升[4]，继续加热至烧瓶内反应液温度升高至 134～135℃。当分水器全部被水充满时，表示反应已经基本完成，停止反应[5]。

反应液稍冷后，拆下分水器，将仪器改为蒸馏装置，再加 1～2 粒沸石，蒸馏至无液体流出。将馏出液与分水器中的液体合并，用分液漏斗分去水层，粗产物用 6 mL 50％硫酸[6]分 2 次洗涤[7]，再用 10 mL 水分 2 次洗涤。用无水氯化钙干燥 1～2 h，间歇摇动锥形瓶。将干燥后的正丁醚滤入干燥的蒸馏烧瓶中，加入沸石，缓慢加热蒸馏，收集 139～143℃的馏分，称重，计算产率。

纯正丁醚为无色透明液体，沸点 142℃，d_4^{20} 0.773，n_D^{20} 1.399 2。

2. 半微量合成

在 25 mL 两口瓶中加入 5.2 mL(56 mmol)正丁醇，振摇下加入 0.8 mL 浓硫酸，混合均匀后加入 1 粒沸石。两口瓶侧口装温度计，中口装分水器，分水器上端接回流冷凝管。先在分水器内加入(V－0.7)mL 饱和氯化钠水溶液[8]，然后用小火加热烧瓶 10 min，使反应液微沸但不到回流温度(100～115℃)，继续加热保持回流约 20 min。随着反应进行，分水器中液面不断升高，反应液的温度也不断上升。继续加热至烧瓶内反应液温度升高至 134～135℃。当分水器全部被水充满时，表示反应已经基本完成，停止反应。

反应液冷却后，将混合物与分水器内的液体合并，再加 8 mL 水，充分振摇，用分液漏斗分去水层，粗产物用 4 mL 50%硫酸分 2 次洗涤，再用 5 mL 水洗涤。无水氯化钙干燥后蒸馏，收集 139～143℃的馏分，称重，计算产率。

【附注】

[1]正丁醇与浓硫酸如不充分摇匀，硫酸局部过浓，加热时易使反应液局部碳化。

[2]温度计的水银球必须完全浸入液面以下，才能准确测定反应液的温度。

[3]V 为分水器的体积，本实验根据理论计算生成水的体积约 1.5 mL，实际分出的水一般略大于理论量。因此，本实验先在分水器中加入(V－2)mL 水，当反应生成的水正好充满分水器时表明反应已完全，可以停止反应。

[4]本实验通过恒沸混合物蒸馏的方法，采用分水器将反应生成的水不断从反应体系中除去。正丁醇、正丁醚与水可能生成以下几种恒沸物：

恒沸物种类	恒沸物	沸点/℃	w/%		
			正丁醚	正丁醇	水
二元	正丁醇-水	93.0	—	55.5	45.5
	正丁醚-水	94.1	66.6	—	33.4
	正丁醇-正丁醚	117.6	17.5	82.5	—
三元	正丁醇-正丁醚-水	90.6	35.5	34.6	29.9

含水的恒沸物冷凝后，在分水器内分层，上层主要是正丁醇与正丁醚，下层主要是水，利用分水器可以使上层的有机物回流到反应体系中。

[5]反应开始时，因为有恒沸物的存在，反应温度不可能迅速升高至 135℃以上，但随着水被蒸出，温度逐渐升高，最后可达 135℃以上。如果该反应温度太高，部分反应液会碳化变黑，而且会产生大量副产物正丁烯。因此，制备正丁醚时应调

整加热速度，使反应温度严格控制在135℃以下。

[6] 50％硫酸配制方法：20 mL 浓硫酸在水浴冷却及搅拌下缓慢加入到34 mL 水中。

[7]正丁醇能溶于50％的硫酸，而正丁醚溶解度很低，因此用50％硫酸可以去除粗产品中的正丁醇。由于硫酸具有腐蚀性，洗涤不宜在分液漏斗中进行，应先在锥形瓶中搅拌洗涤后，再转移至分液漏斗分液。

[8]V为分水器的体积，根据理论计算生成水的体积约0.5 mL，实际分出的水一般略大于理论量，由于有单分子脱水的副产物生成。因此，实验以前预先在分水器中加入(V－0.7)mL 水，加上反应生成的水正好充满分水器，可以指针反应结束。另外，本实验用氯化钠水溶液可以降低正丁醇与正丁醚在水中的溶解度。

【其他制备方法】

正丁醚还可由正丁醇钠与正溴丁烷反应制取。

【思考题】

1. 本实验用50％ H_2SO_4 洗涤粗产品，为什么不用浓 H_2SO_4 洗涤粗产品？

2. 本实验怎样控制反应温度？如何得知反应已基本完全？

【附图】

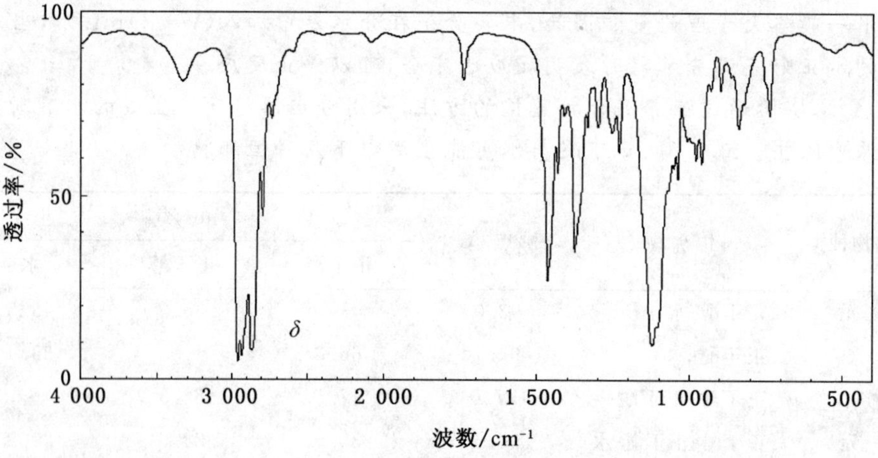

图 5-7 正丁醚的红外光谱

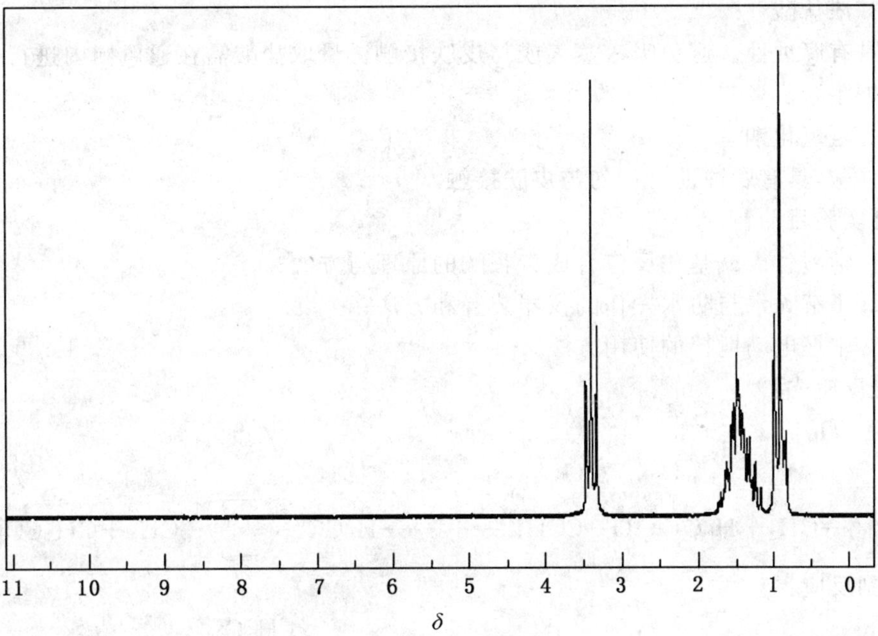

图 5-8　正丁醚的核磁共振氢谱

5.5　对甲基苯乙酮的制备 Synthesis of *p*-Methyl Acetophenone

【预习提示】

1.复习付氏酰基化反应合成芳香酮的原理；

2.复习带有气体吸收装置的加热回流的方法；

3.学习电动搅拌的使用方法；

4.学习无水与防水操作的仪器装置和操作方法。

【安全提示】

1.甲苯

具有中等毒性。避免吸入蒸气或与皮肤接触。量取时需在通风橱中进行并佩戴防护手套。

2.乙酸酐

具有强烈的刺激性与腐蚀性。避免吸入蒸气或与皮肤接触。量取时需在通风橱中进行并佩戴特殊手套。

3.浓盐酸

具有腐蚀性。避免吸入蒸气或与皮肤接触。量取盐酸需在通风橱内进行并佩带防护手套。

4.氢氧化钠

强碱,具有腐蚀性。请勿与皮肤接触。

【实验目的】

1.学习付氏酰基化反应合成芳香酮的原理与方法;

2.了解无水与防水操作的仪器装置和方法;

3.掌握电动搅拌的使用方法。

【反应式】

主反应:

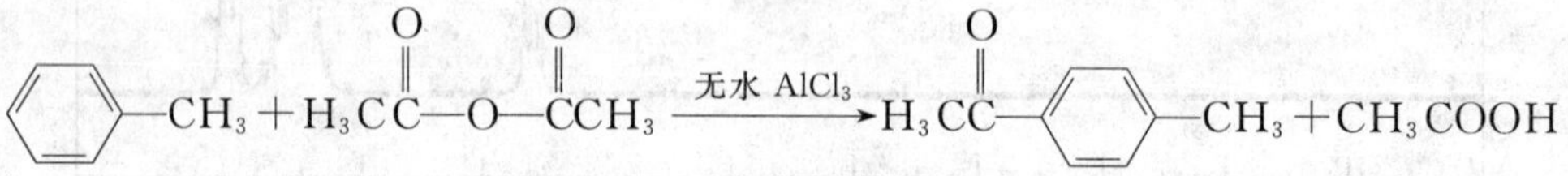

副反应:

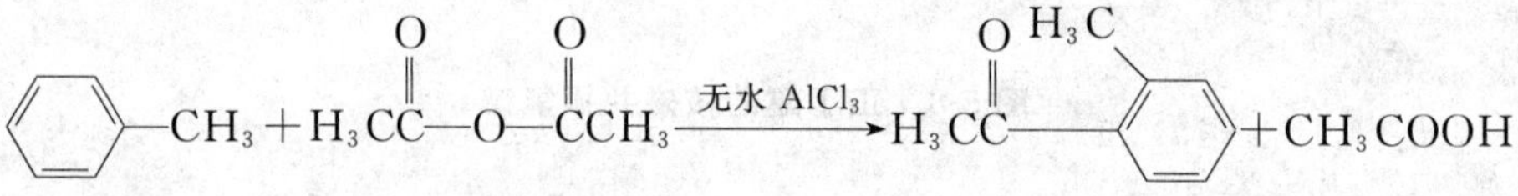

$$CH_3COOH + AlCl_3 \longrightarrow CH_3COOAlCl_2 + HCl$$

【实验试剂与仪器装置】

1.实验试剂

无水甲苯,无水三氯化铝 10.0 g(0.075 mol),乙酸酐 3.0 mL (0.32 mol),浓盐酸,氢氧化钠等。

2.仪器装置

带滴液漏斗的搅拌回流反应装置,氯化钙干燥管,蒸馏装置,分液漏斗等。

【实验操作步骤】

在装有回流冷凝管和滴液漏斗、电动搅拌、温度计的 100 mL 四口瓶中,加入 10.0 g 无水三氯化铝[1]和 14.0 mL 无水甲苯[2],冷凝管上口接一氯化钙干燥管,干燥管与氯化氢吸收系统连接[3]。搅拌下[4],从滴液漏斗缓慢滴加 3.0 mL 新蒸的乙酸酐[5]和 3.0 mL 甲苯的混合液,调节滴加速度,使反应温度为 60℃左右,滴加约需 20 min[6]。滴加完后,在 90～95℃下继续反应 30 min,使反应完全。待反应液冷却后,将反应液缓慢倒入盛有 25.0 mL 浓盐酸和 20 mL 冰水混合液的烧杯中水解[7]。刚滴完时有固体不溶物,逐渐溶解。待完全溶解后将该溶液倒入分液漏斗中，分出有机层，依次用等体积的水、10% 氢氧化钠水溶液和水各 10 mL 洗至中性。将洗涤后的粗产品溶液滤入蒸馏瓶中进行蒸馏操作，回收甲苯，当蒸馏液温度升高至 155℃以上时停止蒸馏，瓶内残留的浅黄色黏稠液体即为对甲基苯乙酮。

纯对甲基苯乙酮为无色晶体或无色至近似无色黏稠液体。熔点 28～29℃，沸点 112.5℃(98.12 kPa)，d_4^{20} 1.005 1，n_D^{20} 1.533 5。

【附注】

[1]无水三氯化铝的质量是本实验成败的关键，以白色粉末打开盖冒大量的烟，无结块现象为好。水的存在会使三氯化铝失效，因此，本实验必须在无水条件下进行。反应仪器必须充分干燥，与大气相通的气体吸收装置管路中加干燥管。

[2]本实验用的甲苯需加入无水氯化钙干燥过夜后重蒸，收集 109～112℃的馏分。

[3]反应过程中会放出大量氯化氢气体，必须采用气体吸收装置，将氯化氢气体用碱液吸收。

[4]安装电动搅拌装置时，一定要使搅拌桨垂直；开动搅拌时，搅拌速度需缓慢调至所需速度。

[5]乙酸酐又名醋酸酐，遇水易分解为醋酸，本实验需使用新蒸的乙酸酐，收集 137～140℃的馏分。

[6]滴加速度不易过快，以免反应剧烈，反应温度过高会使邻位取代物增多，从而影响产率。

[7]冰解反应需在通风橱内进行。

【附图】

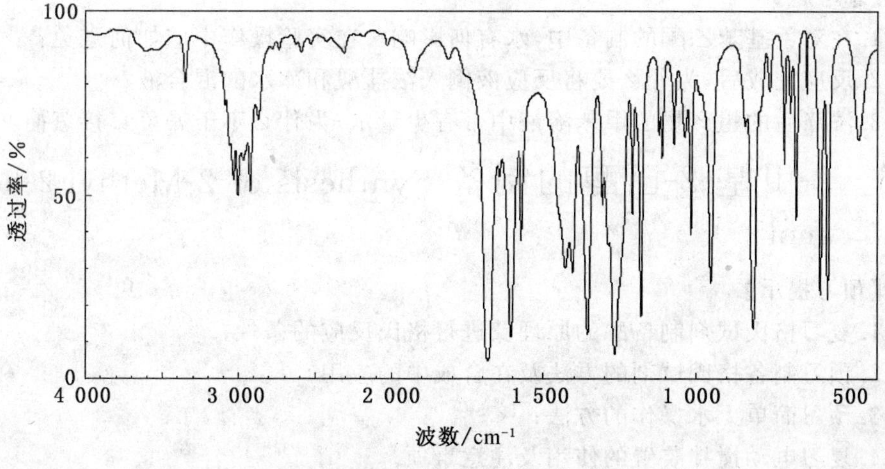

图 5-9　对甲基苯乙酮的红外光谱

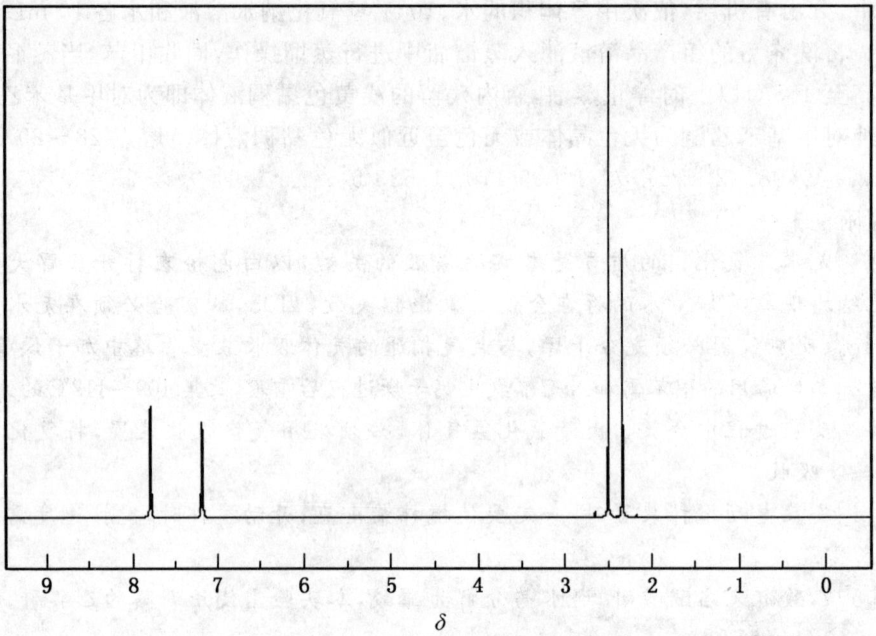

图 5-10　对甲基苯乙酮的核磁共振氢谱

【其他制备方法】

甲苯与乙酰氯反应也可合成对甲基苯乙酮。

【思考题】

1. 在对甲基苯乙酮的制备中，水有何影响？在实验操作中应如何避免？
2. 反应完成后，为什么要将反应液倒入浓盐酸和冰水的混合液？
3. 洗涤后的粗产物的甲苯溶液中带有少量水，为什么不干燥可直接蒸馏？

5.6　2-甲基-2-己醇的制备 Synthesis of 2-Methyl-2-hexanol

【预习提示】

1. 复习格氏试剂制备醇的原理及进行格氏反应的条件；
2. 预习制备格氏试剂的方法及在合成中的应用；
3. 预习简单无水操作的方法；
4. 复习电动搅拌装置的使用及注意事项。

【安全提示】

1. 溴丁烷

见“5.3 1-溴丁烷的制备”的安全提示。

2. 乙醚

具有麻醉性，易燃。使用时请勿接近明火，实验场地注意通风。

3. 丙酮

易燃，使用时防止明火；避免吸入蒸气或与皮肤接触。

4. 浓硫酸

见“5.2 溴乙烷的制备”的安全提示。

5. 碘

有毒，对眼、皮肤有强刺激性。量取应在通风橱中进行并戴防护手套。

【实验目的】

1. 学习简单的无水操作技术；

2. 学习带有干燥管的回流操作技术；

3. 学习用格氏试剂制备醇的原理与实验方法。

【反应式】

$$CH_3CH_2CH_2CH_2Br + Mg \xrightarrow{\text{无水乙醚}} CH_3CH_2CH_2CH_2MgBr$$

$$CH_3CH_2CH_2CH_2MgBr + CH_3COCH_3 \xrightarrow{\text{无水乙醚}} CH_3CH_2CH_2CH_2\underset{\displaystyle OMgBr}{\underset{|}{C}}(CH_3)_2$$

$$CH_3CH_2CH_2CH_2\underset{\displaystyle OMgBr}{\underset{|}{C}}(CH_3)_2 + H_2O \xrightarrow{H^+} CH_3CH_2CH_2CH_2\underset{\displaystyle OH}{\underset{|}{C}}(CH_3)_2$$

【实验试剂与仪器装置】

1. 实验试剂

镁，无水乙醚，正溴丁烷，丙酮，20％硫酸，10％硫酸，15％碳酸钠水溶液，5％碳酸钠水溶液，无水 K_2CO_3 等。

2. 仪器装置

带滴液漏斗的搅拌回流反应装置，蒸馏装置，分液漏斗等。

【实验操作步骤】

1. 常量合成

在装有滴液漏斗、电动搅拌器和回流冷凝管（与装有氯化钙的 U 型干燥管相连)的 250 mL 三口瓶中，加入 2.4 g(0.1 mol)镁屑及 15 mL 无水乙醚[1]。在滴液漏斗中加入 15 mL 无水乙醚与 13.7 g(0.1 mol)正溴丁烷的混合液。先向三口瓶中滴入 3 mL 正溴丁烷与乙醚的混合液，数分钟后反应开始[2]，待反应平稳后加入 25 mL 乙醚并开动搅拌[3]，滴加剩余的正溴丁烷与乙醚的混合液[4]。加完继续反应 15 min，使镁反应完全。在冰水浴冷却并且搅拌下，由滴液漏斗缓慢滴入 7.4 mL(5.8 g，0.1 mol)丙酮和 10 mL 无水乙醚的混合液，控制滴加速度保持反应微沸，加完继续反应 15 min。

在冰水浴冷却并搅拌下，由滴液漏斗缓慢加入 20% 硫酸 50 mL 分解加成物。将反应液倒入分液漏斗中，分出有机层，水层用 40 mL 乙醚分 2 次萃取，合并乙醚液，用 30 mL 15% 碳酸钠水溶液洗涤，无水 K_2CO_3 干燥。回收乙醚，蒸馏产品，收集 139～143℃的馏分。

纯 2-甲基-2-己醇为无色液体。沸点 143℃，d_4^{20} 0.811 9，n_D^{20} 1.417 5。

2. 半微量合成

在干燥的 50 mL 三口瓶上安装滴液漏斗和带有无水氯化钙干燥管的回流冷凝管，加入 0.5 g(20 mmol)镁屑。在滴液漏斗中加入 7.0 mL 无水乙醚与 2.1 mL (2.70 g，19 mmol)正溴丁烷的混合液。先滴入 3 mL 无水乙醚与正溴丁烷的混合液，待反应平稳后，将剩余的混合液缓慢滴入三口瓶，控制滴加速度使反应液保持微沸状态。加完后继续反应 10 min，使镁几乎全溶。冰水浴冷却下，由滴液漏斗缓慢滴入 1.6 mL(22.0 mmol)丙酮和 3 mL 无水乙醚的混合液，加完后继续搅拌反应 5 min[5]。

冰水浴冷却下，搅拌下滴入 10% 硫酸 10 mL 分解加成物[6]。用分液漏斗将反应液分出有机层，水层用 10 mL 乙醚分 2 次萃取，合并乙醚液，用适量 5% 碳酸钠水溶液洗涤，无水 K_2CO_3 干燥。回收乙醚，蒸馏产品，收集 139～143℃的馏分。

【附注】

[1]格氏反应必须在无水无氧条件下进行，由于格氏试剂遇水或氧会分解：

$$RMgX + H_2O \longrightarrow RH + Mg(OH)X$$

$$RMgX + [O] \longrightarrow ROMgX \xrightarrow{H_2O,H^+} ROH + Mg(OH)X$$

因此，本实验所用试剂需预先处理。正溴丁烷和无水乙醚需用无水氯化钙干燥，丙酮需用无水碳酸钾干燥，一周后使用。

另外，芳香族卤代烃和乙烯基氯化物与镁制备格氏试剂则需在沸点较高的无水四氢呋喃中反应，并且操作比较安全。

[2]由于该反应为放热反应，故开始加入正溴丁烷溶液不宜太多。若不发生反应，可用水浴加热引发反应，亦可加入少量碘引发反应，碘颜色消失、出现混浊和自发沸腾表示反应开始。

[3]开始反应时，必须等反应平稳后再开始搅拌，以免局部正溴丁烷溶液浓度降低，使反应难以进行。

[4]注意滴加速度不宜太快，否则会发生偶联反应，保持反应液呈微沸状态即可。

[5]此处可采用磁力搅拌器进行搅拌反应。

[6]注意开始滴入 10%硫酸的速度要缓慢。

【其他制备方法】

$CH_3CH_2CH_2CH_2C(CH_3)=CH_2$的水合反应也可制备 2-甲基-2-己醇。

【思考题】

1. 本实验有何副反应发生？如何防止这些副反应发生？

2. 本实验乙醚在各步中的作用是什么？使用乙醚应注意哪些安全问题？

【附图】

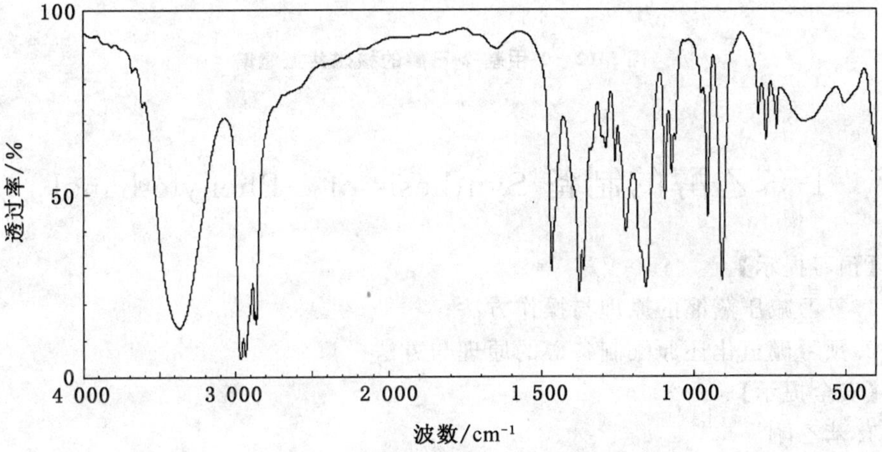

图 5-11　2-甲基-2-己醇的红外光谱

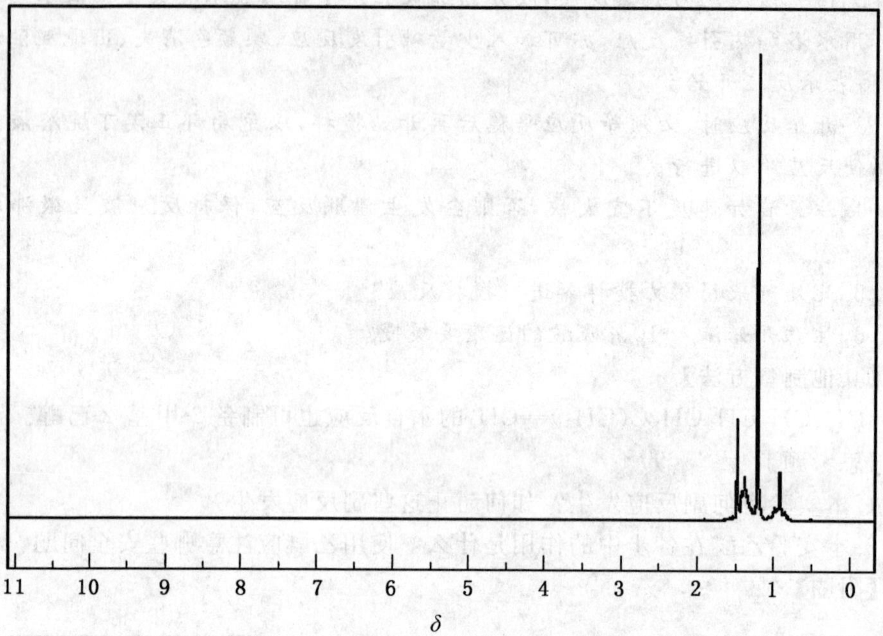

图 5-12 2-甲基-2-己醇的核磁共振氢谱

5.7 1-苯乙醇的制备 Synthesis of 1-Phenylethanol

【预习提示】

1. 复习减压蒸馏的原理与操作方法；

2. 预习硼氢化还原酮制备醇的原理与方法。

【安全提示】

1. 苯乙酮

高浓度下有麻醉作用，避免吸入蒸气或与皮肤接触。量取时需在通风橱中进行并佩戴防护手套。

2. 硼氢化钠

易燃，请勿接近明火。碱性很强，切忌触及皮肤。

3. 乙醇

一级易燃品，使用时请勿接触明火。

4. 乙醚

见"5.6 2-甲基-2-己醇的制备"的安全提示。

【实验目的】

1. 学习硼氢化还原酮制备醇的原理和方法；

2. 巩固带有滴液漏斗与电动搅拌反应装置的操作方法；

3. 巩固减压蒸馏的原理与操作方法。

【反应式】

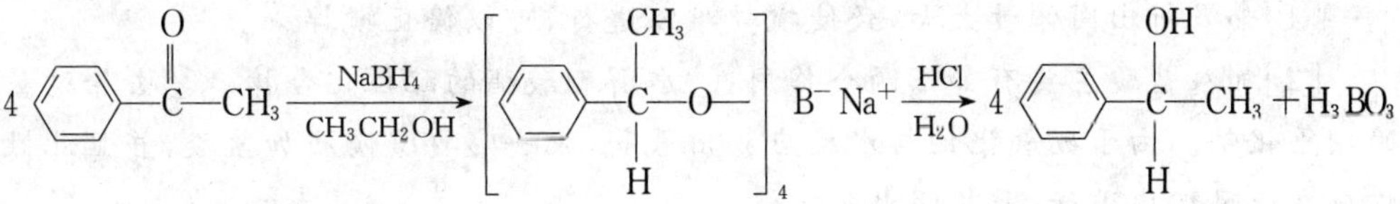

【实验试剂与仪器装置】

1. 实验试剂

苯乙酮，硼氢化钠，95%乙醇，盐酸，无水硫酸镁，无水碳酸钾等。

2. 仪器装置

电动搅拌装置，减压蒸馏装置等。

【实验操作步骤】

1. 小量合成

在装有滴液漏斗、电动搅拌和温度计的 100 mL 三口烧瓶中加入 30 mL 95%乙醇与 1.98 g(0.052 mol)硼氢化钠，搅拌溶解后，滴加 16 mL(0.137 mol)苯乙酮，缓慢加热并搅拌，控制反应温度为 48～50℃。加完后，在室温下继续反应 30 min[1]，此时有大量盐析出，亦可能结块。

反应完毕后，搅拌下滴加 13 mL 3 mol · L^{-1} 盐酸溶液[2]，使大部分白色固体溶解，蒸馏回收乙醇。冷却后加入 30 mL 乙醚，分出有机层，水层用 20 mL 乙醚分 2 次萃取，合并乙醚层，无水硫酸钠干燥。过滤，加入 1 g 无水碳酸钾[3]，回收乙醚后改为减压蒸馏，收集 102～103.5℃/12.533 kPa(19 mmHg)的馏分。称重，计算产率。

测定产品的折射率。

纯净的 1-苯乙醇为无色液体，沸点 203.4℃，94℃/12 mm Hg，d_4^{20} 1.013，n_D^{20} 1.527 5。

2. 半微量合成

在干燥的 50 mL 三口烧瓶上安装滴液漏斗、电动搅拌和温度计，加入 7.5 mL

95%乙醇与0.50 g(13 mmol)硼氢化钠，搅拌下滴加4 mL(34 mmol)苯乙酮，控制反应温度为48～50℃。滴加完毕，将白色固体状反应物在室温下放置15 min。然后在搅拌下滴加3 mL 3 mol·L^{-1}盐酸，使大部分白色固体溶解，蒸馏回收乙醇。冷却后加入5 mL乙醚，分出有机层，水层用6 mL乙醚分2次萃取，合并乙醚层。无水硫酸镁干燥后过滤，加入0.3 g无水碳酸钾，回收乙醚后改为减压蒸馏，收集102～103.5℃/12.533 kPa(19 mmHg)的馏分。称重，计算产率。

【附注】

[1]如果析出固体量太大，致使搅拌难以进行，可以停止搅拌。

[2]加入盐酸主要有如下两个作用：①水解硼酸酯的配位化合物。②去除过量的硼氢化钠。由于硼氢化钠与水反应放出氢气，故一定要缓慢滴加盐酸，并且此操作应在通风橱内进行，严禁明火。

[3]加入碳酸钾可防止蒸馏过程中发生催化脱水反应。

【其他制备方法】

苯乙酮用硼氢化钾、锌粉或催化氢化等方法还原均可制备1-苯乙醇。

【思考题】

1.用盐酸溶液分解反应物时，为什么要缓慢加入？其作用是什么？

2.滴加苯乙酮时为什么要控制反应温度为48～50℃？

【附图】

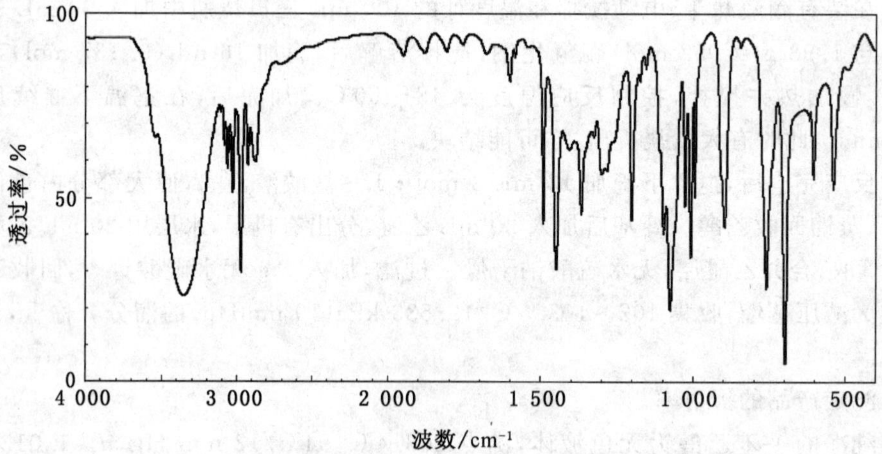

图5-13　1-苯乙醇的红外光谱

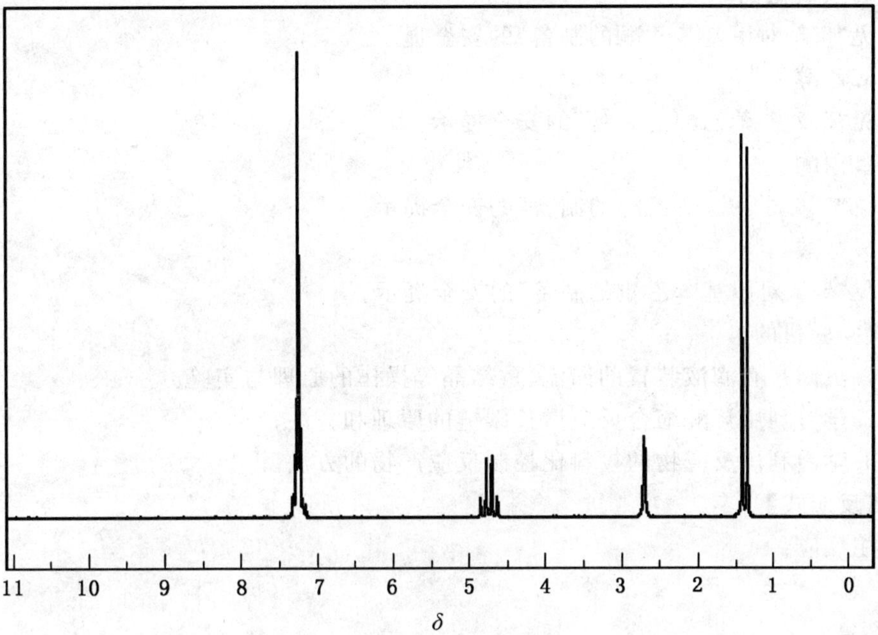

图 5-14　1-苯乙醇的核磁共振氢谱

5.8　苄叉丙酮和二苄叉丙酮的制备 Synthesis of 4-Phenyl-3-butene-2-one and 1,5-Diphenyl-1,4-pentadiene-3-one

【预习提示】

1. 复习带有滴液装置的回流的原理与操作方法；
2. 复习固体有机化合物重结晶的原理及操作方法；
3. 预习羟醛缩合反应增长碳链的原理与实验方法。

【安全提示】

1. 苯甲醛

低毒性，对神经有麻醉作用，对皮肤有刺激性。避免吸入蒸气或与皮肤接触。量取时需在通风橱中进行并佩戴特殊手套。

2. 氢氧化钠

见“5.5 对甲基苯乙酮的制备”的安全提示。

3. 乙醇

见“5.7 1-苯乙醇的制备”的安全提示。

4. 丙酮

见“5.6 2-甲基-2-己醇的制备”的安全提示。

5. 盐酸

见“5.5 对甲基苯乙酮的制备”的安全提示。

【实验目的】

1. 巩固带有滴液装置的回流、重结晶等操作的原理与实验方法；

2. 学习利用羟醛缩合反应增长碳链的原理和方法；

3. 学习利用反应物的投料比控制反应产物的方法。

【反应式】

主反应：

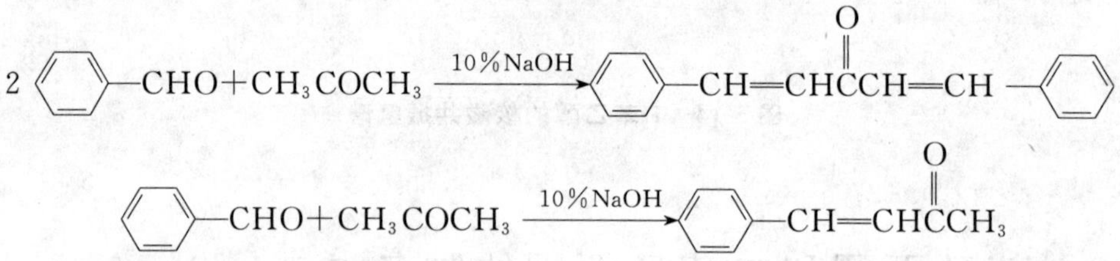

【实验试剂与仪器装置】

1. 实验试剂

苯甲醛，丙酮，10% NaOH 水溶液，95%乙醇，70%乙醇，1∶1 的盐酸，甲苯等。

2. 仪器装置

带有滴液漏斗的回流装置，重结晶装置等。

【实验操作步骤】

1. 二苄叉丙酮(1,5-二苯基-1,4-戊二烯-3-酮)

在 100 mL 烧杯中加入 2.5 mL 10% NaOH 水溶液和 7.5 mL 95% 乙醇[1]，在滴液漏斗中加入 5.0 mL(5.3 g，0.05 mol)新蒸馏的苯甲醛[2]和 1.9 mL(1.45 g，0.025 mol)丙酮，摇匀。搅拌下向烧杯中滴入苯甲醛和丙酮的混合溶液，15 min 滴完，控制反应温度不超过 40℃[3]。滴完后再继续搅拌反应 30 min[4]。

反应结束后，将反应物抽滤，固体依次用适量 70% 乙醇与水各洗涤 2 次[5]，然后将二苄叉丙酮粗产品转入 100 mL 锥形瓶，加入 25 mL 95% 乙醇[6]，装上回流冷凝管，加热至微沸，当固体全部溶解时停止加热，冷却，待结晶完全析出后，抽滤，用少量 95% 乙醇洗涤结晶。将结晶倒在洁净的表面皿上，烘干[7]，称重，计算产率。

纯净的二苄叉丙酮是黄色片状结晶，熔点为 111℃。

2. 苄叉丙酮(4-苯基-3-丁烯-2-酮)

在装有滴液漏斗、温度计和回流冷凝管的 100 mL 三口瓶中，加入 5.0 mL (5.3 g，0.05 mol)新蒸馏过的苯甲醛、10 mL(8.0 g，0.138 mol)丙酮和 8 mL 水。磁力搅拌下由滴液漏斗缓慢滴入 6.0 mL 10%的氢氧化钠水溶液。控制反应温度为 25～30℃[8]，反应 1～2 h。

反应结束后[8]，用 1∶1 的盐酸中和反应液至中性，分出有机相，用甲苯萃取水相，合并有机相。无水硫酸镁干燥后，减压蒸馏，回收甲苯。收集 120～130℃/0.93 kPa(7 mmHg)或 140℃/2.13 kPa(16 mmHg)的馏分，产物冷却后固化。

纯苄叉丙酮为黄色固体，熔点 38～39℃。

【附注】

[1]加入乙醇是为了增加反应物的溶解，使该反应为均相反应，提高反应速度。

[2]苯甲醛容易被空气氧化，使用前必须重新蒸馏，收集 179℃的馏分。为避免苯甲醛在重蒸时氧化，最好采用减压蒸馏，收集 62℃/1.33 kPa(10 mmHg)或 90.1℃/5.322 kPa(40 mmHg)的馏分。

[3]滴加速度不宜过快，防止反应温度过高，以免由于副反应增加而降低反应产率。

[4]在反应后期，由于大量产物生成，析出的固体无法搅拌，可以适量加入乙醇稀释。

[5]由于副产物苄叉丙酮在水中形成难过滤的混浊物，用 70% 乙醇洗涤可以将其去除。

[6]乙醇用量可根据实际产物的量适当调整。乙醇用量要适当，过多时会降低回收率，过少时会使杂质去除不完全，影响产物的纯度。

[7]烘干温度应控制在 50～60℃，以免产品熔化或分解。

[8]反应温度过高，会增加副反应。

[9]产品应趁热倒出烧瓶，否则易在烧瓶内固化。

【附图】

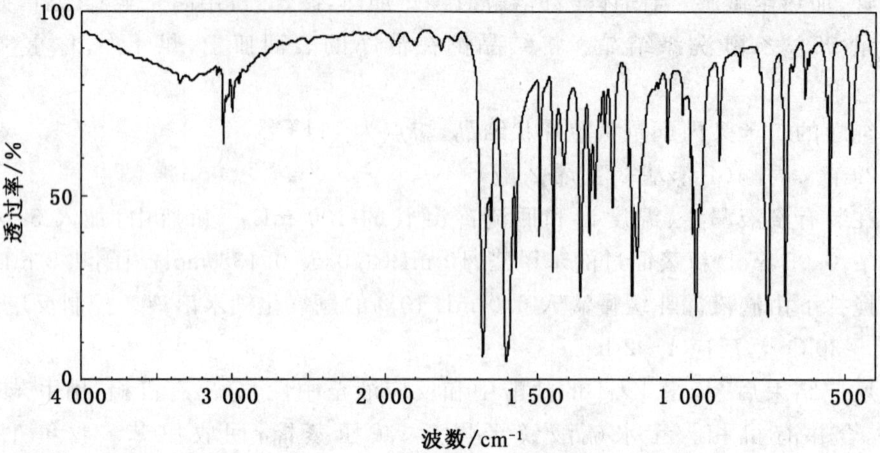

图 5-15 苄叉丙酮的红外光谱

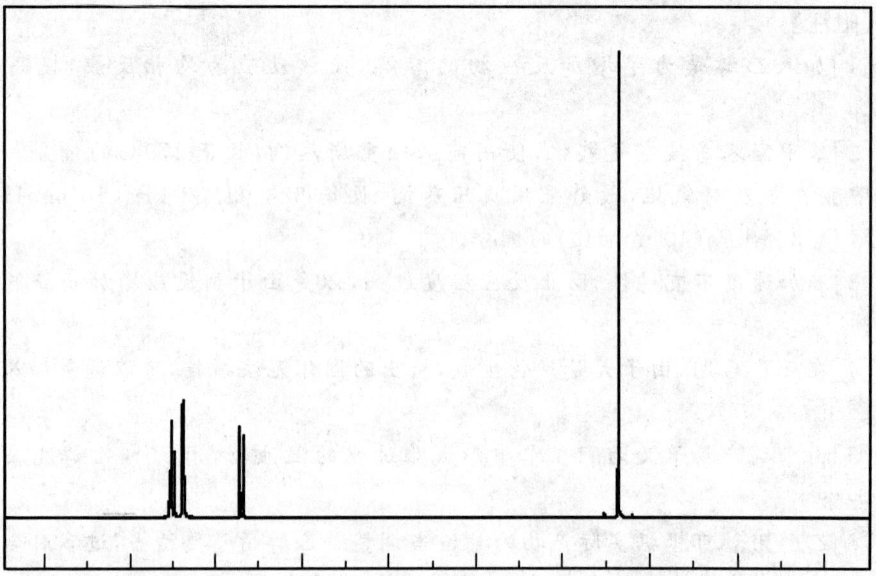

图 5-16 苄叉丙酮的核磁共振氢谱

【附图】

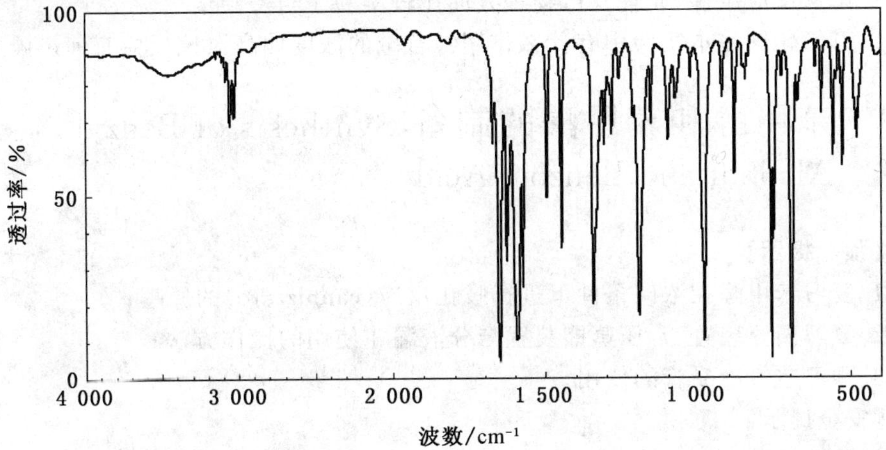

图 5-17　二苄叉丙酮的红外光谱

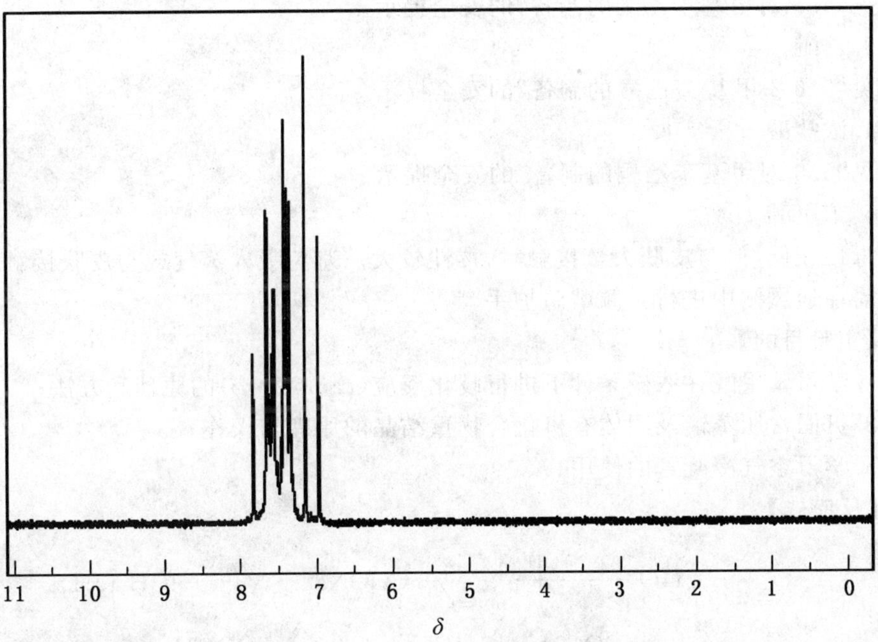

图 5-18　二苄叉丙酮的核磁共振氢谱

【思考题】

1. 试从反应条件、原理及产物等方面比较实验1与实验2。

2. 氢氧化钠在本实验中有什么作用？若碱的浓度偏高对该反应有何影响？

5.9 苯甲醇和苯甲酸的制备 Synthesis of Benzyl Alcohol and Benzoic Acid

【预习提示】

1. 复习苯甲醛在浓碱条件下进行歧化反应(cannizzaro)的原理；

2. 复习回流装置、常压蒸馏装置与分液漏斗使用的操作方法；

3. 预习空气冷凝管的使用。

【安全提示】

1. 苯甲醛

见“5.8 苄叉丙酮和二苄叉丙酮的合成”的安全提示。

2. 氢氧化钠

见“5.5 对甲基苯乙酮的制备”的安全提示。

3. 乙醚

见“5.6 2-甲基-2-己醇的制备”的安全提示。

4. 浓盐酸

见“5.5 对甲基苯乙酮的制备”的安全提示。

5. 苯甲醇

毒性较低，但与皮肤大量接触时，毒性较大。避免吸入蒸气或与皮肤接触。量取时需在通风橱中进行并佩戴防护手套。

【实验目的】

1. 学习苯甲醛在浓碱条件下进行歧化反应(cannizzaro)的原理和方法；

2. 巩固常压蒸馏及固体有机化合物重结晶的原理与操作；

3. 学习空气冷凝管的使用。

【反应式】

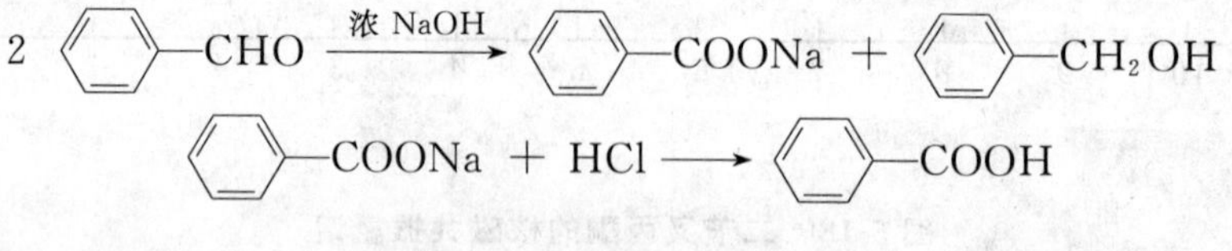

【实验试剂与仪器装置】

1. 实验试剂

氢氧化钠，水，苯甲醛，乙醚，饱和亚硫酸氢钠水溶液，10%碳酸钠水溶液，无水硫酸镁，浓盐酸，碎冰等。

2. 仪器装置

锥形瓶，分液漏斗，带有空气冷凝管的蒸馏装置等。

【实验操作步骤】

1. 小量合成

在 100 mL 锥形瓶中加入 11 mL 水和 11 mL 氢氧化钠，振摇溶解后冷却至室温。在搅拌下分批[1]加入 12.6 mL(0.126 mol)新蒸馏过的苯甲醛[2]，若温度过高，可将锥形瓶放入冷水浴中冷却。最后反应物变为白色糊状物，塞紧瓶塞，室温下放置 24 h 以上。

向反应混合物中分批加入 40～50 mL 水，微热，搅拌使之溶解[3]。冷却后将混合物液小心转移至分液漏斗，用 30 mL 乙醚分 3 次萃取苯甲醇，分出的水层置于锥形瓶中保存待用。合并乙醚层，依次用 5 mL 饱和亚硫酸氢钠水溶液、10 mL 10%碳酸钠水溶液与 10 mL 冷水洗涤。将洗涤后的乙醚萃取液放入干燥的锥形瓶中，加入适量无水硫酸镁干燥 1～2 h，间歇振摇。将干燥后的乙醚溶液滤入干燥的蒸馏烧瓶中，加入沸石，缓慢加热蒸馏，回收乙醚，当乙醚蒸完后改用空气冷凝管继续加热，蒸馏苯甲醇[4]，收集 198～204℃的馏分。纯苯甲醇为无色液体，沸点 205.4℃，d_4^{20} 1.045，n_D^{20} 1.539 6。

搅拌下向乙醚萃取过的水层中缓慢加入 40 mL 浓盐酸、40 mL 水与 25 g 碎冰的混合物。充分冷却后抽滤，固体用少量冷水洗涤，红外灯下烘干。粗苯乙酸用适量水重结晶，烘干，称重，计算产率。纯苯甲酸为无色针状晶体，熔点 122～123℃。

2. 半微量合成

在 25 mL 锥形瓶中配制 2.75 mL 水和 2.75 g 氢氧化钠的溶液，冷至室温后搅拌下分批加入 3.15 mL(30 mmol)新蒸馏的苯甲醛，每加一次都需充分振摇，若温度过高，可将锥形瓶放入冷水浴中冷却。最后反应物变为白色糊状物，塞紧瓶塞，室温下放置 24 h 以上。

向反应混合物中加入 12 mL 水，微热，搅拌溶解。冷却后用 9 mL 乙醚分 3 次萃取，合并乙醚层，依次用 3 mL 饱和亚硫酸氢钠水溶液、5 mL 10%碳酸钠水溶液与 3 mL 水洗涤。乙醚提取液用无水硫酸镁干燥后蒸馏回收乙醚，当乙醚蒸完后改用空气冷凝管继续蒸馏苯甲醇，收集 198～204℃的馏分。

乙醚萃取后的水溶液，在冰水浴冷却下，用浓盐酸酸化至刚果红试纸变蓝。充分冷却后抽滤，固体用少量冷水洗涤，烘干。粗苯乙酸用适量水重结晶，烘干，称重，计算产率。

【附注】

[1]每次加约 3 mL,每加一次都需塞紧瓶塞,用力振摇使反应液混合均匀,以免反应液局部温度过高,发生副反应。

[2]见"5.8 苄叉丙酮和二苄叉丙酮的制备"的附注 2。

[3]加水搅拌溶解的目的是使苯甲酸盐全部溶解。

[4]蒸馏沸点高于 140℃的液体有机化合物时,为了避免直形冷凝管由于骤冷骤热炸裂,必须使用空气冷凝管。

【附图】

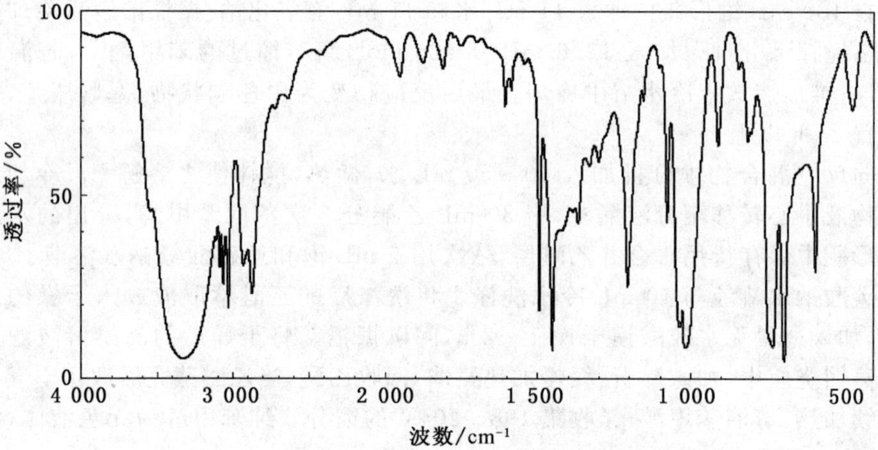

图 5-19 苯甲醇的红外光谱

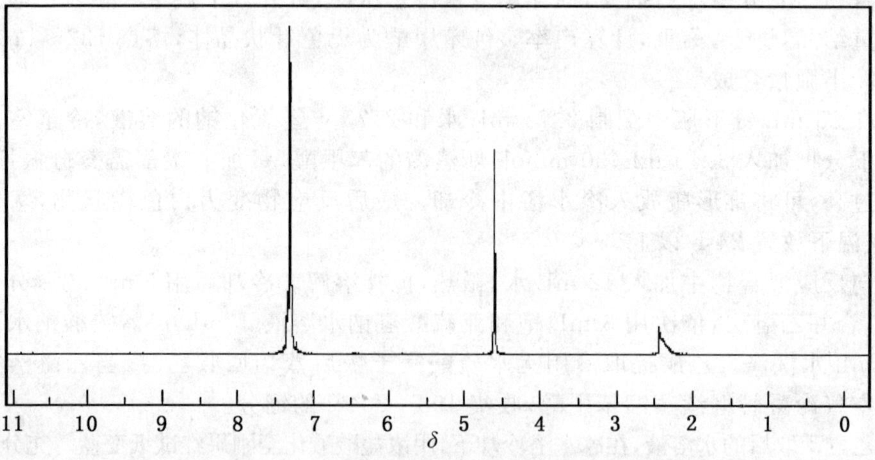

图 5-20 苯甲醇的核磁共振氢谱

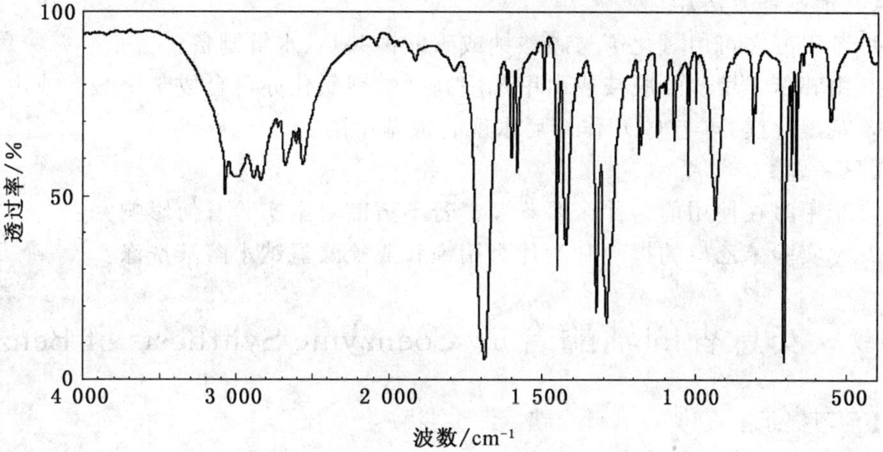

图 5-21　苯甲酸的红外光谱

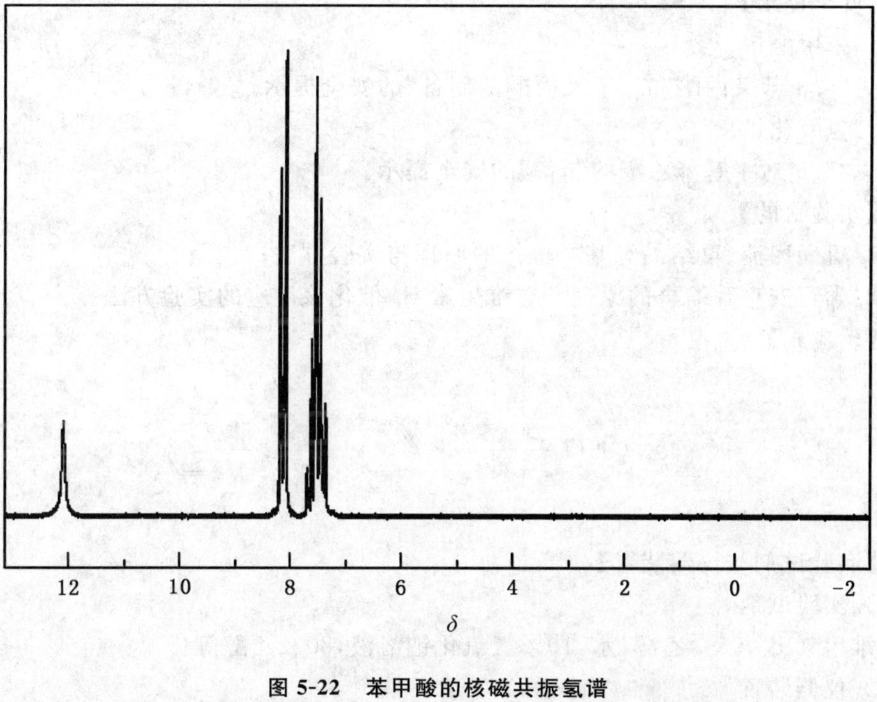

图 5-22　苯甲酸的核磁共振氢谱

【其他制备方法】

1. 苯甲醇亦可由氯化苄与碳酸钠或碳酸钾共热、水解制备。

2. 由邻苯二甲酸酐脱羧或由甲苯用高锰酸钾氧化亦可合成苯甲酸。或由溴苯合成苯基溴化镁，再与 CO_2 作用后水解合成苯甲酸。

【思考题】

1. 苯甲醛在使用前为什么要蒸馏？若不蒸馏对本实验有何影响？

2. 本实验苯乙醇的提纯时为什么用饱和亚硫酸氢钠水溶液洗涤？

5.10 安息香的辅酶合成 Coenzyme Synthesis of Benzoin

【预习提示】

1. 复习回流装置的原理与操作方法；

2. 复习固体有机化合物重结晶的原理及操作方法；

3. 预习维生素 B_1 催化安息香缩合的原理与实验方法。

【安全提示】

1. 苯甲醛

见"5.8 苄叉丙酮和二苄叉丙酮的制备"的安全提示。

2. 氢氧化钠

见"5.5 对甲基苯乙酮的制备"的安全提示。

【实验目的】

1. 巩固回流、重结晶等基本操作的原理与实验方法；

2. 学习安息香缩合的原理[1]与维生素 B_1 催化该反应的实验方法。

【反应式】

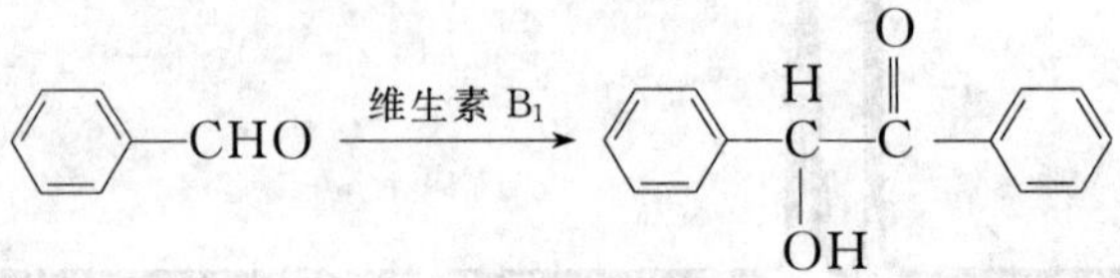

【实验试剂与仪器装置】

1. 实验试剂

维生素 B_1，95%乙醇，水，10%氢氧化钠溶液，80%乙醇等。

2. 仪器装置

重结晶装置，锥形瓶，试管等。

【实验操作步骤】

1. 小量合成

在 50 mL 锥形瓶中加入 1. 75 g 维生素 B_1[2] 和 6 mL 水，固体溶解后加入 15 mL 95%乙醇，混合均匀后冰浴冷却。另取一试管加入 6 mL 10%氢氧化钠溶液在冰浴中冷却[3]。然后在冰浴冷却下，将冷透的氢氧化钠溶液加入反应液，使反应液 pH 值为 10～11，立即加入 10 mL(0. 10 mol)新蒸馏的苯甲醛[4]，充分混匀，35～40℃微热，有白色或浅黄色结晶析出[5]，待析晶完全后，用布氏漏斗抽滤收集粗产品，用适量水洗涤 2 次。安息香粗产品用 80%的乙醇重结晶[6]，烘干，称重，计算产率。

纯安息香为白色针状晶体，熔点 134～136℃。

2. 微量合成

在 10 mL 锥形瓶中加入 0. 15 g 维生素 B_1 和 0. 5 mL 水，固体溶解后加入 1.5 mL 95%乙醇，混合均匀后冰浴冷却。冰浴冷却下用冷透的 10%氢氧化钠溶液调反应液 pH 为 10～11，立即加入 0. 75 mL(7. 2 mmol)新蒸馏的苯甲醛，充分混匀后，35～40℃微热，有白色或浅黄色结晶析出，待析晶完全后，抽滤，用水洗涤。粗产品用 80%的乙醇重结晶，烘干，称重，计算产率。

【附注】

[1]苯甲醛在氰化钠或氰化钾的作用下，在乙醇中加热回流，两分子苯甲醛之间发生缩合反应，生成二苯乙醇酮，俗称安息香。因此，芳香醛的此类缩合反应一般称为安息香缩合反应。

[2]维生素 B_1 是一种辅酶，又称硫胺素、硫胺或噻胺，市售品为其盐酸盐，其生理作用主要是使 α-酮酸脱羧以及形成偶姻(α-羟基酮)。维生素 B_1 催化安息香缩合的反应历程如下：

(1)维生素 B_1 在碱的作用下，噻唑环上的碳负离子与邻位氮正原子形成一个稳定的两性离子叶立德(Ylid)。

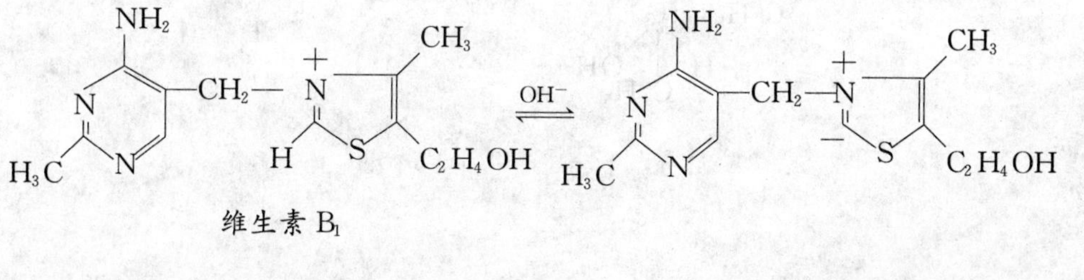

维生素 B_1

(2)噻唑环上的碳负离子对苯甲醛的羰基进行亲核加成反应,形成烯醇加合物。

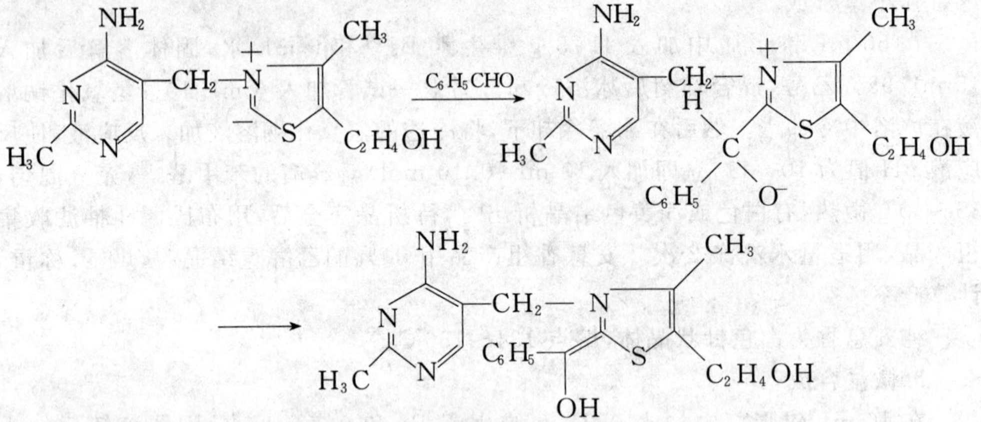

(3)烯醇加合物与另一分子苯甲醛反应,生成一个新的辅酶加合物。

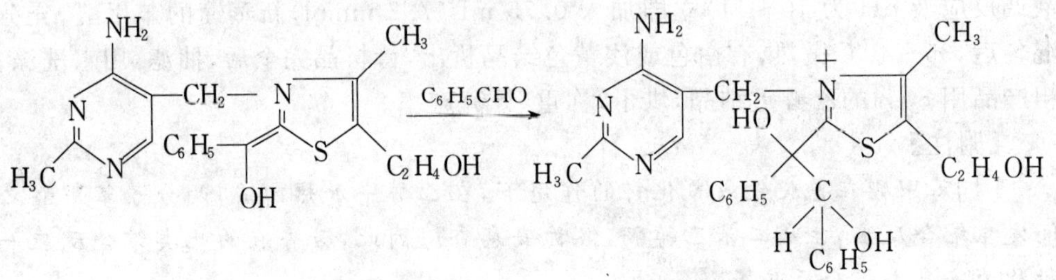

(4)辅酶加合物离解为安息香,辅酶复原。

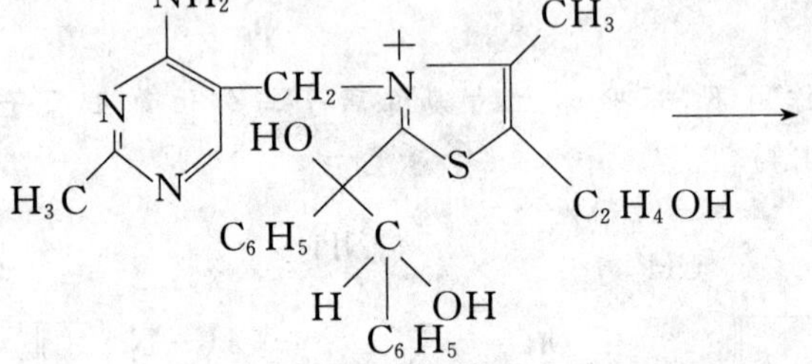

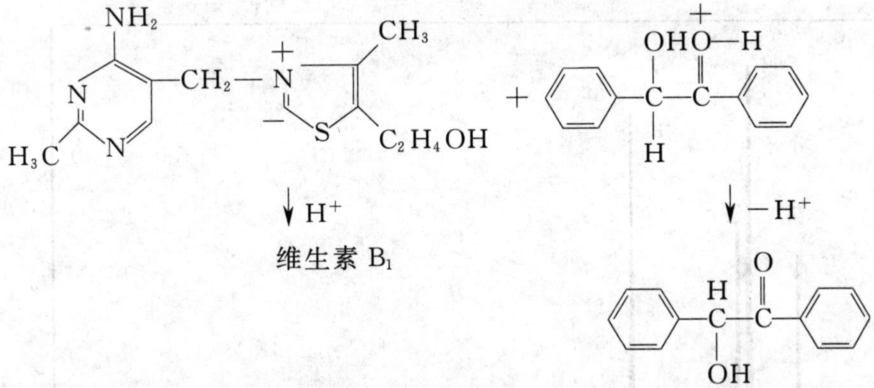

[3]维生素 B_1 易吸水，受热易变质，应保存在冰箱中。酸性条件下稳定，但在碱性条件下噻唑环易开环失效，因此，维生素 B_1 与氢氧化钠溶液在反应前必须用冰浴充分冷却。

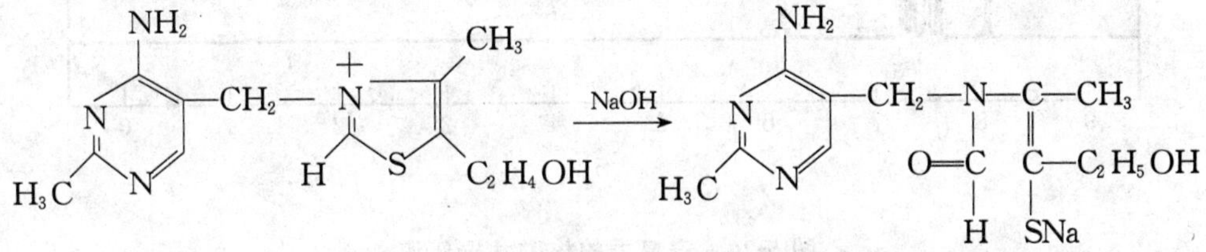

[4]苯甲醛的注解见“5.8 苄叉丙酮和二苄叉丙酮的制备”的附注[2]。

[5]若无晶体析出，可加少量固体做晶种或用玻棒摩擦瓶壁。

[6]若产品呈黄色，可加少量活性炭脱色。

【附图】

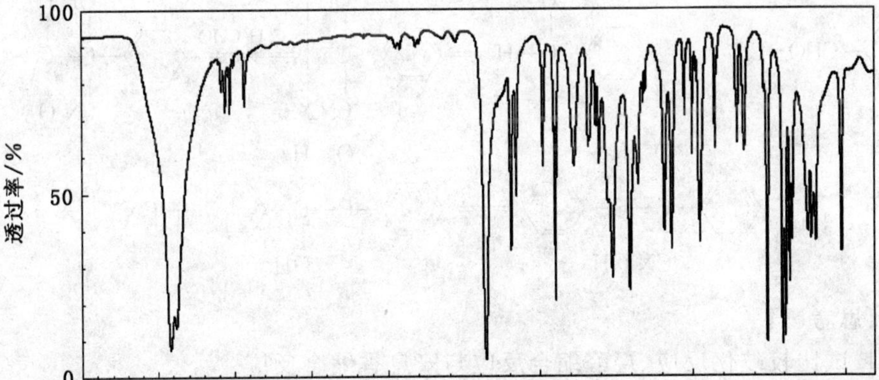

图 5-23　安息香的红外光谱

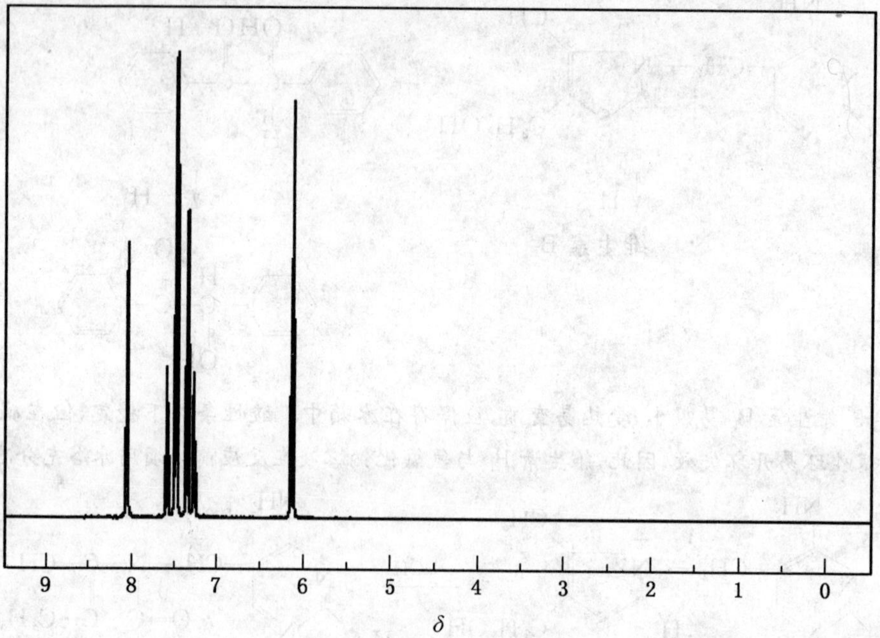

图 5-24 安息香的核磁共振氢谱

【其他制备方法】

安息香(二苯乙醇酮)的合成也可用氰化钠或氰化钾催化完成,反应机理如下:

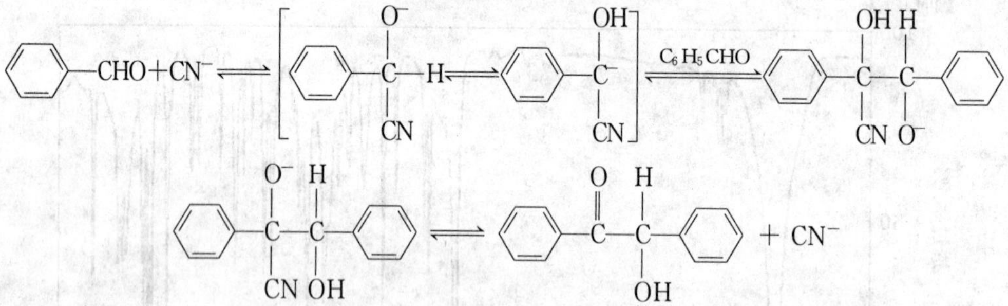

【思考题】

1. 试比较歧化反应、羟醛缩合反应与安息香缩合反应。

2. 氢氧化钠在本实验中有什么作用?溶液 pH 值过低对该反应有何影响?

5.11　己二酸的绿色合成 Green Synthesis of Adipic Acid

【预习提示】

1. 复习烯烃 C═C双键氧化断裂的原理与反应条件；

2. 复习带有搅拌的回流与有机化合物的重结晶的原理与方法。

【安全提示】

1. 甲基三辛基氯化铵

具有刺激性且会伤害皮下组织，请勿接触皮肤，称量时佩戴防护手套。

2. 环己烯

具有毒性与难闻气味，避免吸入蒸气和触及皮肤，量取时需在通风橱中进行。易燃，使用时远离明火。

3. 过氧化氢

具有腐蚀性，使用时避免触及皮肤或沾到衣物上。量取时应佩戴防护手套。

【实验目的】

1. 巩固烯烃 C═C 双键氧化断裂的原理与方法；

2. 巩固带有搅拌的回流与有机化合物的重结晶等基本操作的原理与方法；

3. 增加学生的环境保护意识。

【反应式】

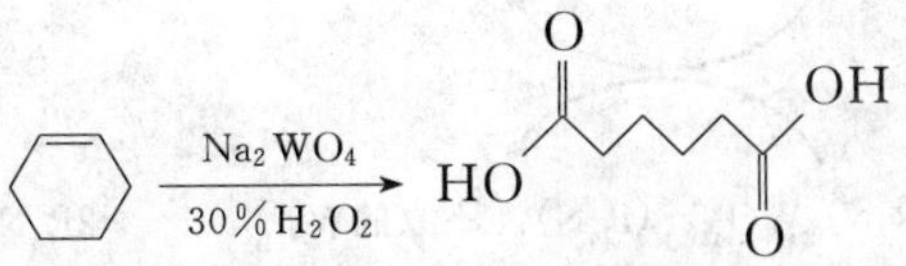

【实验试剂与仪器装置】

1. 实验试剂

钨酸钠二水合物($Na_2WO_4 \cdot 2H_2O$) 0.5 g，甲基三辛基氯化铵 0.5 g，30%过氧化氢水溶液 11.98 g，$KHSO_4$ 0.37 g，环己烯 2.0 g(0.024 mol)等。

2. 仪器装置

带有搅拌的回流装置，热过滤装置，重结晶装置等。

【实验操作步骤】

在 50 mL 三口瓶中加入 0.5 g 钨酸钠二水合物($Na_2WO_4 \cdot 2H_2O$)[1]，然后加入 0.5 g 甲基三辛基氯化铵[2]，混合均匀后加入 11.98 g 30%过氧化氢水溶液和

0.37 g $KHSO_4$。最后在搅拌下加入 2.0 g 环己烯。三口瓶一侧口装温度计,另一侧口用玻璃塞封闭,中口装回流冷凝管。剧烈搅拌下加热回流 1 h,在回流 30 min 后,用 5 mL 水冲洗黏在球形冷凝器上的环己烯。间歇停止搅拌,观察反应液是否分层,当不再分层时,表示反应已经基本完全,停止反应[5]。

反应液稍冷后,用滴管将反应混合物转移至小烧杯,留下已分开的相转移催化剂,烧杯外用冰浴快速冷却。抽滤,烘干后得己二酸粗产品。用适量水重结晶,烘干,称重,计算产率。

纯己二酸为无色单斜晶体,熔点 153～154℃。

【附注】

[1]钨酸钠催化下,用过氧化氢氧化环己烯的方法比硝酸与高锰酸钾氧化都要环保,主要由于以下两个原因:①该方法副产物只有水,而硝酸氧化会产生疑似的温室气体一氧化二氮(N_2O),并且硝酸为强氧化性酸,存在化学安全方面的危险及污染环境。高锰酸钾氧化需强碱反应,并且有固体废物 MnO_2。②钨酸钠在该反应中起催化作用,在反应过程中生成的钨又被过氧化氢氧化为钨酸钠。

[2]甲基三辛基氯化铵[$(CH_3CH_2CH_2CH_2CH_2CH_2CH_2CH_2)_3N^+CH_3Cl^-$]是一种季铵盐的氯化物,在本实验用做相转移催化剂。由于钨酸钠仅在水中溶解,环己烯不溶于水,因此,当环己烯和钨酸钠水溶液与过氧化氢混合时,混合液分为两层。为了避免使用其他溶剂而使本实验更加环保,我们采用加入相转移催化剂的方法增加钨酸钠在环己烯中的溶解性,使本反应顺利进行。

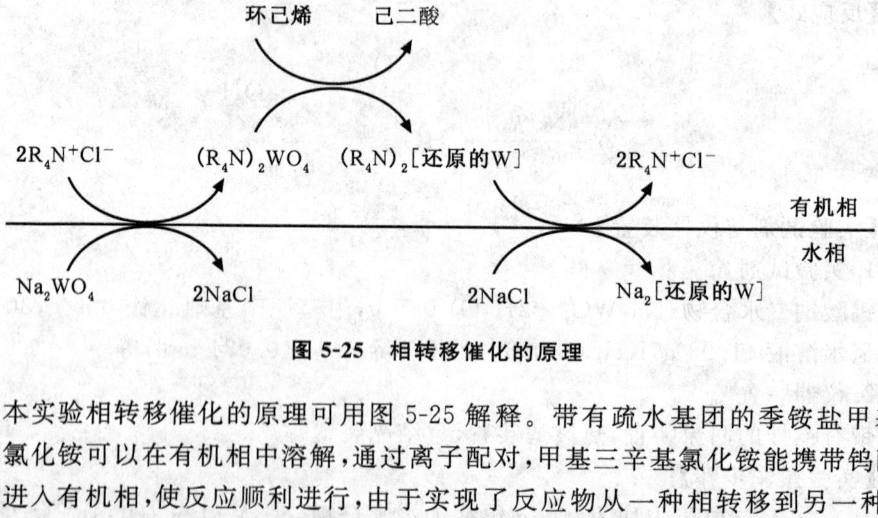

图 5-25 相转移催化的原理

本实验相转移催化的原理可用图 5-25 解释。带有疏水基团的季铵盐甲基三辛基氯化铵可以在有机相中溶解,通过离子配对,甲基三辛基氯化铵能携带钨酸根离子进入有机相,使反应顺利进行,由于实现了反应物从一种相转移到另一种相,因此这种现象称为相转移。另外,在该实验中,季铵盐可反复发挥作用,使用催化剂量的季铵盐即可使该反应顺利进行，因此反应过程可以称为相转移催化过程。

【附图】

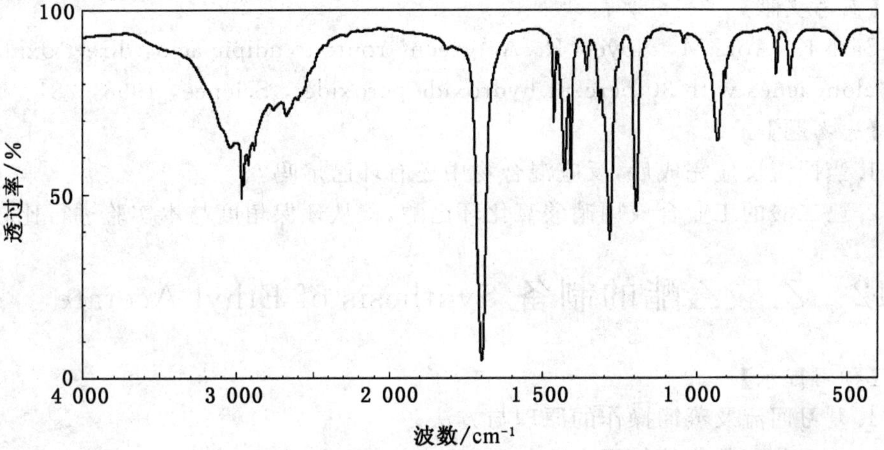

图 5-26 己二酸的红外光谱

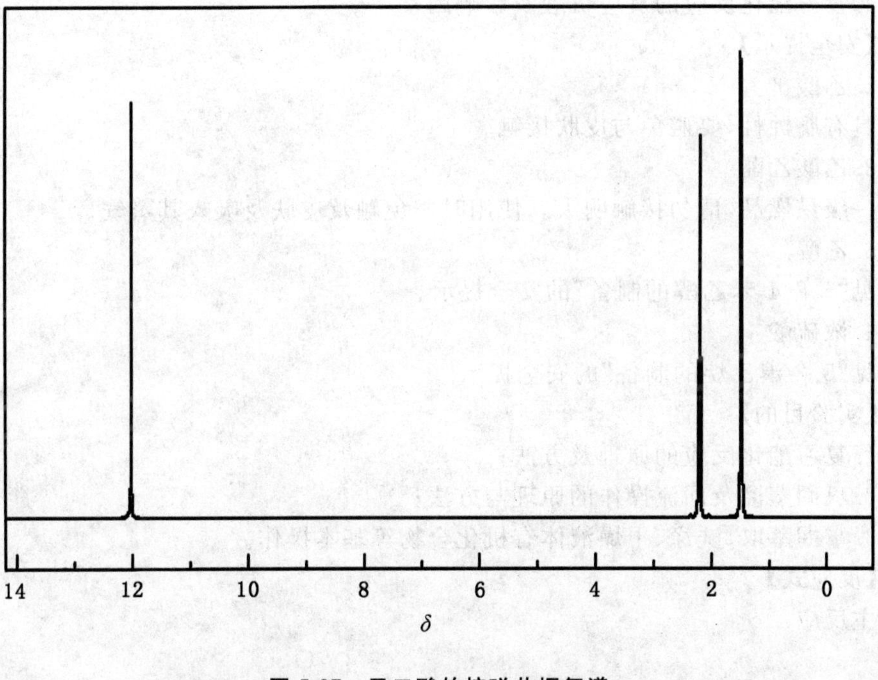

图 5-27 己二酸的核磁共振氢谱

【其他制备方法】

用硝酸氧化环己醇也可制备己二酸。

【参考文献】

Sato K, Aoki M, Noyori R. A ‘green’ route to adipic acid: direct oxidation of cyclohexenes with 30 percent hydroxide peroxide , Science, 1998, 281: 1646

【思考题】

1. 当回流反应完成后,反应混合物中还有环己烯吗?

2. 己二酸的工业合成用硝酸氧化环己醇,试从环保角度与本实验进行比较。

5.12 乙酸乙酯的制备 Synthesis of Ethyl Acetate

【预习提示】

1. 复习回流及蒸馏操作的原理与方法;

2. 复习分液漏斗的使用方法;

3. 复习液体有机化合物的干燥方法与原理;

4. 复习酯化反应的反应机理及影响因素。

【安全提示】

1. 乙酸

具有腐蚀性,要避免与皮肤接触。

2. 乙酸乙酯

一级易燃品,请勿接触明火。使用时避免触及皮肤及吸入其蒸气。

3. 乙醇

见“5.7 1-苯乙醇的制备”的安全提示。

4. 浓硫酸

见“5.2 溴乙烷的制备”的安全提示。

【实验目的】

1. 复习酯化反应的原理及方法;

2. 巩固蒸馏及回流操作的原理与方法;

3. 掌握萃取、洗涤、干燥液体有机化合物等基本操作。

【反应式】

主反应:

$$CH_2COOH + CH_3CH_2OH \underset{\text{加热回流}}{\overset{H_2SO_4}{\rightleftharpoons}} CH_3\overset{\overset{\displaystyle O}{\|}}{C}OCH_2CH_3 + H_2O$$

副反应：

$$2CH_3CH_2OH \xrightarrow[140\sim150℃]{浓\ H_2SO_4} CH_3CH_2OCH_2CH_3 + H_2O$$

【实验试剂与仪器装置】

1. 实验试剂

冰乙酸，乙醇，浓硫酸，饱和碳酸钠水溶液，饱和氯化钠水溶液，饱和氯化钙水溶液，无水硫酸钠等。

2. 仪器装置

普通回流装置，普通蒸馏装置，分液漏斗等。

【实验操作步骤】

1. 小量合成

在 100 mL 圆底烧瓶中加入 7.5 mL(0.13 mol)冰乙酸，12 mL(0.21 mol)乙醇[1]，不断振摇下缓慢加入 4 mL(0.073 mol)浓硫酸[2]，混合均匀后加入 2～3 粒沸石，安装回流冷凝管，加热回流 30 min。回流完毕后冷却，改为蒸馏装置，蒸馏，收集沸点低于 80℃的馏分，得到粗乙酸乙酯。

搅拌下向粗乙酸乙酯中滴加饱和碳酸钠水溶液，有二氧化碳气体产生，直至酯层不显酸性[3]。将混合液小心倒入分液漏斗，分出下部水层，酯层先用 10 mL 饱和氯化钠水溶液洗涤[4]，然后用 20 mL 饱和氯化钙水溶液分 2 次洗涤[5]，分出下层氯化钙水溶液。将乙酸乙酯由分液漏斗上口倒入干燥的具塞锥形瓶中，加入适量无水硫酸钠干燥 1～2 h[6]，间歇振摇锥形瓶。将干燥后的乙酸乙酯滤入干燥的蒸馏烧瓶中，加入沸石，缓慢加热蒸馏，收集 73～78℃的馏分。

纯乙酸乙酯为无色液体，沸点 77.1℃，d_4^{20} 0.900 3，n_D^{20} 1.3723。

2. 微量合成

在 5 mL 圆底烧瓶中加入 0.86 mL(15 mmol)冰乙酸，1.0 mL(17 mmol)乙醇，振摇下缓慢加入 0.3 mL(5.6 mmol)浓硫酸，加入 1 粒沸石，装上微型回流冷凝管，加热回流 30 min。停止加热，稍冷却后，取下回流冷凝管，装上微型蒸馏头，加热蒸馏，得粗乙酸乙酯。

用毛细管吸出馏出液，置于 3 mL 具塞离心试管中，搅拌下向粗乙酸乙酯中滴加饱和碳酸钠水溶液，直至不再有二氧化碳气体产生。静置分层后，用毛细滴管吸去下层水相，酯层依次用 0.2 mL 饱和氯化钠水溶液、0.2 mL 饱和氯化钙水溶液和 0.2 mL 蒸馏水洗涤[7]，无水硫酸钠干燥后蒸馏，收集 73～78℃的馏分。

【附注】

[1]在酯化反应中，酸过量还是醇过量主要取决于原料来源的难易程度、价格、毒性以及操作是否方便等诸多因素。

[2]3%的浓硫酸即可催化酯化反应，本实验浓硫酸用量稍多，由于其脱水作用可以使该可逆反应平衡右移，提高酯的产率。

[3]加入饱和碳酸钠水溶液可以去除粗乙酸乙酯中的乙酸。使红石蕊试纸变蓝视为碱性。

[4]饱和氯化钠水溶液洗涤的目的是去除酯中的碳酸钠，若碳酸钠除不尽，将和氯化钙形成碳酸钙沉淀，影响纯化操作。此处亦可用水洗涤，但由于乙酸乙酯在水中有一定的溶解度，使用饱和氯化钠水溶液洗涤可以降低乙酸乙酯在水中的溶解度，减少酯的损失。

[5]饱和氯化钙水溶液洗涤的目的是去除酯中残余的乙醇。

[6]乙酸乙酯和水形成的二元共沸物(含水 8.1%)沸点 70.4℃；乙酸乙酯与乙醇形成的二元共沸物(含乙醇 31.0%)沸点 71.8℃；乙酸乙酯与水、乙醇形成的三元共沸物(含水 9.0%，含乙醇 8.4%)沸点 70.2℃。若在重蒸前不把乙酸乙酯中的水与乙醇除尽，蒸馏时就会有较多的前馏分。

[7]用毛细滴管向液体挤入空气搅拌，进行微型洗涤。

【附图】

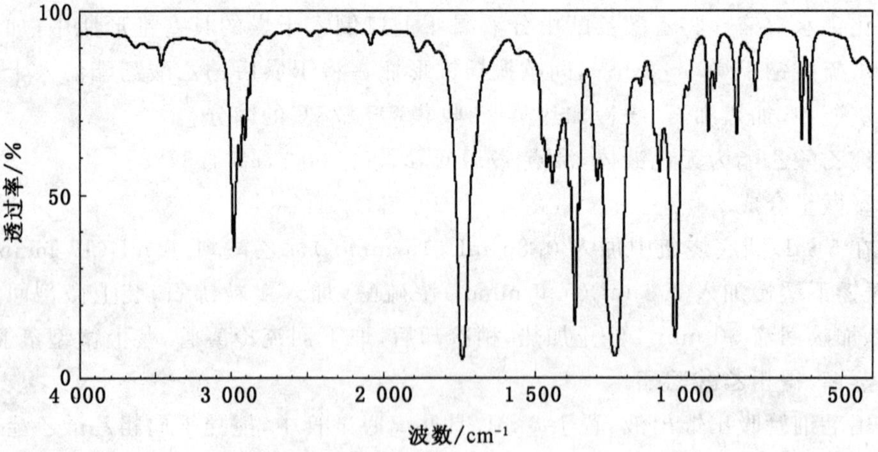

图 5-28 乙酸乙酯的红外光谱

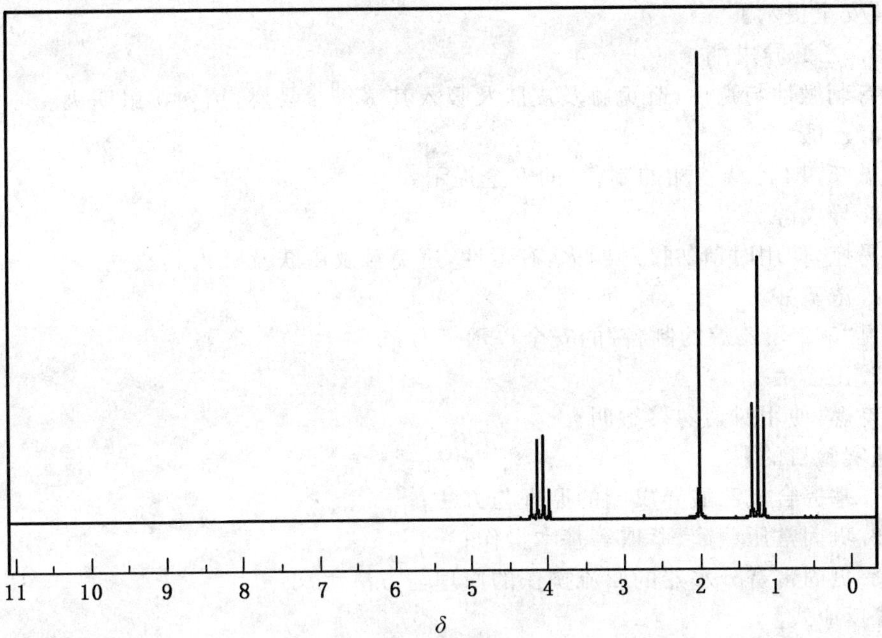

图 5-29　乙酸乙酯的核磁共振氢谱

【其他制备方法】

乙酸乙酯也可由乙醇与乙酸酐反应制备，或由碘乙烷和醋酸钠反应制备。乙醇与乙酸的其他酯进行酯交换反应亦可得到乙酸乙酯。

【思考题】

1. 酯化反应有何特点？本实验采取什么措施使反应向生成物方向进行？

2. 本实验粗产品纯化时能否用氢氧化钠水溶液代替饱和碳酸钠水溶液？

3. 本实验中为什么用饱和氯化钠水溶液洗涤粗产品？能否用水代替？

5.13　乙酸异戊酯的制备 Synthesis of Isoamyl Acetate

【预习提示】

1. 复习制备乙酸异戊酯的原理；

2. 复习常压蒸馏、萃取等基本操作；

3. 复习带有分水器的回流操作的原理与方法。

【安全提示】

1. 乙酸异戊酯

有刺激性与毒性，避免触及皮肤及吸入其蒸气。易燃，请勿接触明火。

2. 乙酸

见“5.12 乙酸乙酯的制备”的安全提示。

3. 异戊醇

易燃，使用时请勿接触明火，有毒性，避免触及皮肤及吸入其蒸气。

4. 浓硫酸

见“5.2 溴乙烷的制备”的安全提示。

5. 正己烷

易燃，使用时请勿接触明火。

【实验目的】

1. 掌握合成乙酸异戊酯的原理与方法；

2. 巩固常压蒸馏、萃取等基本操作；

3. 巩固带有分水器的回流操作的原理与方法。

【反应式】

$$CH_3COOH + (CH_3)_2CHCH_2CH_2OH \xrightleftharpoons{H_2SO_4} CH_3\overset{\overset{O}{\|}}{C}OCH_2CH_2CH(CH_3)_2 + H_2O$$

【实验试剂与仪器装置】

1. 实验试剂

异戊醇 9 mL(0.083 mol)，冰醋酸 6 mL(0.11 mol)，浓硫酸 0.9 mL，无水硫酸镁，5% $NaHCO_3$ 水溶液，红石蕊试纸，NaCl 饱和水溶液等。

2. 仪器装置

带有分水器的回流装置，蒸馏装置等。

【实验操作步骤】

在 100 mL 圆底烧瓶中，加入 9 mL(0.083 mol)异戊醇和 6 mL(0.11 mol)冰醋酸，混合均匀。振摇下缓慢滴入 0.9 mL 浓硫酸[1]，最后加入 35 mL 正己烷。摇匀后加入 2～3 粒沸石。装上连有回流冷凝管的分水器[2]，小火加热回流。当不再蒸出水时，停止反应[3]。

把反应液小心转移至分液漏斗，用 35 mL 水洗涤，分去水层，将有机相用适量 5%碳酸氢钠溶液洗至中性[4]，最后用 8 mL 饱和氯化钠水溶液洗涤[5]，用无水硫酸镁干燥。过滤，蒸馏回收环己烷，然后收集 138～142℃的馏分。称重，计算产率。

纯乙酸异戊酯为无色液体，沸点为 142.5℃，n_D^{20} 1.400 3。

【附注】

[1]浓硫酸与有机物必须混合均匀，否则，加热时会使有机物炭化，溶液发黑。

[2]环己烷和水可形成低沸点的二元共沸物，故本实验所生成的水不断被环己烷带出，冷凝后聚集在分水器的下方。

[3]当反应基本完成时蒸出 1.5～2.2 mL 水，需 1.5～2 h。

[4]该步洗涤最好在锥形瓶中进行，用红石蕊试纸测定混合液的酸碱性。

[5]用饱和氯化钠水溶液洗涤可降低酯在水中的溶解度，减少产物的损失。

【其他制备方法】

由乙酰氯或乙酸酐与异戊醇反应亦可合成乙酸异戊酯。

【思考题】

1. 酯化反应是可逆反应，本实验如何提高酯的产率？

2. 试分析本实验中各步洗涤的作用。

【附图】

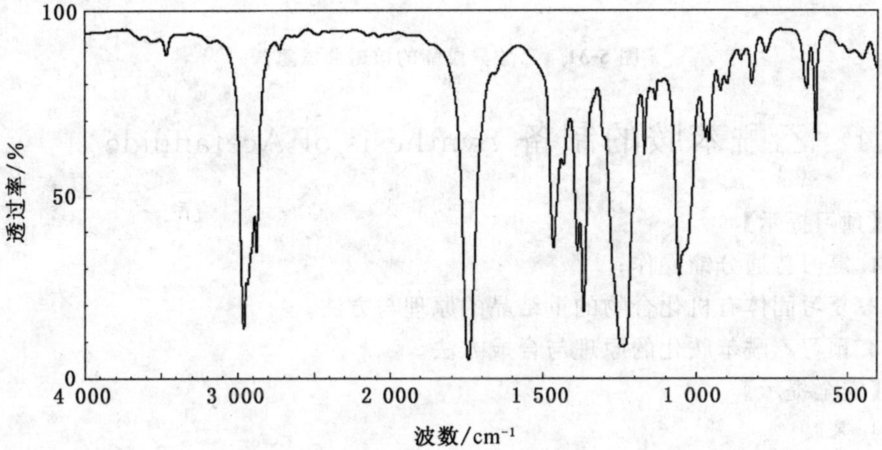

图 5-30　乙酸异戊酯的红外光谱

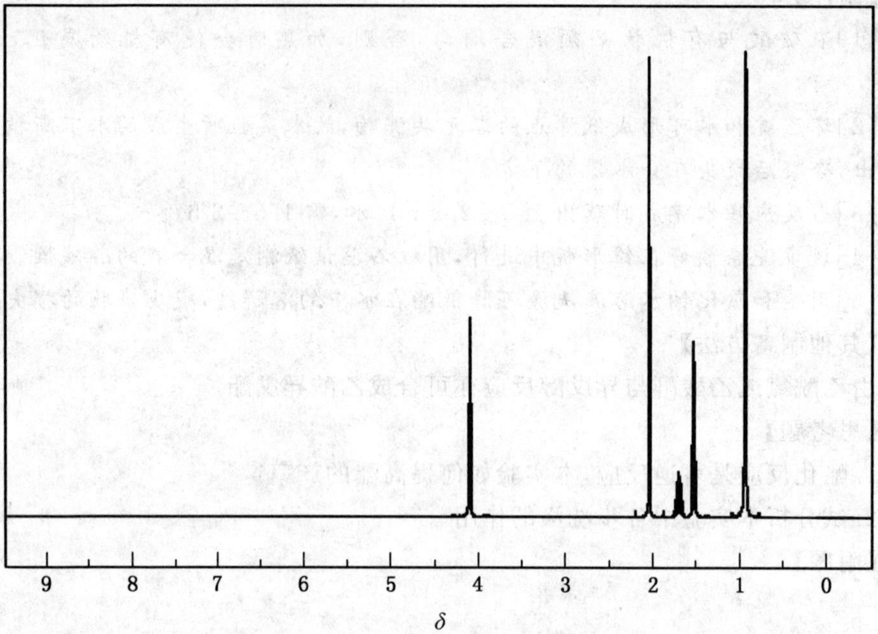

图 5-31 乙酸异戊酯的核磁共振氢谱

5.14 乙酰苯胺的制备 Synthesis of Acetanilide

【预习提示】

1. 复习普通分馏操作；

2. 复习固体有机化合物的重结晶的原理与方法；

3. 预习乙酰苯胺化的原理与合成方法。

【安全提示】

1. 苯胺

本品有毒，避免吸入蒸气或与皮肤接触。量取苯胺需在通风橱内进行。

2. 乙酸

见“5.12 乙酸乙酯的制备”的安全提示。

3. 乙酰苯胺

毒性比苯胺稍弱，进入人体后生成高铁血红蛋白，刺激中枢神经，引起皮炎，应避免与皮肤接触。

【实验目的】

1. 掌握苯胺乙酰化反应的原理和实验操作；

2. 巩固重结晶法提纯固体有机化合物的原理和方法；

3. 巩固常压分馏的原理与操作方法。

【反应式】

【实验试剂与仪器装置】

1. 实验试剂

苯胺，冰醋酸，锌，水等。

2. 仪器装置

蒸馏装置，分馏装置，重结晶装置等。

【实验操作步骤】

1. 小量合成

在 50 mL 圆底烧瓶中加入 5 mL(0.055 mol)新蒸馏的苯胺[1]，7.5 mL (0.13 mol)冰醋酸[2]与 0.1 g 锌粉[3]，安装分馏装置[4]，蒸馏头支管直接与接收管相连，用三角瓶或试管收集馏出液。小心加热烧瓶保持反应物微沸约 15 min，逐渐升高反应温度，控制馏出液的沸点维持在 100～105℃[5]，大约反应 1 h 后，反应生成的大部分水及部分未反应的乙酸已被蒸出，温度计读数下降，停止反应。

在不断搅拌下，趁热将反应混合液倒入盛有 100 mL 冷水的烧杯中，立即有白色固体析出，充分冷却后抽滤，用 5～10 mL 冷水洗涤除去残留的乙酸。粗乙酰苯胺用约 100 mL 水进行重结晶[6]，将纯化后的乙酰苯胺置于干燥的表面皿上烘干，称重，计算产率。

纯乙酰苯胺为白色片状结晶，熔点 113～114℃。

2. 微量合成

在 5 mL 圆底烧瓶中加入 0.13 mL(1.4 mmol)新蒸馏的苯胺，0.19 mL (3.3 mmol)冰醋酸与 3 mg 锌，装上微型分馏头、温度计与回流冷凝管。小心加热至沸腾，直至反应生成的水都被蒸出[7]，当温度计读数下降，停止反应。

搅拌下，趁热将反应液倒入盛有 3 mL 冷水的小烧杯中，立即有白色固体析出，充分冷却后抽滤，用 0.05 mL 冷水洗涤。粗乙酰苯胺用水重结晶，烘干，称重，计算产率。

【附注】

[1] 苯胺为无色或淡黄色液体,易被氧化为深棕色,含有许多杂质,因此使用前必须重蒸。

[2] 常用的乙酰化试剂包括乙酰氯、冰醋酸和乙酸酐。虽然冰醋酸反应活性不如乙酰氯和乙酸酐,但其毒性较小,价格较低,实验室常用冰醋酸作乙酰化试剂。

[3] 加入锌粉可以防止苯胺氧化。

[4] 分馏柱不仅具有分馏水的作用,还具有空气冷凝管的作用。

[5] 低于100℃时,水难以蒸出;高于105℃时,醋酸蒸出太多。

[6] 水的用量应根据粗产物的量酌情增减。

[7] 由于生成的水很少,温度计读数一般为70～80℃。

【其他制备方法】

乙酰苯胺还可由盐酸苯胺与乙酸钠加热反应制备,亦可由苯胺与乙酸酐或乙酰氯反应合成。

【思考题】

1. 本反应为什么要控制分馏柱顶端温度在100～105℃?

2. 用苯胺作原料进行苯环上的一些取代时,为什么常常要先进行酰化呢?

3. 本实验为提高产率,采用了哪些措施?

4. 根据理论计算,微量合成乙酰苯胺的反应产生多少毫升水?为什么实际收集的液体远多于理论值?

【附图】

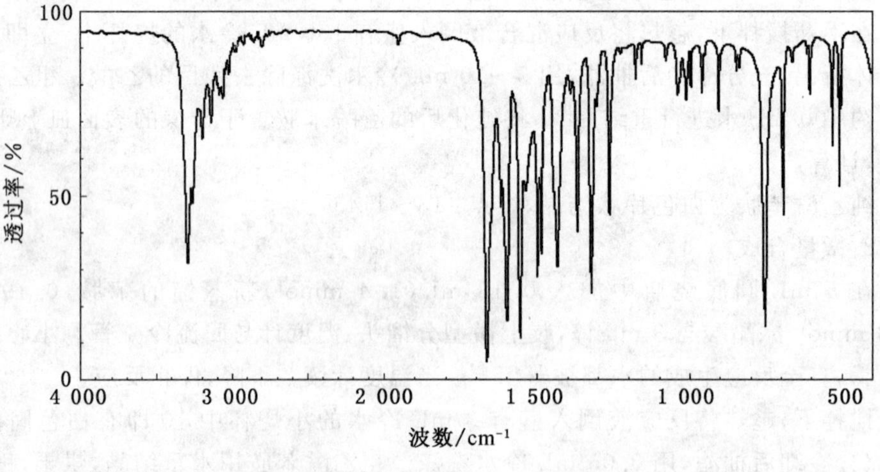

图5-32 乙酰苯胺的红外光谱

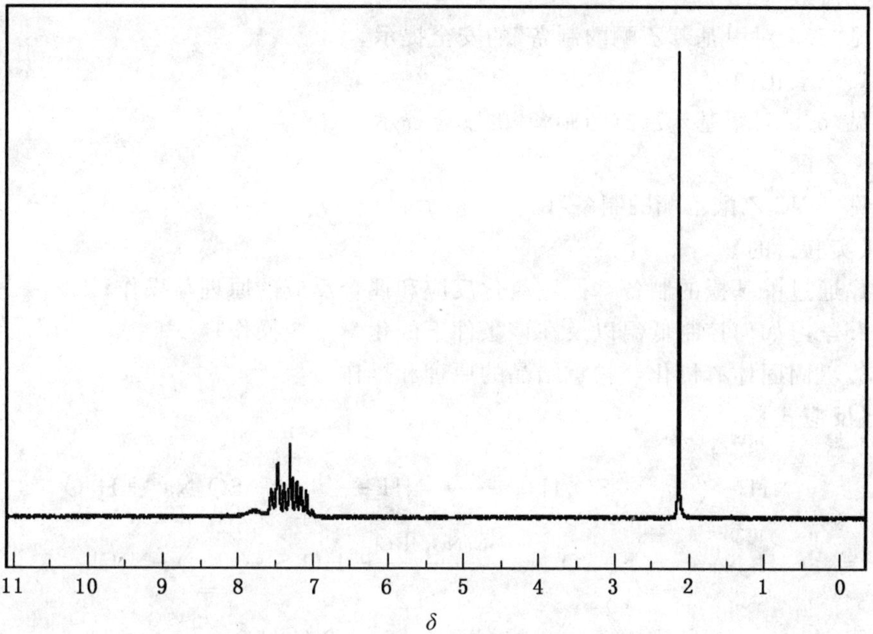

图 5-33　乙酰苯胺的核磁共振氢谱

5.15　甲基橙的制备 Synthesis of Methyl Orange

【预习提示】

1. 预习重氮盐的制备与偶合反应的操作方法；

2. 复习重氮盐的制备与偶合反应的原理以及重氮化反应中温度和酸性对反应的影响；

3. 复习固体重结晶的原理与操作。

【安全提示】

1. *N*，*N*-二甲基苯胺

剧毒并有致癌性，避免吸入蒸气或与皮肤接触。量取 *N*,*N*-二甲基苯胺需在通风橱内进行并佩带防护手套。

2. 亚硝酸钠

有致癌性，避免与皮肤接触。

3. 盐酸

见“5.5 对甲基苯乙酮的制备”的安全提示。

4. 氢氧化钠

见“5.5 对甲基苯乙酮的制备”的安全提示。

5. 乙酸

见“5.12 乙酸乙酯的制备”的安全提示。

【实验目的】

1. 通过甲基橙的制备掌握重氮化反应和偶合反应的原理与操作；

2. 学习如何控制低温以及在该条件下的化学反应操作；

3. 巩固固体有机化合物重结晶的原理和操作。

【反应式】

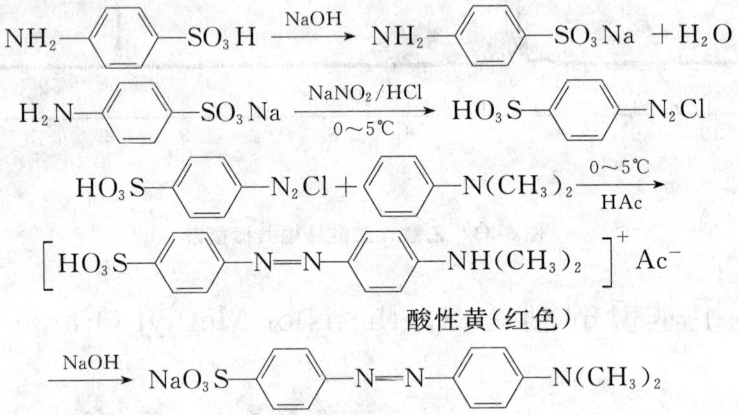

酸性黄(红色)

甲基橙(橙色)

【实验试剂与仪器装置】

1. 实验试剂

对氨基苯磺酸 1.73 g(0.01 mol)，5% 氢氧化钠水溶液，10% 亚硝酸钠水溶液 7 mL(0.01 mol)，浓盐酸 3 mL，*N*,*N*-二甲基苯胺 1.3 mL(1.2 g，0.01 mol)，冰醋酸 1 mL，石蕊试纸，刚果红试纸，淀粉-碘化钾试纸等。

2. 仪器装置

重结晶装置，烧杯，试管等。

【实验操作步骤】

1. 对氨基苯磺酸重氮盐的合成(重氮化反应)

在 100 mL 烧杯中加入 1.73 g(0.01 mol)对氨基苯磺酸，再加入 10 mL 5% 氢

氧化钠水溶液，用石蕊试纸检验溶液呈碱性[1]。搅拌下用小火加热使之溶解，然后加入 7 mL(0.01 mol)10% 亚硝酸钠水溶液，混合均匀后放入冰水浴中冷却至 0～5℃。在另一烧杯中加入 3 mL 浓盐酸和 10 g 碎冰，也放入冰水浴中冷却至 0～5℃。搅拌下将对氨基苯磺酸钠与亚硝酸的混合液缓慢倒入冰冷的盐酸溶液中，用石蕊试纸或刚果红试纸检验，始终保持反应为酸性[2]，并且控制反应温度低于 5℃[3]。混合液在冰水浴中继续反应 15 min，反应完成后，有白色的重氮盐晶体生成[4]，用淀粉-碘化钾试纸检验溶液中有无过量的亚硝酸[5]。

2. 甲基橙的合成(偶合反应)

在试管中加入 1.3 mL (0.01 mol) *N*,*N*-二甲基苯胺和 1 mL 冰醋酸，混合均匀后置于冰水浴中冷却到 5℃ 左右，搅拌下将此溶液缓慢滴入对氨基苯磺酸重氮盐的冷溶液中。继续搅拌反应 10 min，使反应完全。然后搅拌下缓慢加入 5% 氢氧化钠水溶液，直至产物变为橙色，此时反应液为碱性。粗甲基橙为橙色颗粒状沉淀。抽滤，依次用少量水、乙醇、乙醚洗涤[6]，低温烘干[7]，称重，计算产率。若要得到较纯的甲基橙，可用水重结晶。每 1 g 甲基橙加入 20～25 mL 沸水制成接近饱和的溶液，热过滤后冷却，使甲基橙充分析出，抽滤，用乙醇洗涤产品，低温烘干。

纯甲基橙为橙色片状结晶，没有确定的熔点。

【附注】

[1] 对氨基苯磺酸是两性化合物，以内盐形成存在，难溶于水和无机酸，但由于其酸性比碱性强，可以与碱作用成盐，使对氨基苯磺酸溶于水中。

[2] 重氮化反应中，为了使亚硝酸钠分解产生亚硝酸，使重氮化反应顺利进行，必须使反应液保持酸性。

$$HCl + NaNO_2 \xrightarrow{0\sim5℃} HNO_2 + NaCl$$

另外，在酸性条件下对氨基苯磺酸钠生成对氨基苯磺酸以固体形式析出，立即与亚硝酸作用，生成粉末状的重氮盐。

[3] 重氮化反应中，严格控制温度很重要，反应温度高于 5℃ 则生成的重氮盐易水解为相应的酚，降低产率。因此，制备好的重氮盐应保存在冰水浴中备用。

[4] 由于重氮盐在水中可电离，形成中性的内盐，在低温时难溶于水，因而形成细小的晶体析出。

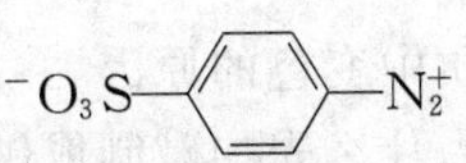

[5] 溶液中如有亚硝酸存在，可将碘化钾氧化为碘，碘遇淀粉变蓝。若试纸不

显蓝色，则需补充亚硝酸钠溶液，并充分搅拌，直至淀粉-碘化钾试纸刚好变蓝。若试纸呈现很深的蓝色，说明亚硝酸已过量，过量的亚硝酸会导致产生一些副反应，如与 *N*,*N*-二甲基苯胺作用生成亚硝基化合物或肟等副产物，可加少量尿素分解除去过量的亚硝酸钠。

$$H_2N-\overset{\overset{\displaystyle O}{\|}}{C}-NH_2 + HNO_2 \longrightarrow CO_2 + N_2 + H_2O$$

[6] 用乙醇与乙醚洗涤粗产品的目的是使产品快速干燥。

[7] 粗甲基橙呈碱性，温度稍高时易使产物变质，颜色变深，湿的甲基橙受日光照射，亦会颜色变深，通常在 65～75℃烘干。

【其他制备方法】

在对氨基苯磺酸和 *N*,*N*-二甲基苯胺的混合液中直接加入亚硝酸钠水溶液，也可制备甲基橙。

【附图】

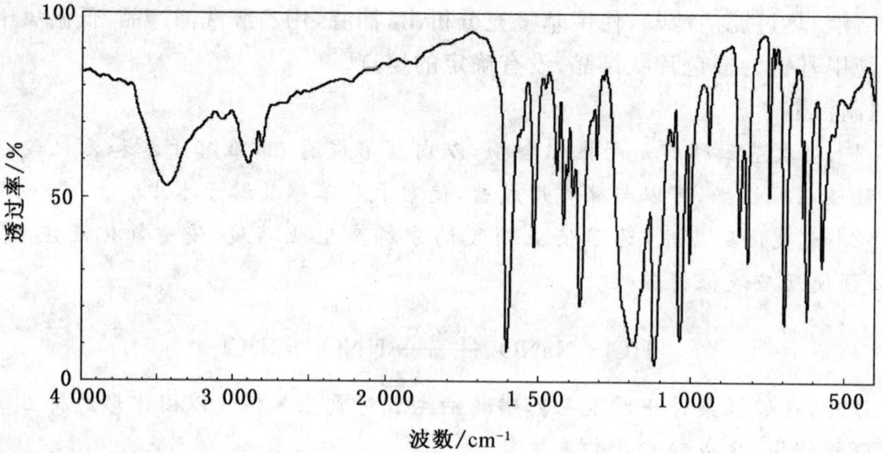

图 5-34　甲基橙的红外光谱

【思考题】

1. 本实验中重氮盐的制备为什么要控制在 0～5℃中进行？偶合反应为什么要在弱酸介质中进行？

2. 试解释甲基橙在酸碱介质中变色的原因，并用反应式表示之。

3. 对氨基苯磺酸重氮化前为什么先加碱制成钠盐？

4. 本次实验总计排放了多少液体废物和固体废物？试设计治理方案。

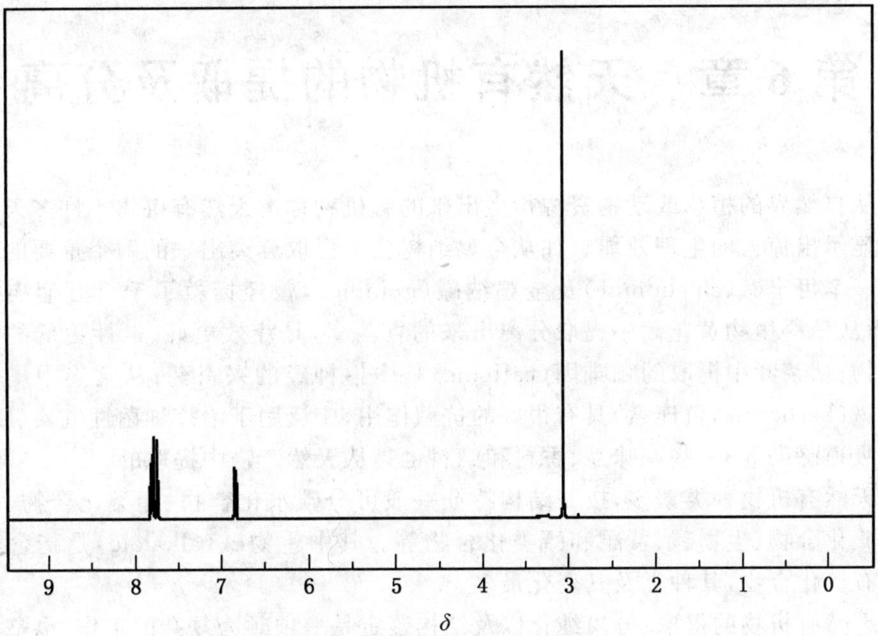

图 5-35　甲基橙的核磁共振氢谱

第6章　天然有机物的提取及分离

从自然界的植物或动物资源衍生出来的有机物称为天然有机物。许多天然有机物显示出惊人的生理效能。如从金鸡纳树皮中提取分离出来的两个重要的生物碱——辛可宁碱(cinchonine)及金鸡纳碱(guinine),曾经拯救了千百万疟疾病患者;而从菊科植物黄花蒿中提取分离出来的青蒿素,是疗效更好、毒性更低的抗疟疾药物;从茶叶中提取的咖啡因(caffeine)是中枢神经的兴奋药;从黄连中提取的小檗碱(berberine,黄连素)具有很好的抗菌作用,广泛用于治疗细菌性痢疾、肠炎、上呼吸道感染等;一些调味品、香料和染料也是从天然产物中提取的。

天然有机物种类繁多,按其结构特征一般可分碳水化合物、脂类化合物、萜类和甾族化合物、生物碱、黄酮和醌类化合物等。其中生物碱(alkaloid)是指含氮的碱性有机化合物,其种类及其变化最多。

天然有机物的提取、分离纯化以及结构鉴定是一项颇为复杂的工作,也是有机化学研究的重要课题。常见的提取方法是将植物捣碎,选用适当的单一溶剂或混合溶剂,采用索氏提取器(Soxhlet extractor)连续抽提,或用多次提取法反复提取。其纯化方法一般采用萃取、蒸馏、重结晶、色谱(如薄层色谱、柱色谱、气相色谱、液相色谱)等常用技术。有机物结构鉴定的经典方法同样适用于天然有机物,如对各种官能团的定性试验、熔点及沸点的测定等;此外,质谱、核磁共振谱、红外光谱、紫外光谱等波谱技术的使用已成为天然有机物结构鉴定的必要手段。

为了使学生对天然有机物的提取、分离、纯化及鉴定有一个初步的认识,本章选取了从茶叶中提取咖啡因、从黄连中提取黄连素、从绿色蔬菜中提取植物色素以及从植物中提取芦丁等实验。

6.1　从茶叶中提取咖啡因 Extraction of Caffeine from Tea

【预习提示】

1. 了解咖啡因的物理化学性质、提取原理和提取方法;
2. 复习蒸馏、升华、熔点测定等操作;
3. 了解索氏提取器的工作原理及使用方法。

【安全提示】

1. 乙醇

避免吸入大量蒸气；一级易燃品，请勿接近明火。

2. 索氏提取器中虹吸管的上下弯管处易破裂，需小心操作。

【实验目的】

1. 了解咖啡因的结构、学习其提取原理及提取方法。

2. 学习索氏(Soxhlet)提取器的工作原理，掌握用索氏提取器进行固-液萃取的操作。

3. 掌握升华的原理和用升华进行固体有机化合物提纯的操作方法。

【实验原理】

咖啡因(caffeine)主要存在于咖啡豆、茶叶等植物体中，具有刺激心脏、兴奋大脑神经和利尿等作用，是中枢神经的兴奋剂，也是一些复配药物，如复方阿司匹林的组成成分。

咖啡因是嘌呤(purine)衍生物，属生物碱类。其化学名称为 1,3,7-三甲基-2,6-二氧嘌呤，其结构式为：

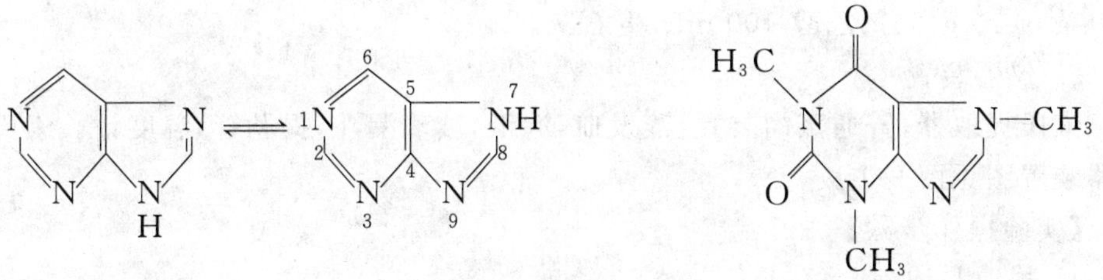

9*H*-嘌呤　　7*H*-嘌呤　　咖啡因

茶叶中含有多种生物碱，其中咖啡因约占 1%～5%，此外还含有 10%～12%的单宁酸(鞣酸)，以及 0.6%的色素、纤维素、蛋白质等。咖啡因是弱碱性化合物，易溶于氯仿(12.5%)、水(2%)、乙醇(2%)及热苯(5%)中；单宁酸易溶于水和乙醇，但不溶于苯。

含结晶水的咖啡因为无色针状晶体，味苦，能溶于水、乙醇、氯仿、丙酮等溶剂中；含水咖啡因在 100℃时可失去结晶水并开始升华，120℃时显著升华，178℃时快速升华。无水咖啡因为无色针状晶体，熔点 234.5℃。

从茶叶中提取咖啡因时，可选用氯仿、乙醇、苯等溶剂在索氏提取器中连续抽提，经脱溶浓缩后得到咖啡因粗提物；利用咖啡因升华的性质，经升华进一步提纯，以除去其他的生物碱和杂质。

为了能顺利地得到升华物，需在升华实验前，在浓缩后的提取液中加入生石灰(CaO)进行焙炒[CaO 与水结合生成 $Ca(OH)_2$]，以除去其中的水分、残余溶剂及酸性物质。

通过熔点测定、薄层色谱分析，以及红外光谱、核磁共振谱等手段鉴定咖啡因。由于无水咖啡因的熔点较高，不易测定，故可通过制备咖啡因水杨酸衍生物来确证。咖啡因作为碱可以与水杨酸作用生成水杨酸盐，该盐的熔点为 137℃。其反应式为：

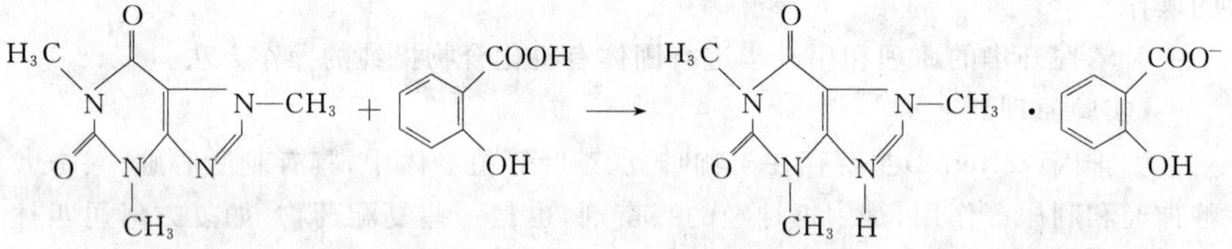

咖啡因　　水杨酸　　咖啡因水杨酸盐

【主要试剂及仪器装置】

1. 实验试剂

茶叶 10 g，95%乙醇 100 mL，生石灰。

2. 仪器装置

索氏提取器，普通蒸馏装置，蒸发皿，滤纸，玻璃漏斗，提勒管，温度计。索氏提取器装置图见图 2-9。

【实验操作步骤】

1. 提取与浓缩

(1)按图装好索氏提取器装置。称取 10 g 茶叶末，用滤纸包严[1]，形成滤纸筒，放入索氏提取器的提取筒中，滤纸筒应紧贴器壁，高度不得超过虹吸管顶端。先向提取筒中加入适量乙醇，浸泡茶叶，但应低于虹吸管；再向圆底或平底烧瓶中加入约 50 mL 乙醇和几粒沸石，水浴或加热套空气浴加热。连续回流提取 2～3 h 至提取筒中液体颜色变浅(6～8 次虹吸)。最后，在刚好完成一次虹吸后，停止加热。

(2)稍冷后改成蒸馏装置，蒸出提取液中大部分乙醇[2]。

(3)将残液倒入蒸发皿中，加入约 4 g 研碎的生石灰粉，搅成糊状，在加热套上加热蒸发、焙炒，期间应不断搅拌，并压碎块状物，务使水分全部除去。稍冷，擦去蒸发皿边上的粉末，待升华。

2.升华

将刺有很多小孔的圆形滤纸孔刺朝上[3]放在焙炒后的蒸发皿上，再取一只口径合适、颈部用棉花塞住的玻璃漏斗罩在滤纸上。用 220℃砂浴或空气浴(蒸发皿底部放石棉网)上小心加热，升华[4]。当滤纸上出现许多针状晶体时，暂停加热。自然冷却至 100℃左右，取下滤纸，小心将附在滤纸和器皿周围的晶体刮下。将残渣搅拌后再加热升华一次。合并 2 次升华物，称重、测定熔点或红外光谱法鉴定。

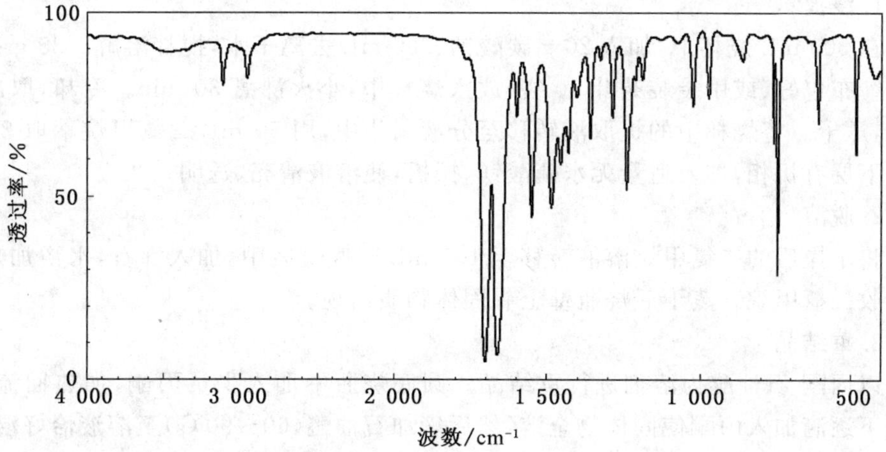

图 6-1　咖啡因的红外光谱

【附注】

[1] 滤纸筒需包严，以防浸提时茶叶漏出而堵塞虹吸管。滤纸筒的顶面应呈凹形，以利于溶剂浸泡。也可用 4～5 袋袋装茶叶代替滤纸筒。

[2] 瓶中乙醇不可蒸得太干，否则残液黏稠，转移时损失较大。必要时可加入少量乙醇稀释或洗涤。

[3] 升华时在孔刺处易结晶，孔刺朝上可防止附在孔刺上的升华物掉回蒸发皿中。

[4] 升华操作的关键是温度的控制，温度过高产物炭化，过低则不易升华。应始终使用小火间接加热，并密切观察滤纸颜色的变化，滤纸发黄则表示温度过高。

6.1.1　其他制备方法

【实验试剂与仪器装置】

1. 实验试剂

茶叶 20 g，碳酸钠 20 g，二氯甲烷 100 mL，无水硫酸镁，石油醚(60～90℃)，丙酮，甘油。

2. 仪器装置

500 mL 烧杯，分液漏斗，三角瓶，100 mL 圆底烧瓶，蒸馏装置，布氏漏斗，吸滤瓶，表面皿，提勒管，温度计。

【实验操作步骤】

1. 浸提

在 500 mL 烧杯中，加入 20 g 碳酸钠、250 mL 去离子水，搅拌溶解。25 g 茶叶末用纱布包好(或用袋装茶叶 10 袋)放入烧杯中，小火沸煮 30 min。冷却，取出茶叶包，压干。将烧杯中的提取液转移至分液漏斗中，用 50 mL 二氯甲烷萃取 2 次。合并下层有机相，加入适量无水硫酸镁，振摇，使溶液清亮、透明。

2. 脱溶

将干燥后的二氯甲烷溶液转移至 100 mL 圆底烧瓶中，加入沸石，水浴加热蒸馏回收二氯甲烷。蒸干后烧瓶壁上有固体物质出现。

3. 重结晶

以丙酮-石油醚为溶剂进行重结晶。圆底烧瓶中加入少量丙酮，加热回流，在回流下逐滴加入丙酮使固体物全溶，然后滴加石油醚(60～90℃)至溶液恰好混浊。冷却，抽滤，收集产物，干燥后称重，计算收率，测定熔点。

4. 咖啡因水杨酸盐衍生物的制备

在试管中加入 50 mg 咖啡因、37 mg 水杨酸和 4 mL 甲苯，水浴加热振摇使其溶解，加入约 1 mL 石油醚(60～90℃)使溶液恰好混浊，在冰浴中冷却结晶。必要时用玻璃棒摩擦试管壁。过滤，收集产物，测定熔点。纯盐的熔点为 137℃。

6.1.2 微型实验方法

【主要试剂及仪器】

1. 实验试剂

茶叶 1 g，碳酸钠，四氯化碳，无水硫酸钠。

2. 仪器装置

50 mL 烧杯，表面皿，分液漏斗，微型层析柱，10 mL 圆底烧瓶，微型蒸馏头，真空冷指，加热套。

【实验操作步骤】

1. 提取

在 50 mL 烧杯中加入 1.0 g 碳酸钠、10 mL 水和 1 g 茶叶末，盖上表面皿，微沸 30 min。趁热减压抽滤，并挤压茶叶。用 1 mL 热水洗涤烧杯 2 次，滤液转移至分液漏斗中。用 2 mL 二氯甲烷萃取 3～4 次[1]。合并萃取液。在一个颈口塞了一小团棉花的小玻璃漏斗内加入适量无水硫酸钠(干燥剂),通过该漏斗将萃取液转移至 10 mL 干燥的圆底烧瓶中,并用 1~2 mL 二氯甲烷洗涤干燥剂(流至烧瓶内的液体应是清亮透明的)。烧瓶内加 2 粒沸石,装上微型蒸馏头,水浴加热回收二氯甲烷,并用水泵抽干。此时,瓶内出现的白色固体物质应为咖啡因的粗提物。

2. 升华

取下蒸馏头,换上真空冷指,接上冷凝水和水泵减压。小心加热蒸馏瓶,直至升华物冷凝在真空冷指上。升华完毕,小心取下真空冷指,刮下冷指上白色针状结晶。

【附注】

萃取时需小心振摇,否则,两相间可能会出现乳化层而造成分液困难。乳化层通过干燥剂后可被破坏。

【参考文献】

1. 兰州大学,复旦大学化学系有机化学教研室. 有机化学实验. 2 版. 北京:高等教育出版社,1994

2. 高占先. 有机化学实验. 4 版. 北京:高等教育出版社,2004

【思考题】

1. 一般纯化固体有机化合物的方法有哪些? 试指出它们的适用性。

2. 用索氏提取器提取比一般的浸泡萃取有哪些优越性?

3. 两种提取方法中的生石灰和碳酸钠各起什么作用?

4. 其他制备方法中回收二氯甲烷时,馏出液为何出现混浊现象?

6.2　从黄连中提取小檗碱 Extraction of Berberine from *Coptis chinensis* Franch

【预习提示】

1. 预习小檗碱的化学结构、物理化学性质,了解提取和纯化原理;

2. 复习回流、抽滤、蒸馏、重结晶等操作方法。

【安全提示】

1. 乙醇

避免吸入其大量蒸气。一级易燃品,请勿接近明火。

2. 乙酸

中等毒性,强腐蚀性,应避免与皮肤接触或吸入其蒸气,应在通风橱中量取并戴防护手套。

3. 浓盐酸

强腐蚀性,避免与皮肤接触,量取时应带防护手套。

4. 丙酮

有毒，避免吸入或摄入。一级易燃品，禁止接近明火。

【实验目的】

1. 学习从中草药中提取生物碱的原理和方法；

2. 熟悉固液提取的装置及方法。

【实验原理】

黄连（*Coptis chinensis* Franch）为多年生草本植物，是我国特产中药材之一，具有较强的抗菌、止泻能力，对急性细菌性痢疾、急性结膜炎、口疮等均有较好的疗效。黄连中含有多种生物碱，小檗碱（也称黄连素，berberine）是其中的主要活性成分，其含量约占生物碱总量的4%～10%。含小檗碱的植物很多，如黄柏、三颗针、伏牛花等均可作为提取小檗碱的原料，但以黄连和黄柏中的含量最高。

纯净小檗碱是黄色针状晶体，熔点145℃，微溶于冷水(5%)，易溶于热水和热乙醇。小檗碱的盐酸盐、氢碘酸盐均难溶于冷水，易溶于热水，但其硫酸盐在水中的溶解度较大。可利用此性质对其进行重结晶。自然界中小檗碱多以季铵碱的形式存在，但作为药品使用时常以其盐酸盐的形式存在。

提取分离的原理为先用热乙醇提取，提取液浓缩后，通过加入稀醋酸溶液除去酸不溶物，再滴加盐酸制成盐酸小檗碱，使其以晶体形式析出，即可得到带结晶水的盐酸小檗碱。经石灰乳处理，即可得到纯净的小檗碱。

小檗碱可被硝酸等氧化剂氧化，生成樱红色的氧化小檗碱；在强碱如氢氧化钠溶液中则可部分转变为橙色的醛式小檗碱，后者与丙酮作用，可得到丙酮小檗碱黄色固体缩合产物。这些化学性质可用于小檗碱（或其盐酸盐）的鉴定。

小檗碱不同形式的结构式如下：

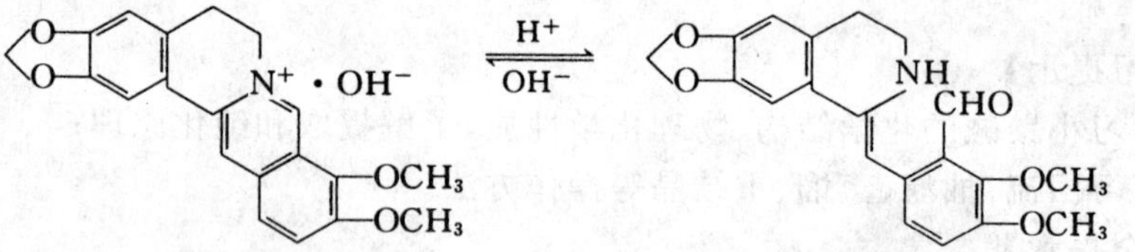

小檗碱(季铵碱式)　　　　　　(醛式)

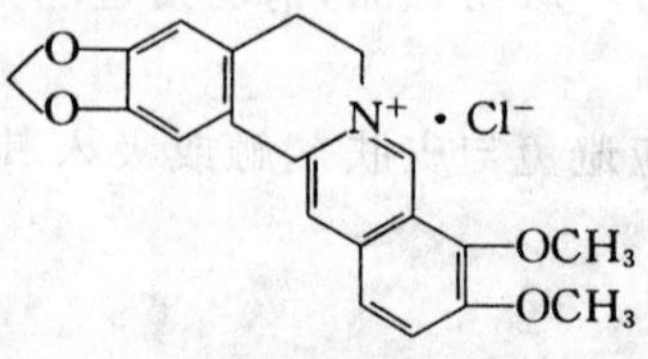

盐酸小檗碱

【主要试剂及仪器装置】

1. 实验试剂

黄连，95％乙醇，浓盐酸，质量分数为 10％的乙酸水溶液，丙酮，石灰乳。

2. 仪器装置

250 mL 圆底烧瓶，回流装置，蒸馏装置，抽滤装置，微量法熔点测定装置等。

【实验操作步骤】

1. 提取

称取 10 g 研细的黄连于 250 mL 圆底烧瓶中，加入 100 mL 95％乙醇，安装回流冷凝管，水浴加热回流 40 min[1]，再静置浸泡 1 h。抽滤，残渣用少量 95％乙醇洗涤 2 次[2]。

2. 浓缩

合并滤液于 250 mL 圆底烧瓶中，安装蒸馏装置，水浴加热蒸馏回收乙醇（或用旋转蒸发仪脱溶），至烧瓶内残留物呈棕红色糖浆状时停止蒸馏。

3. 提纯

向烧瓶内滴加 30 mL 10％的乙酸溶液，加热溶解，趁热抽滤以除去酸不溶物。向滤液中滴加浓盐酸至溶液混浊（约 10 mL）。冰浴下冷却，即有黄色针状晶体析出[3]。抽滤，用少量冰水洗涤 2 次，再用丙酮洗涤 1 次，烘干后称重（约 1 g），得到盐酸小檗碱粗品。

若要得到纯净的小檗碱，可向粗品中加入热水至固体刚好溶解，煮沸，用石灰乳调节 pH 值为 8.5～9.8，冷却，滤去不溶物，滤液用冰水冷却，即有针状的小檗碱析出，抽滤，于 50～60℃下干燥，测定熔点。纯净小檗碱的熔点为 145℃。

4. 产品鉴定

(1)测定产物的熔点。

(2)取盐酸小檗碱少许，加浓硫酸 5 mL 溶解，滴加几滴浓硝酸，应呈樱红色。

(3)取盐酸小檗碱 50 mg，加蒸馏水 5 mL，缓慢加热溶解后加入质量分数为 20％的氢氧化钠溶液 2 滴，显橙色。冷却后过滤，滤液中滴加丙酮 4 滴，即产生混浊，静置后析出黄色的丙酮小檗碱沉淀。

【附注】

[1] 也可用索氏提取器连续抽提 2 h。

[2] 滤渣可重复上述操作再提取一次，适当减少乙醇用量和缩短浸泡时间。

[3] 若晶形不好，可用水重结晶一次。

【参考文献】

1. 李霁良. 微型半微型有机化学实验. 北京：高等教育出版社，2003

2. 周志高，蒋鹏举. 有机化学实验. 北京：化学工业出版社，2005

【思考题】

1. 试说明小檗碱的提取、纯化方法设计的依据？

2. 最后纯化时用氢氧化钠代替石灰乳调节溶液的 pH 值，是否可以？为什么？

6.3 牛乳中酪蛋白和乳糖的分离 Separation and Extraction of Casein and Lactose from Milk

【预习提示】

1. 复习蛋白质的性质、颜色反应；复习等电点的概念，以及蛋白质在等电点时的特性。

2. 复习乳糖的结构和性质。复习旋光度的测定方法。

【安全提示】

1. 乙酸、乙醇

使用参见 6.2 中的安全提示。

2. 乙醚

有麻醉性，避免吸入。一级易燃品，严禁明火。

3. 浓硝酸

一级无机酸性腐蚀物质。禁止吸入其蒸气或与接触皮肤，应在通风橱中量取，并戴防护手套。硝酸与干燥的有机物接触可能会燃烧。

4. 氢氧化钠

强碱性，强腐蚀性。禁止与皮肤接触，量取时应戴防护手套。

【实验目的】

1. 学习从牛乳中分离提取酪蛋白和乳糖的原理及操作方法；

2. 学习离心机的使用方法。

【实验原理】

蛋白质是两性化合物，溶液的酸碱度将直接影响蛋白质分子所带的电荷，当调节体系的 pH 值到某一合适值时，蛋白质所带正、负电荷相等，此时的 pH 值为该蛋白质的等电点(isoelectric point)，等电点时蛋白质的溶解度最小，易从体系中析出而被分离。

不同的蛋白质具有不同的等电点。牛奶中的蛋白质主要是酪蛋白，其浓度约为 35 g/L。酪蛋白是含磷蛋白质的复杂混合物，其等电点为 4.8 左右，即调节牛奶的 pH 值为 4.8 左右时，酪蛋白将沉淀析出。

除蛋白质外，牛奶中还含有水(87.1%)、脂肪(3.9%)、糖(4.9%)和少量矿物质(0.7%)。其中的糖主要是乳糖。乳糖是由一分子半乳糖及一分子葡萄糖通过β-1,4 糖苷键连接而成的二糖，因其分子中含有半缩醛羟基，所以具有还原性和变旋现象。其水溶液达到平衡时的比旋光度为 +53.5°。

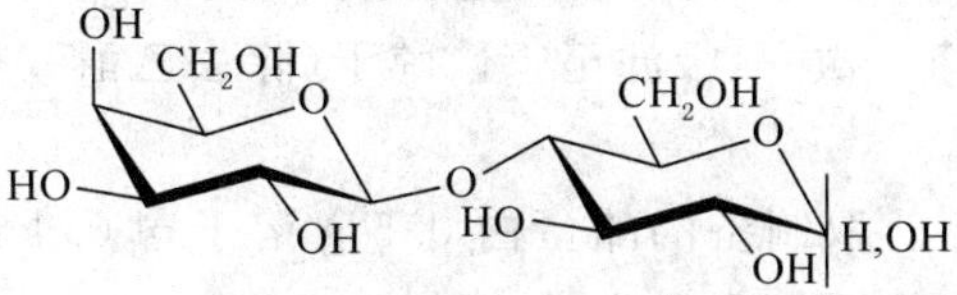

乳糖

4-*O*-(β-*D*-吡喃半乳糖基)-*D*-吡喃葡萄糖

利用酪蛋白在等电点时溶解度最小的性质，调节牛奶的 pH 值为 4.8 左右，可使酪蛋白从牛奶中析出，通过离心分离可得到酪蛋白粗品。其中还夹杂脂质杂质，利用酪蛋白不溶于乙醇、乙醚而脂质杂质易溶其中的性质，用乙醇或乙醚洗涤粗制品，可除去脂质杂质，使酪蛋白得到初步纯化。

经过脱脂并离心分离出蛋白质的牛奶清液，称为乳清。其中含 40%～60%的乳糖。乳糖易溶于水，不溶于乙醇、乙醚。在乳清中加入乙醇或乙醚，即可使乳糖晶体慢慢析出。

通过缩二脲反应、黄蛋白反应及茚三酮等反应中颜色的变化可对酪蛋白进行鉴定。

通过变旋现象(旋光度的测定)可对乳糖进行定性鉴定。

【主要试剂及仪器装置】

1. 实验试剂

脱脂牛奶，冰醋酸，95%乙醇，乙醚，氢氧化钠，硫酸铜，生理盐水，浓硝酸，茚三酮。

2. 仪器装置

低速冷冻离心机(大容量)，旋光仪，抽滤装置，表面皿，烧杯，试管等。

【实验操作步骤】

1. 酪蛋白的分离与鉴定

(1)酪蛋白的分离。取 50 mL 脱脂牛奶[1]置于 150 mL 烧杯内，水浴下小心加热至 40℃，保持此温度恒定，搅拌下慢慢滴加醋酸水溶液(醋酸：水＝1：9，体积比)，此时应有白色沉淀析出。继续滴加醋酸水溶液，直至不再析出沉淀为止[2]，此时混合液的pH值应为4.8左右，继续搅拌并慢慢冷却至室温。放置10 min后将混合物转入离心杯中，在3 000 r/min下离心15 min。经滤布过滤，收集上清液（乳清）待乳糖分离实验。

将离心后的沉淀转入100 mL烧杯中，加入15 mL 95%的乙醇，搅匀后用布氏漏斗抽滤，以1∶1（体积比）的乙醇-乙醚混合液小心洗涤2次（每次约10 mL），最后再用5 mL乙醚洗涤1次[3]，吸滤至干。晾干（除去乙醚），烘干，称量，计算牛奶中酪蛋白含量。

（2）酪蛋白的鉴定。取制备的酪蛋白0.5 g溶于含0.4 mol/L氢氧化钠的生理盐水中，用于蛋白质的颜色反应。

①缩二脲反应：在小试管中加入蛋白质溶液和5%氢氧化钠溶液各5滴，摇匀后加入1%的硫酸铜溶液1～2滴[4]，振摇，观察颜色变化。

②蛋白反应：在小试管中，加入酪蛋白溶液10滴和浓硝酸3滴，水浴中加热，生成黄色硝基化合物。冷却后再加入5%的氢氧化钠溶液16滴，溶液应呈橘黄色。

③茚三酮反应：在小试管中加入蛋白质溶液10滴和茚三酮试剂4滴，加热至沸，应有蓝紫色出现。

2. 乳糖的分离与鉴定

（1）乳糖的分离。将实验1中离心后余下的乳清置于小蒸发皿中，小火浓缩至5 mL左右，稍冷后迅速加入10 mL 95%的乙醇，冰浴下冷却，并用玻棒摩擦器壁，使晶体完全析出。放置15 min后抽滤，晶体用95%的乙醇洗涤（5 mL×2），即得乳糖粗品。

将粗品溶于尽可能少（8～10 mL）的50～60℃的热水中，滴加乙醇至溶液混浊。水浴中加热至混浊消失，放置，冷却，抽滤，晶体用95%的乙醇洗涤（5 mL×2），干燥后即得含有一分子结晶水的乳糖（$C_{12}H_{22}O_{11} \cdot H_2O$）（其熔点为210℃）。称重，并计算含量。

（2）乳糖的鉴定——乳糖的变旋现象。精确称取1.25 g乳糖于小烧杯中，加入少量蒸馏水溶解，迅速转入25 mL容量瓶中并定容[5]。装入旋光管中测定第一次旋光度。以后每隔1 min测定1次，至少测定6次，8 min内完成。10 min后，每隔2 min测1次，至少测定8次，20 min内完成。计算每次测定的比旋光度，观察变旋现象[5]。

【附注】

[1] 牛奶在实验前不能放置过久，否则乳糖会缓慢转变为乳酸而影响分离。

[2] 醋酸不宜过量，以免乳糖水解为半乳糖和葡萄糖。

[3] 洗涤时应远离火源。

[4] 硫酸铜不宜过多，以免产生蓝色的氢氧化铜沉淀，干扰实验现象。

[5] 测定旋光度前，应准备好所有仪器和药品，从溶液配制到开始测定的所有操作应在 2 min 内完成。

【参考文献】

罗一鸣，唐瑞仁. 有机化学实验与指导. 长沙：中南大学出版社，2005

【思考题】

1. 从牛奶中分离酪蛋白时为何调节溶液的 pH = 4.8?

2. 说明乳糖存在变旋现象的原因。

3. 蛋白质的定性鉴定方法有哪些，其原理是什么？

6.4　槐花米中芦丁的提取和鉴定 Extraction and Identification of Rutin from *Sophora japonica* L.

【预习提示】

1. 复习重结晶的操作方法；

2. 预习糖的鉴定方法；

3. 复习薄层层析的操作方法。

【安全提示】

1. 乙醇、丙酮

见 6.2 的安全提示。

2. 浓硫酸

有毒，一级无机酸性腐蚀品。避免吸入其烟雾，禁止与皮肤接触。配制硫酸水溶液时，应将硫酸加入水中，加料顺序不能相反。浓硫酸不能与粉状可燃物相接触，以免发生燃烧事故。

3. 石油醚

易燃，禁用明火。

【实验目的】

1. 掌握芦丁等黄酮类化合物的提取原理及方法；

2. 掌握糖苷类结构的一般鉴定方法；

3. 熟悉重结晶等操作方法。

【实验原理】

芦丁(rutin),又称芸香苷,广泛存在于植物中,现已发现含芦丁的植物至少有70种以上,如烟叶、槐花、荞麦和蒲公英中均有,尤以槐花米[豆科槐属植物槐树(*Sophora japonica* L)未开放的花蕾]和荞麦中含量最高,槐花米中芦丁的质量分数约为12%~16%,荞麦叶中约含8%。

芦丁具有调节毛细血管壁渗透性、保持和恢复血管正常弹性等作用,临床上主要用做防治高血压病的辅助治疗剂和毛细管出血症,如吐血、痔疮便血、子宫出血等。

芦丁是由黄酮类化合物槲皮素A酚环 C_3 位上的羟基与芸香糖[rutinose,为葡萄糖(glucose)与鼠李糖(rhamnose)组成的双糖]结合而成的糖苷,其化学名称为槲皮素-3-*O*-葡萄糖-*O*-鼠李糖。

黄酮、槲皮素和芦丁的结构式分别为:

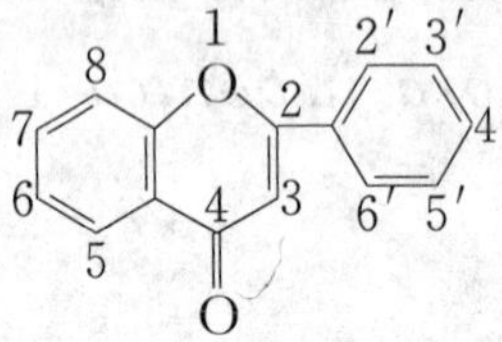

黄酮

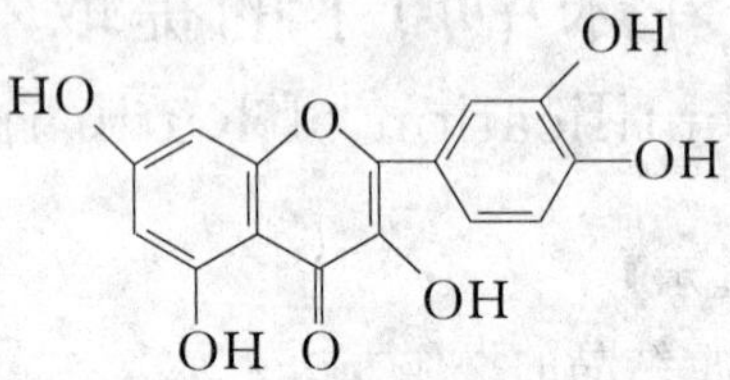

槲皮素

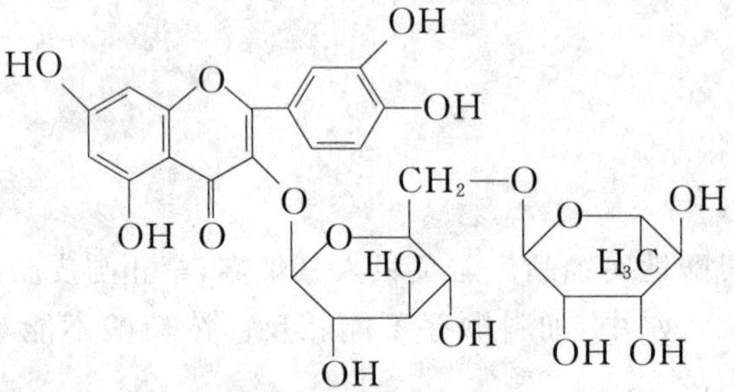

槲皮素-3-*O*-葡萄糖-*O*-鼠李糖

(芦丁)

芦丁为淡黄色或黄绿色针状晶体,常含有3个结晶水,熔点174~188℃,失去结晶水后熔点为188~190℃。溶解度:冷水1∶8 000,热水1∶200;冷乙醇1∶300,热乙醇1∶30;芦丁分子中含有多个酚羟基,可在碱性溶液形成酚盐,因而易溶于吡啶和石灰石等碱性水溶液中。几乎不溶于苯、醚、氯仿等溶剂。

利用芦丁在冷、热乙醇中溶解度的差异,可用乙醇作提取剂进行提取,提取液浓缩后利用其在冷、热水中溶解度的差异，用水进行重结晶；也可利用芦丁易溶于碱性溶液的性质，用石灰水提取，提取液酸化后再用水重结晶，得到精品。

产品的鉴定

芦丁在酸性条件下可水解为槲皮素、葡萄糖和鼠李糖。通过纸色谱、薄层色谱，分别以葡萄糖、鼠李糖、芦丁、槲皮素的标准品为对照，对提取精制产品及酸水解后的产物进行鉴定。也可测定产物的紫外吸收光谱，与标准谱图对比。

【主要试剂及仪器装置】

1. 实验试剂

槐花米，乙醇，石油醚，丙酮，硫酸，石灰乳，浓盐酸，氢氧化钡，硅胶 G，葡萄糖标准品，鼠李糖标准品，芦丁标准品，槲皮素标准品。

2. 仪器装置

回流冷凝管，旋转蒸发仪，抽滤装置，250 mL 烧杯等。

【实验操作步骤】

实验方法一：醇提取法

250 mL 圆底烧瓶中加入 30 g 研细的槐花米、0.2 g 碳酸氢钠及 100 mL 质量分数为 75%的乙醇溶液，安装回流冷凝管，加热回流 1 h。过滤，滤渣再用同法重复提取一次。合并 2 次提取液，减压浓缩回收溶剂。浓缩液中加入等量的蒸馏水和少量活性炭，调节 pH 值为 7.5～8.0，加热沸煮 20 min，趁热过滤。调节滤液的 pH 值为 7。冷却，结晶，过滤，烘干，称重，计算收率。

实验方法二：碱提取法

250 mL 烧杯中加入 15 g 研细的槐花米及 150 mL 饱和石灰乳溶液[1]，加热至沸，并不断搅拌，沸煮 15 min 后抽滤。滤渣再用 100 mL 饱和石灰水溶液沸煮 10 min，抽滤。合并 2 次滤液，用质量分数为 15%的盐酸中和至 pH 值为 4(约需 10 mL)。放置 1～2 h，使沉淀完全，抽滤，滤饼用少量水洗涤 2～3 次，得芦丁粗品。

将粗品置于 150 mL 烧杯中，加水 30 mL，加热至沸，搅拌下慢慢加入约 50 mL 饱和石灰水溶液，调节 pH 值为 8～9，待溶解后趁热过滤。滤液置于 150 mL 烧杯中，用 15%盐酸调节溶液的 pH 值为 4～5，静置 30 min，析出黄色晶体，抽滤，晶体用水洗涤 1～2 次，烘干后称重(约 1.5 g)。

产品鉴定：

(1)熔点的测定。参考值：174～178℃。

(2)芦丁的酸水解。在 250 mL 圆底烧瓶中加入 1 g 研细的精制芦丁、150 mL 质量分数为 2%的硫酸及沸石，加热回流 2 h。抽滤，滤液保留待进行糖分的鉴定。滤饼用 30 mL 水洗涤 2 次，粗品用 150 mL 质量分数为 50%的乙醇加热溶解，趁热过滤，滤液放置 12 h，抽滤，得黄色针状晶体（槲皮素）。

(3)糖的色谱鉴定。纸色谱法：取上述酸解滤液 10 mL，水浴中加热，以固体氢氧化钡中和至中性，过滤，滤液用水浴浓缩至 2～3 mL，得样品液用于点样。以葡萄糖和鼠李糖标准品为对照进行纸色谱分析。

展开剂：正丁醇-乙酸-水（4∶1∶5，体积比）。

显色剂：苯胺-邻苯二甲酸盐，喷后于 105℃下烘 10 min，显棕红色斑点。

(4)薄层层析鉴定。以芦丁标准品和槲皮素标准品为对照，将制得的芦丁精品及酸解后得到的槲皮素精品进行薄层层析鉴定。

吸附剂：硅胶 G(10～400 目)以 0.5% CMC-Na 水溶液制板，105℃活化 1 h。

展开剂：氯仿-甲醇-甲酸（15∶5∶1，体积比）。

显色剂：1%三氯化铁和 1% $K_3[Fe(CN)_6]$水溶液，用时等体积混合。

【附注】

石灰乳一方面用于芦丁的提取，另一方面可以除去槐花米中大量的黏液质和酸性树脂（形成钙盐沉淀），但 pH 值不能过高，也不能长时间煮沸，以免芦丁降解。也可直接加入 150 mL 水和氢氧化钙粉末，不用配成饱和溶液。第二次溶解时只需加 50 mL 水。

6.4.1 芦丁提取的微型实验

采用微型索氏提取器提取法。称取槐花米粉末 2.0 g，用滤纸包严放入提取筒中。圆底烧瓶中加入 0.01 g 硼砂[1]和 12 mL 饱和石灰乳溶液，调节 pH 值为 8.5～9.0，加热，连续提取约 2.5 h，至提取液呈深棕色。将提取液转入一小烧杯中，冷却，用浓盐酸酸化至 pH 值为 5.0，静置，有大量晶体出现后过滤，滤渣用 0.01 mol/L的盐酸洗涤 1 次，再用水洗 2～3 次，烘干，得浅黄色晶体（约为 0.8 g)，测定熔点（文献值 189～190℃）。

【附注】

硼砂可与芦丁结合，保护邻二羟基酚不被氧化破坏。

【参考文献】

1. 周志高，蒋鹏举．有机化学实验．北京：化学工业出版社，2005，211-213

2. 张来新．槐花米中芦丁的提取．山西化工，2002，22(2)：16-17

3. 梁敏，闭献树，黄王乐，等．槐花米中提取芦丁的微型实验探讨．内蒙古民族大学学报：自然科学版 2004(3)：283-284

【思考题】

1. 试比较醇提取法和碱提取法的优缺点?

2. 苷类水解有几种催化方法?

3. 可以从哪几方面对芦丁进行鉴定?

6.5 菠菜色素的提取和色谱分离 Extraction and Chromatographic Separation of Phytochrom from Spinach

【预习提示】

1. 了解绿色植物中色素的种类及其性质;

2. 复习萃取、蒸馏、薄层层析、柱色谱等原理及操作。

【安全提示】

1. 石油醚

易燃,禁用明火。

2. 乙醇、丙酮

见 6.2 中的安全提示。

3. 正丁醇

毒性与乙醇相近,勿吸入其蒸气,避免与皮肤接触;二级易燃品,禁用明火。

【实验目的】

1. 了解绿色植物色素的提取原理和提取方法;

2. 进一步掌握色谱分离的原理和操作方法。

【实验原理】

绿色植物的茎、叶中含有叶绿素(绿)、胡萝卜素(橙)和叶黄素(黄)等多种天然色素。

叶绿素(chlorophyll)是植物进行光合作用时所必需的催化剂,存在于叶绿体中。自然界的叶绿素是由蓝绿色的叶绿素 a($C_{55}H_{72}O_5N_4Mg$)和黄绿色的叶绿素 b($C_{55}H_{70}O_6N_4Mg$)组合而成,a 与 b 的质量比为 3∶1。叶绿素分子中极性基团较多,在醇中有一定溶解度,但由于存在较大的烃基结构,而使其更易溶于石油醚等非极性溶剂中。其结构式为:

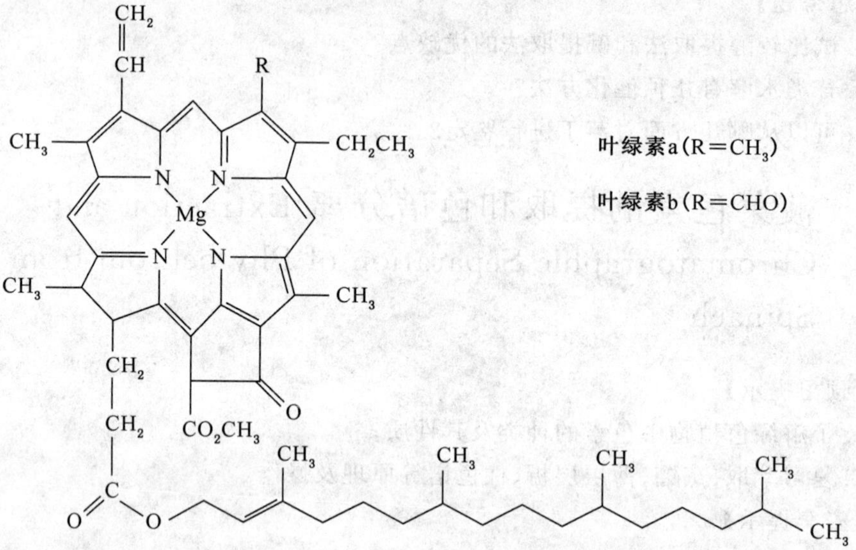

叶绿素a(R＝CH_3)

叶绿素b(R＝CHO)

胡萝卜素(carotene,$C_{40}H_{56}$)是具有长链结构的共轭多烯,有 α,β,γ 三种异构体,其中 β-胡萝卜素的含量最多,有些生长期较长的植物其含量多达 90%。β-胡萝卜素是由 2 分子维生素 A 在链端失水而形成的,在生物体内在 β-受体酶的作用下可分解为维生素 A,所以 β-胡萝卜素又称为维生素 A 元,具有与维生素 A 相似的生理活性,可用于治疗夜盲症,也可作为食品色素添加剂。

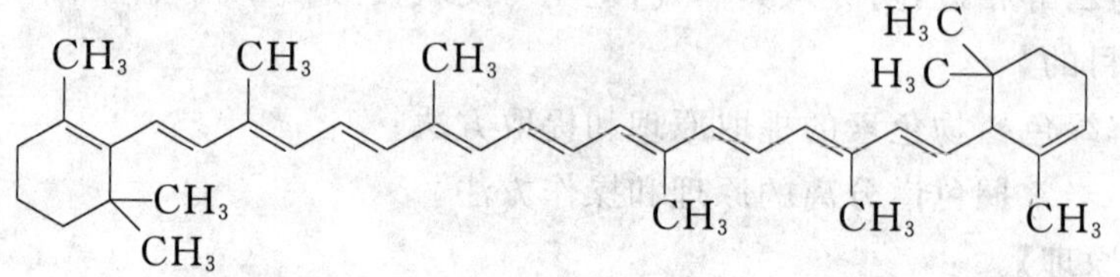

α-胡萝卜素

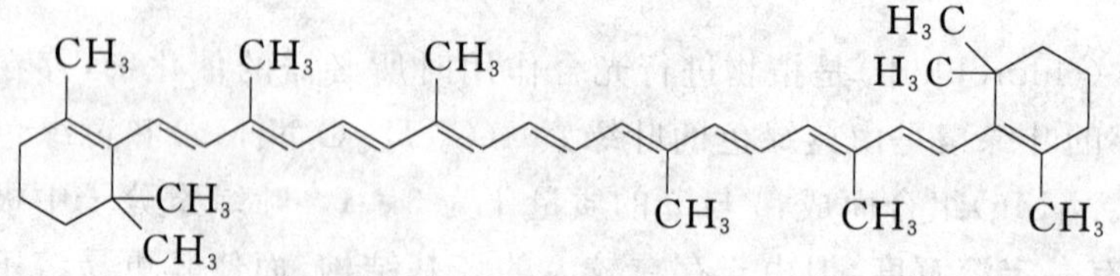

β-胡萝卜素

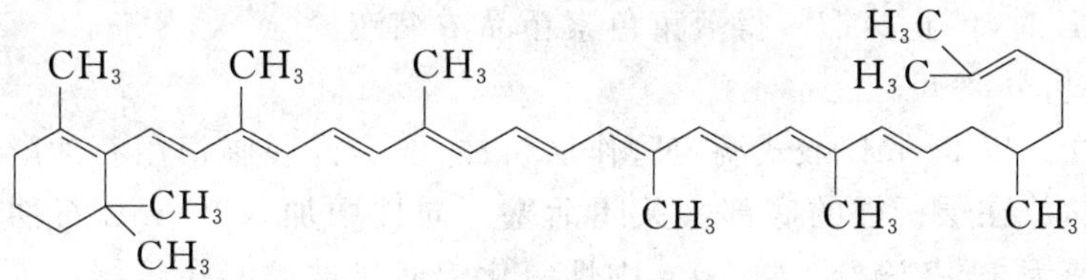

γ-胡萝卜素

叶黄素(lutein,$C_{40}H_{56}O_2$)是胡萝卜素的羟基衍生物,其在绿叶中的含量约是胡萝卜素的2倍。胡萝卜素由于含有较长的烃基结构而易溶于非极性溶剂中;而叶黄素由于含有羟基,使其在醇中的溶解度较大,而在石油醚中的溶解度较小。

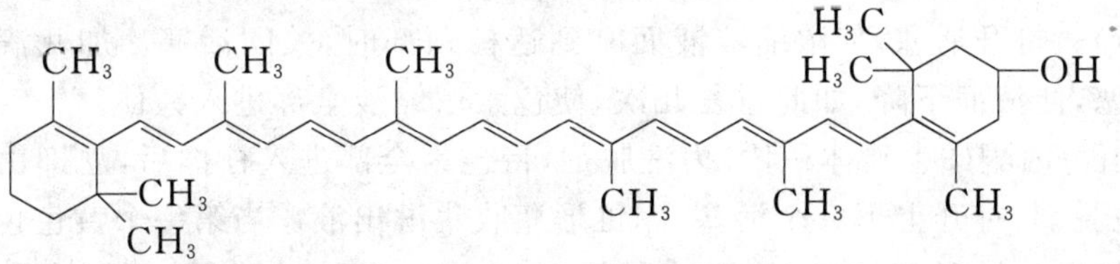

叶黄素

从菠菜中提取分离色素,其简单原理是以石油醚-乙醇为混合溶剂先萃取出菠菜中的色素混合物,再经柱层析对几种色素进行分离。

柱层析分离时,因胡萝卜素的极性最小,用石油醚-丙酮即可将其洗脱;叶黄素的极性稍强,可增加洗脱剂中丙酮的比例;叶绿素的极性最大,可改用极性较强的混合溶剂如正丁醇-乙醇-水洗脱。

【主要试剂及仪器装置】

1.实验试剂

鲜菠菜叶,乙醇,石油醚(60～90℃),无水硫酸钠,丙酮,乙酸乙酯,中性氧化铝(150～160 目),正丁醇。

2.仪器装置

研钵,布氏漏斗,分液漏斗,蒸馏装置,层析缸,25 mL 酸式滴定管。

【实验操作步骤】

1.色素的提取

取新鲜菠菜叶 5 g 在研钵中捣碎,分 3 次加入 30 mL 石油醚-乙醇(2∶1,体积比)混合溶剂,每次研磨约 5 min[1]。抽滤,合并滤液并转移至分液漏斗中,加等体积水洗涤[2]。弃去下层水相(水-乙醇层),上层油相(石油醚层)再用等体积水洗涤 2 次。有机相用无水硫酸钠干燥后滤入圆底烧瓶中,蒸馏回收石油醚至瓶内液体剩下约 5 mL 时，停止蒸馏。得菠菜色素粗品浓缩液。

2. 柱层析分离

(1)装柱。以 25 mL 酸式滴定管作层析柱，取少许脱脂棉用石油醚浸湿，挤压以除去气泡，放在层析柱的底部。关闭活塞。向柱中加入 20 mL 石油醚，打开活塞，控制流速为 1～2 滴/s。将 10 g 中性氧化铝通过玻璃漏斗缓缓加入柱中，由活塞控制流速使石油醚高度基本保持不变。用橡皮塞或手指轻轻敲打柱身下部，使填装紧密。装毕，上面加一层 0.5 cm 厚的石英砂或放一小片滤纸。打开活塞，放出溶剂，当溶剂刚好流至石英砂表面或接近滤纸顶部时，关闭活塞[3](注意！任何时候都不应使氧化铝上部露出液面)。

(2)洗脱。将上述菠菜色素浓缩液用滴管小心地加入柱顶部(留少量浓缩液用于薄层层析)。打开活塞，使浓缩液液面刚到达柱顶部时，关闭活塞。加几滴石油醚，打开活塞，使液面下降，如此重复几次，使色素浓缩液全部进入柱体。

以石油醚-丙酮(9∶1，体积比)为洗脱剂，待色素全部进入柱体后，立即由滴液漏斗滴加洗脱剂，打开上下 2 个活塞，用锥形瓶收集淋出液。当第一个黄色色带即将流出时，换另一锥形瓶接收(约用洗脱剂 50 mL)。若流速过慢，可用水泵稍减压。淋出物用石油醚稀释后进行紫外光谱测定。

改用石油醚-丙酮(7∶3，体积比)为洗脱剂，同法收集得到第二个黄色带，应为叶黄素[4]。最后以正丁醇-乙醇-水(3∶1∶1，体积比)为洗脱剂进行洗脱，分别接收蓝绿色的叶绿色 a 和黄绿色的叶绿素 b。所有分离后的色素进行薄层层析分析。

(3)薄层层析。在 10 cm×2.5 cm 的硅胶 G 板上，分别用分离后的胡萝卜素、叶黄素点样，以石油醚-丙酮(7∶3，体积比)为展开剂进行薄层分析，前者可出现 1～3 个黄色斑点，后者应出现 1～4 个斑点；另取 4 块硅胶 G 板，一边点色素浓缩液，另一边分别点分离得到的 4 个样点，用石油醚-丙酮(8∶2，体积比)展开，观察各斑点的位置，并依 R_f 值由大到小的顺序将 3 种色素排序。

(4)β-胡萝卜素紫外光谱鉴定。将稀释后的黄色样液加到 1 cm 的比色皿中，以石油醚为空白，用 UV-240 紫外分光光度计或 72 型分光光度计测定 400～600 nm内的吸收，指出最大吸收波长 λ_{max}。

参考数据：β-胡萝卜素 481(123027)，453(141254)。

【附注】

[1] 应尽量研细，使溶剂与色素充分接触，以利于提取。

[2] 装好的色谱柱不能有裂缝和气泡。

[3] 所有洗涤均需轻轻振摇，以防乳化。

[4] 叶黄素在石油醚中的溶解度比在醇中的小，采用本系统提取的提取液中，叶黄素的含量很少，有时柱色谱中不易观察到黄色色带。

【参考文献】

1. 北京大学化学学院有机化学研究所. 有机化学实验. 2 版. 北京：北京大学出版社，2002

2. 罗一鸣，唐瑞仁. 有机化学实验与指导. 长沙：中南大学出版社，2005

【思考题】

1. 本实验是根据什么性质设计提取方案的？

2. 用柱色谱分离色素时，请说明三种色素被洗脱的先后顺序，并解释原因。

3. 胡萝卜中的胡萝卜色素的含量很高，试设计一个实验方案进行提取。

第 7 章　综合性实验

综合性实验是在完成了一定量的基本实验后，把有机物的制备（含天然产物的提取）、分离提纯、鉴定和结构表征等内容结合在一起的实验。它包括制备、分离规模的综合，分离技术的综合，分离与鉴定的综合，制备与鉴定的综合，制备与结构表征的综合，制备与反应控制的综合，重要反应的综合（多步合成）以及新的合成技术的应用等。通过综合性实验，有助于对有机化学实验的内容、操作技术进行全面的了解和掌握，有助于对化学反应研究过程进行全面的认识，有助于基本操作技能综合训练与动手能力的培养，为以后的高级实验及研究实验打下良好的基础。

7.1　有机化合物的分离、提纯与鉴定

有机化学反应的特点之一是副反应多，转化率一般达不到 100%，有些反应还需要催化剂和溶剂等。因此制备有机化合物时，若要得到纯的产物，就要进行分离、提纯和鉴别。分离常指从混合物中把几种物质逐一分开。提纯（又称精制、纯化）通常是指把杂质从混合物中去掉。鉴定是指确定分离出来的纯化合物是什么。

分离提纯有机化合物的方法很多，大体上可分为物理方法（如蒸馏、分馏、结晶、升华、层析、干燥等）和化学方法（如酸、碱萃取等）两大类。化学方法的基本要求是方法简单易行，消耗少，所得到的物质易复原。在实际分离、提纯多种物质混合物过程中，往往是多种物理分离方法和化学分离方法交叉使用。

在进行分离、提纯操作之前，需要弄清楚混合物中可能有哪些有机化合物，它们相对含量各多少。然后查出它们的物理性质，如沸点、熔点等和化学性质，如酸性、碱性等，然后确定如何分离。写出操作流程图后再进行操作。

分离得到纯的有机化合物后，还要进行鉴定，确定分离出的各有机化合物是否正确。

在进行分离的过程中，要考虑各有机化合物的回收率。回收率与操作有关，与分离过程中加入的各种试剂的量有关，也与分离规模有关。分离规模越小，回收率越低。

7.1.1　混合物的分离、提纯和鉴定 Separation, Purification and Identification of Mixture

【预习提示】

1. 了解酸、酚、醚及芳香化合物的物化性质；

2. 复习萃取、重结晶及分馏等分离提纯方法的原理及操作方法；

3. 复习气相色谱的原理及操作。

【安全提示】

甲苯：低毒；苯甲醚：微毒；苯甲酸：在一般情况下接触无明显的危害性；4-硝基酚：中毒；浓盐酸：酸性腐蚀品。

【实验目的】

混合物的分离、提纯及鉴定。

【实验原理】

利用混合物中各组分化合物不同的物理化学性质，采用萃取、重结晶、分馏等操作，对混合物进行分离、提纯。

【实验试剂与仪器装置】

1. 实验试剂

苯甲醚 23.7 mL(23.6 g)，甲苯 16.7 mL(16.1 g)，苯甲酸 2.3 g 及 4-硝基酚微量(10 mg)组成的混合物，10%氢氧化钠溶液，浓盐酸，氯化钙。

2. 仪器装置

分液漏斗，烧杯，布氏漏斗，锥形瓶，分馏装置，减压装置。

【实验操作步骤】

1. 常量规模操作

在 100 mL 的分液漏斗中加入 40 mL 上述混合物，用 10%的氢氧化钠溶液萃取 2 次，每次用 5 mL 氢氧化钠溶液[1]。水相集中到 100 mL 烧杯中，用浓盐酸酸化，使溶液的 pH=1，苯甲酸沉淀。在布氏漏斗中抽滤，并用少许冷水洗涤沉淀。把沉淀再转移到 50 mL 烧杯中，加入适量水[2]煮沸使固体溶解，冷却析出无色晶体苯甲酸，抽滤，晾干，称重。测定其熔点，计算回收率[3]。

留在分液漏斗中的有机相用等体积的水洗涤 2 次，有机相转移到 100 mL 锥形瓶中，加入少许块状无水氯化钙干燥，清液转移到干燥的 50 mL 圆底烧瓶中，加入几粒沸石，安装分馏装置。加热分馏，收集 95～120℃馏分 A 和 135～154℃馏分 B。

为了得到纯度更高的甲苯和苯甲醚，可再进行一次分馏，用气相色谱分析两者的纯度[4]。

2. 微量规模操作（选做）

取 5 mL 混合液重作常量规模操作，其步骤和其他试剂量相应地都减少到 1/10。

注意仪器的选择和操作技术做相应的改变。

【附注】

[1] 取少许萃取后的有机相于试管中，加入 1 滴浓盐酸，振摇，有苯甲酸沉淀出来，说明苯甲酸未完全被萃取，需要进行第三次萃取。

[2] 不同温度下苯甲酸在水中溶解度数据：0.18%（4℃）；0.27%（18℃）；2.2%（75℃）。

[3] 各组分回收率及纯度参考如下：

组分	理论量/g	实验结果		
		回收量/g	回收率/%	纯度/%
苯甲酸	2.3	1.5	64	
甲苯	16.1	11.6	72	90.2
苯甲醚	23.6	16.2	72	98.7

[4] 可用 OV-225 色谱柱在 80℃分析。

【思考题】

1. 在实验前需要查阅混合物各组分的哪些物理常数？画出分离实验操作流程图。

2. 为什么没有分离得到 4-硝基酚这个组分？它在哪一步操作中被除去？

3. 各种组分的回收率没有达到 100%，试分析各组分在哪步操作损失了？

7.2 有机制备实验反应的控制

一个化学反应需要多少时间完成，或者若使一种反应物完全转化需要多少其他反应物等，这些属于化学反应控制应该研究的问题，更是一个化学反应能否应用于生产实际的重要指标之一。在有机化学教学实验中，反应时间往往已经规定，或者因为教学实验是要掌握实验原理、学习实验操作技术、训练动手能力、锻炼思维方法、培养创新意识，而不过于追求产物的产率和合理的反应时间，因此反应控制这个概念往往不被学生重视或印象淡漠。

在反应控制的研究中，可以通过测定反应物是否完全消失来确定反应时间（反应终点），或确定另一种反应物应加多少。确定一种反应物是否完全消失可通过多种方法，如 TLC，IR，NMR，GC，HPLC 或其他任何一种能快速测定的技术。

7.2.1　二苯甲酮的制备 Preparation of benzophenone

【预习提示】

氧化反应；TLC 技术。

【安全提示】

二苯甲醇、次氯酸钠：腐蚀品；丙酮：低毒类低闪点易燃液体；冰醋酸：低毒类酸性腐蚀品；乙醚：低闪点易燃液体。

【实验目的】

利用 TLC 技术监测有机反应的进程。

【实验原理】

次氯酸氧化二苯甲醇成二苯酮，TLC 可以检测二苯甲醇的消耗。

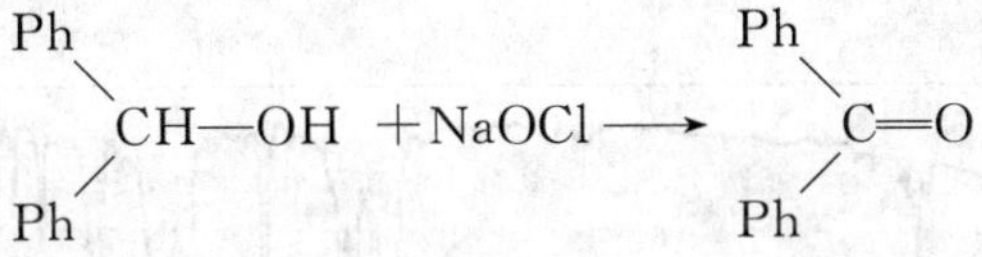

【实验试剂与仪器装置】

1. 实验试剂

二苯甲醇 0.5 g(2.8 mmol)，次氯酸钠（含量 11%）溶液，丙酮，冰醋酸，乙醚，5%碳酸氢钠溶液，无水硫酸钠。

2. 仪器装置

简单电磁搅拌反应装置，萃取装置，干燥装置，蒸馏装置，熔点测定仪，紫外灯。

【实验操作】

在 50 mL 圆底烧瓶中，将 0.5 g 二苯甲醇溶解在 15 mL 丙酮中。毛细管取该溶液作为 TLC 分析的标样[1]。再向烧瓶中加入 1.2 mL 冰醋酸和 2.0 mL 11%的次氯酸钠溶液。开动电磁搅拌，反应随即开始。10 min 后，再用毛细管取反应液，用 TLC 分析反应液中反应物二苯甲醇[2]以监控反应进程。如果 TLC 显示有二苯甲醇存在,再加入 0.8 mL 11%次氯酸钠溶液,继续反应,10 min 后重复监测,直至 TLC 显示反应液中没有二苯甲醇存在为止(大约 6 mL 11%次氯酸钠溶液足以将反应物完全氧化[3])。

用乙醚萃取反应混合物 2 次[4],每次用乙醚 20 mL。依次用 5 mL 5%碳酸氢钠溶液和 10 mL 水洗涤萃取液[4]。用无水硫酸钠干燥萃取液。分出硫酸钠,并用 10 mL 乙醚洗涤硫酸钠,洗涤液合并至萃取液中。蒸馏回收大部分乙醚,至剩余约 1 mL 溶液。加入少量冰水,冷却,结晶,抽滤得到产物二苯酮。晾干,测其熔点。

产量:约 0.4 g。

纯二苯酮为无色晶体,α-晶型晶体熔点 48.1℃。

【附注】

[1] 可用微量注射器取样。

[2] 二苯甲醇可以完全被转化。以二苯甲醇完全转化为反应终点,确定反应时间和需要次氯酸钠的量。可用市售的硅胶薄板点样,用丙酮和石油醚(1∶9,体积比)为展开剂。

[3] 因为次氯酸钠不稳定,易放出氯,其浓度不准确。

[4] 用小分液漏斗萃取和洗涤,也可用滴管技术萃取和洗涤。

【附图】

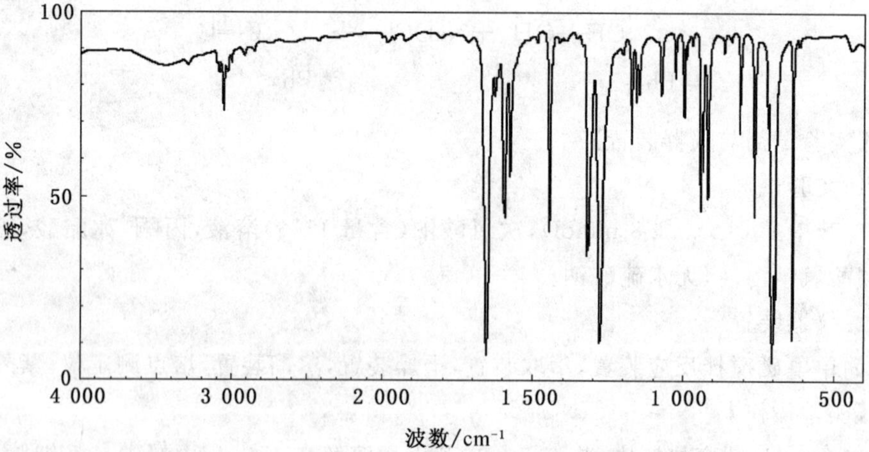

图 7-1 二苯酮的 IR 图谱

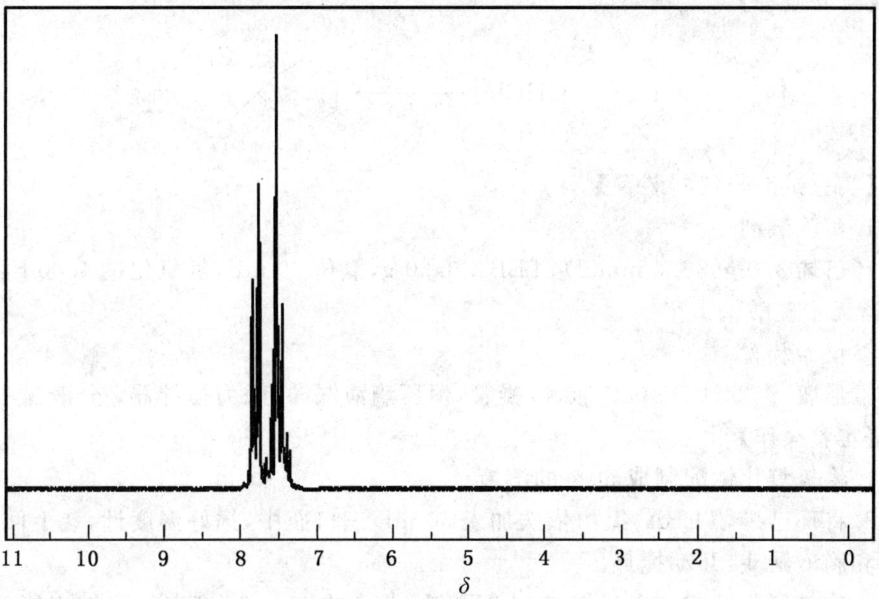

图 7-2　二苯酮的^{1}H NMR 图谱

【思考题】

1.本反应还可以用什么氧化剂(不用铬盐)?

2.次氯酸钠溶液为氧化剂,其活性组分是什么?

7.3　7,7-二氯双环[4.1.0]庚烷的制备 Preparation of 7,7-Dichlorobicyclo[4.1.0]heptane

【预习提示】

相转移催化反应。

【安全提示】

环己烯:中闪点易燃液体;氯仿:中等毒性;氢氧化钠:碱性腐蚀品;苄基三乙基氯化铵:TEBA。

【实验目的】

1.理解相转移催化剂作用原理;

2.了解环丙烷的合成方法。

【实验原理】

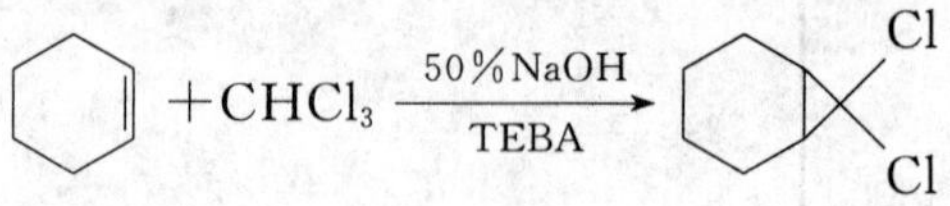

【实验试剂与仪器装置】

1. 实验试剂

环己烯 3.0 g(36.6 mmol)，TEBA 0.30 g，氯仿 20 mL，氢氧化钠 4.00 g，乙醚 5 mL，无水硫酸钠 1 g。

2. 仪器装置

锥形瓶，温度计，三口烧瓶，冷凝管，恒压滴液漏斗，磁力搅拌器，分液漏斗。

【实验操作】

1. 将氢氧化钠配制成50%的溶液。

2. 将环己烯，TEBA，氯仿依次加入 50 mL 三口瓶中，插好温度计，装上回流冷凝管和滴液漏斗，开动搅拌。

3. 将氢氧化钠溶液通过滴液漏斗慢慢加入，约 15 min 滴完。滴加完毕，加热回流 1 h。

4. 反应完毕，反应液冷却至室温后，用水稀释。分出有机层，水层用乙醚萃取一次，合并醚层与有机层，用等量的水洗涤 2 次后，加无水硫酸钠干燥。

5. 过滤去掉硫酸钠，常压蒸除溶剂后，进行减压蒸馏，收集 80～82℃/2.13 kPa (16 mmHg)或 95～97℃/4.67 kPa (35 mmHg)或 102～104℃/6.67 kPa(50 mmHg)的馏分。产品为无色透明液体，重 1.80 g。

【附注】

[1] 氯仿有毒，注意室内通风。本实验使用浓氢氧化钠溶液，严防溅入眼睛。

[2] 此反应是在两相中进行，反应过程中必须剧烈搅拌反应物，否则影响产率。

[3] 滴液漏斗滴过氢氧化钠溶液后，应立即洗净；否则，碱性物质使活塞粘连难打开。

[4] 反应液在分层时，常出现较多絮状物，可抽滤处理。

【思考题】

1. 本实验为何搅拌要充分？

2. 氯仿为何要过量？写出碳烯的形成过程。

3. 以本反应为例，写出相转移催化的过程。

7.4 2-庚酮

2-庚酮是昆虫警戒信息素，其合成方法利用乙酰乙酸乙酯与卤代烷的 S_N2 反应生成烷基乙酰乙酸乙酯，再经酮式分解得到 2-庚酮。实验中需用无水溶剂，故先从制备绝对无水乙醇开始。

7.4.1 无水乙醇和绝对乙醇的制备 Preparation of Anhydrous and Absolute Ethanol

【预习提示】

无水试剂；无水操作。

【安全提示】

氧化钙（碱性腐蚀品）；乙醇（微毒类易燃液体）；钠（遇湿易燃物品）；镁（自燃物品；遇湿易燃物品）

【实验目的】

学习实验室用氧化钙制备无水乙醇的方法，掌握无水回流、无水蒸馏等常规无水操作；学习实验室制备绝对乙醇的方法。

【实验原理】

$$H_2O + CaO \longrightarrow Ca(OH)_2$$

$$Mg + 2C_2H_5OH \longrightarrow Mg(OC_2H_5)_2 + H_2$$

$$Mg(OC_2H_5)_2 + 2H_2O \longrightarrow Mg(OH)_2 + 2C_2H_5OH$$

$$2Na + 2C_2H_5OH \longrightarrow 2C_2H_5ONa + H_2$$

$$C_2H_5ONa + H_2O \rightleftharpoons NaOH + C_2H_5OH$$

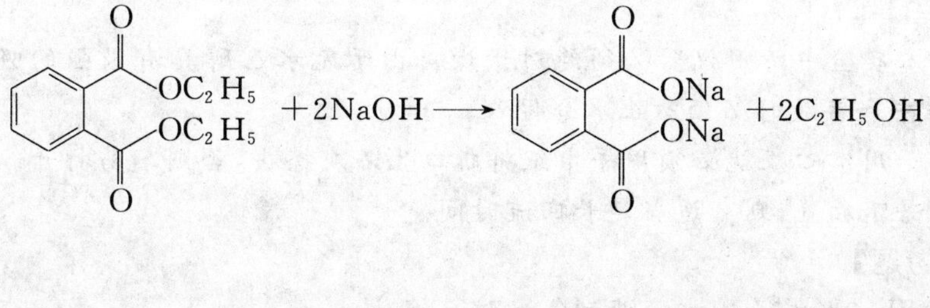

【实验试剂与仪器装置】

1.实验试剂

乙醇 100 mL(95.6%),生石灰 25 g,镁 0.3 g,钠 1.0 g,邻苯二甲酸二乙酯 2.0 g。

2.仪器装置

无水蒸馏装置,无水回流装置,$CaCl_2$ 干燥管。

【实验操作步骤】

1.无水乙醇(含量 99.5%)的制备

在 250 mL 圆底烧瓶中加入 100 mL 95.6%乙醇和 25%生石灰,用塞子塞住瓶口,放置至下次实验。

下次实验时,拔去塞子,装上回流冷凝管,其上端接 $CaCl_2$ 干燥管。在水浴上加热回流 2 h,稍冷后,拆去回流冷凝管改成蒸馏装置。用水浴加热,蒸去前馏分,再用已称量的干燥瓶作接受器,蒸馏至几乎无液滴流出为止。立即用空心塞塞住无水乙醇的瓶口,称重,计算回收率。

2.绝对乙醇(含量 99.95%)的制备

(1)用金属镁制备。装上回流装置,冷凝管上端接 $CaCl_2$ 干燥管。在 100 mL 圆底烧瓶中放入0.3 g干燥的镁条(或镁屑),10 mL 99.5%乙醇和几小粒碘,用热水浴温热(注意此时不要振摇),不久在碘周围的镁发生反应,观察到碘棕色减退,镁周围变混浊,并伴随着氢气的放出。随着反应的扩大,碘的颜色逐渐消失,有时反应可以相当剧烈。待反应稍缓和后,继续加热使镁基本上反应完毕。然后加入 40 mL 99.5%乙醇和几粒沸石,加热回流 0.5 h。改成蒸馏装置,以下操作同 1。

(2)用金属钠制备。装置同上。在 100 mL 圆底烧瓶中放入 1 g 金属钠和 50 mL 99.5%乙醇,加入几粒沸石。加热回流 0.5 h,然后加入 2 g 邻苯二甲酸二乙酯,再回流 10 min。以下操作同 1。

纯粹乙醇:b. p. =78.85℃;m. p. =−115℃;n_D^{20}=1.361 6;d_4^{20}=0.789 3。

【附注】

[1] 本实验中所用仪器必须绝对干燥。由于无水乙醇具有很强的吸水性,故操作过程中和存放时必须防止水分侵入。

[2] 如用空心塞就必须用手巾纸将瓶口生石灰擦去,否则不易打开。

[3] 若不放置,则可适当延长回流时间。

【思考题】

如何用 50%的乙醇水溶液制备绝对乙醇?

【附图】

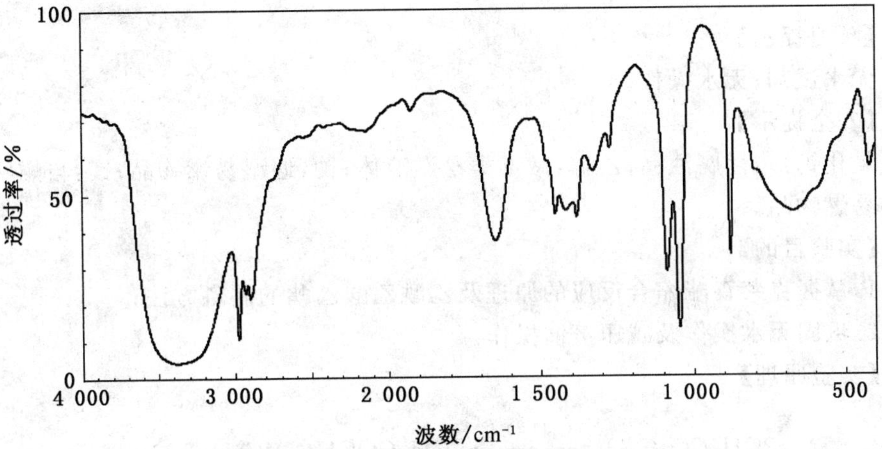

图 7-3　乙醇的 IR 图谱

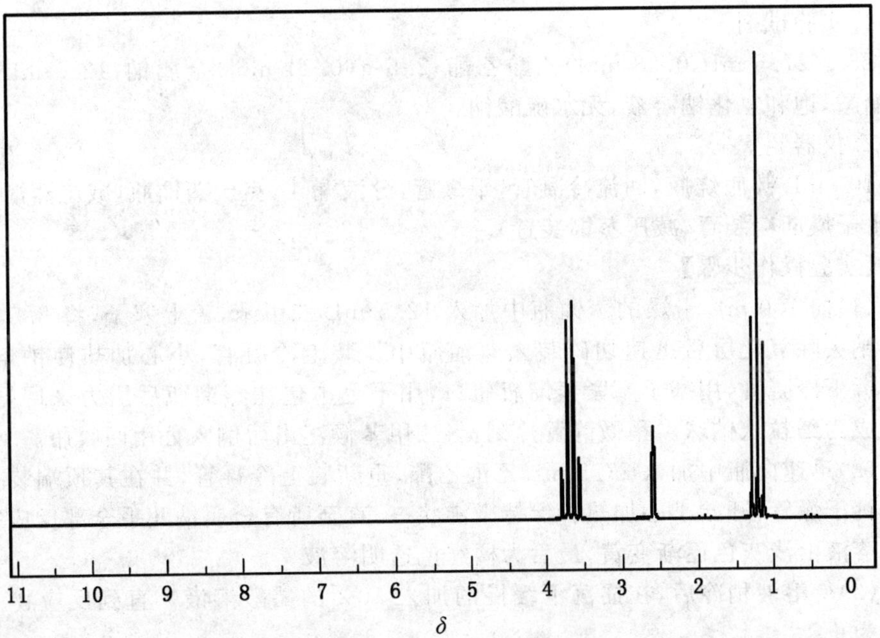

图 7-4　乙醇的 ^{1}H NMR 图谱

7.4.2 乙酰乙酸乙酯的制备 Preparation of Ethyl Acetoacetate

【预习提示】

无水试剂;无水操作。

【安全提示】

氧化钙:碱性腐蚀品;乙醇:微毒类易燃液体;钠:遇湿易燃物品;镁:自燃物品;遇湿易燃物品。

【实验目的】

1. 掌握克莱森酯缩合反应的原理及乙酰乙酸乙酯的制备方法;

2. 巩固无水操作及减压蒸馏操作。

【实验原理】

$$2CH_3CO_2C_2H_5 \xrightarrow{C_2H_5ONa} [CH_3COCHCO_2C_2H_5]^- Na^+$$

$$\xrightarrow{HOAc} CH_3COCH_2CO_2C_2H_5 + NaOAc$$

【实验试剂与仪器装置】

1. 实验试剂

25 g(27.5 mL,0.38 mol)乙酸乙酯,2.5 g(0.11 mol)金属钠,12.5 mL二甲苯,醋酸,饱和氯化钠溶液,无水硫酸钠。

2. 仪器装置

100 mL 圆底烧瓶,回流冷凝管,干燥管,分液漏斗,克氏蒸馏瓶,减压蒸馏装置(无水干燥回流装置,减压蒸馏装置)。

【实验操作步骤】

(1)向 100 mL 干燥的蒸馏瓶中加入 12.5 mL 二甲苯,盖上塞子,将 2.5 g 的金属钠去除氧化层后迅速切碎装入蒸馏瓶中。装上冷凝管,小心加热使钠熔化。立即拆下冷凝管,用塞子塞紧蒸馏瓶瓶口,用干毛巾包住蒸馏瓶后用力来回振摇,直至成为细粒状钠珠。稍微静置片刻,将二甲苯倾滗出后倒入公用回收瓶。

(2)迅速向瓶中加入 27.5 mL 乙酸乙酯,重新装上冷凝管,并在其顶端装上一氯化钙干燥管,开始小心加热。保持微沸状态,直至所有金属钠几乎全部反应完为止。溶液由浅灰色逐渐变黄,最后为橘红色透明溶液。

(3)待溶液稍冷后,在摇荡下缓慢的加入 50%的醋酸溶液。直到反应物为弱酸性为止。

将反应物装入分液漏斗,加入等体积的饱和氯化钠溶液,用力振摇片刻,静置分层,取出上层有机层倒入一锥型瓶中。

(4)向锥形瓶中加入无水硫酸钠干燥。将溶液滤入蒸馏瓶中,用少量乙酸乙酯洗涤干燥剂,并将溶液转入蒸馏瓶中。

(5)常压蒸馏除去未反应的乙酸乙酯,将剩余溶液移入 25 mL 克氏蒸馏瓶中进行减压蒸馏。收集乙酰乙酸乙酯。

【附注】

[1] 本实验要求无水操作。注意钠的安全使用。

[2] 打钠珠很关键,钠珠打得好(细小),既能提高产率,又能缩短反应时间 。钠珠的制作过程中间一定不能停,且要来回振摇,不要转动。

[3] 用醋酸转化乙酰乙酸乙酯钠盐时,当溶液已呈弱酸性,而尚有少量固体未完全溶解时,可加入少量水使其溶解。要注意避免加入过量的醋酸,否则会增加酯在水层中的溶解度而降低产率。另外当酸度过高时,会促进副产物“去水乙酸”的生成,因而降低产率。

【附图】

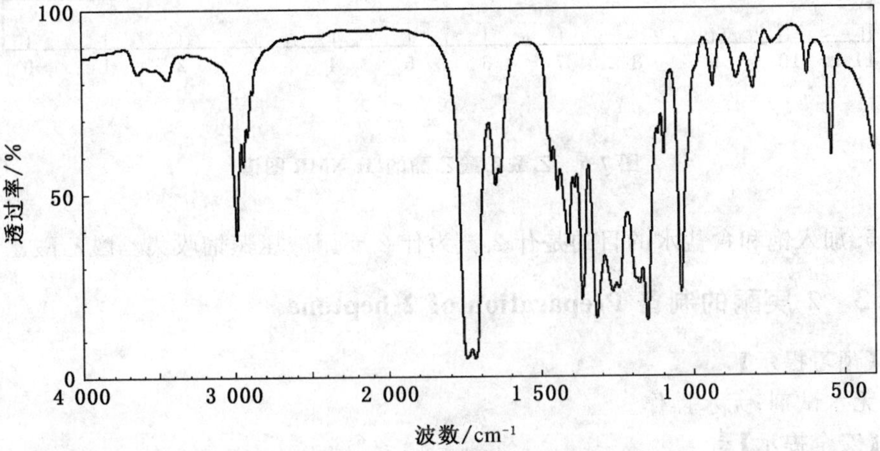

图 7-5　乙酰乙酸乙酯的 IR 图谱

【思考题】

1. Claisen 酯缩合反应的催化剂是什么?本实验为什么可以用金属钠代替?

2. 为什么使用二甲苯作溶剂,而不用苯、甲苯?

3. 碱催化条件下,缩合反应实际得到的产物是什么?加 50%醋酸目的何在?为什么用醋酸酸化,而不用稀盐酸或稀硫酸酸化?为什么要调到弱酸性,而不是中性?

4. 中和过程开始析出的少量固体是什么?

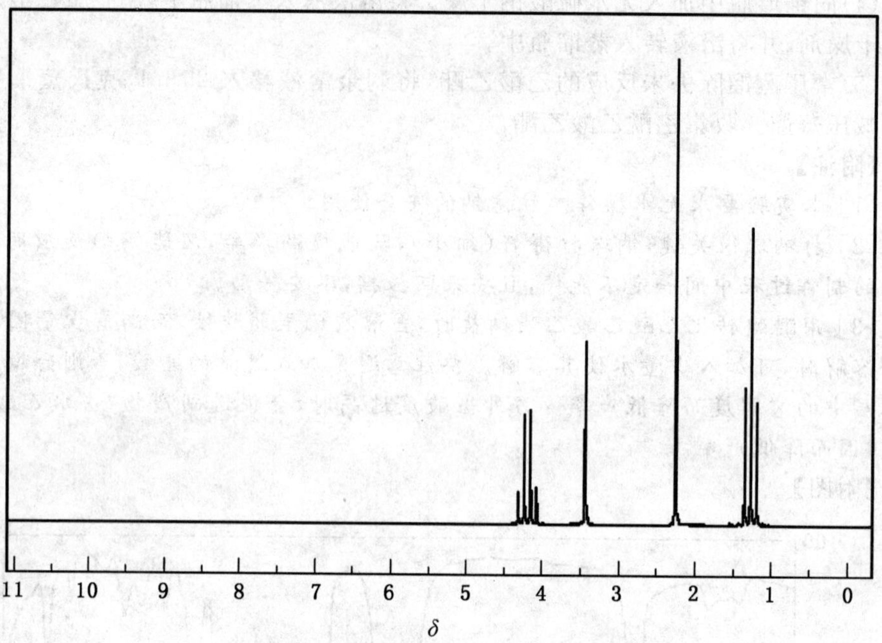

图 7-6 乙酰乙酸乙酯的¹H NMR 图谱

5. 加入饱和食盐水的目的是什么？为什么要用减压蒸馏收集乙酰乙酸乙酯？

7.4.3 2-庚酮的制备 Preparation of 2-heptone

【预习提示】

无水试剂；无水操作。

【安全提示】

乙酰乙酸乙酯：微素类中等刺激性和麻醉性易燃液体；乙醇：微毒类易燃液体；钠：遇湿易燃物品；正溴丁烷：中闪点易燃液体。

【实验目的】

1. 学习和掌握乙酰乙酸乙酯在合成中的应用原理。

2. 学习乙酰乙酸乙酯的钠代、烃基取代、碱性水解和酸化脱羧的原理及实验操作。

3. 进一步熟练掌握蒸馏、减压蒸馏、萃取的基本操作。

4. 了解生物信息素的作用及应用。

【实验原理】

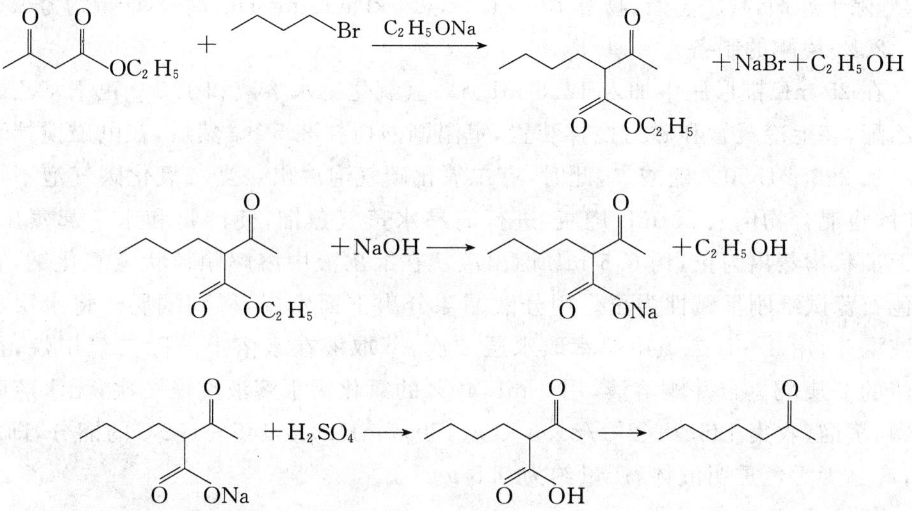

【实验试剂与仪器装置】

1. 实验试剂

乙酰乙酸乙酯 1.95 g(0.015 mol)，无水乙醇 7.5 mL，金属钠0.4 g，正溴丁烷 2.3 g(0.017 mol)，盐酸，5%氢氧化钠水溶液，50%硫酸，石蕊试纸，二氯甲烷，40%的氯化钙水溶液，无水硫酸钠。

2. 仪器装置

磁力搅拌器，冷凝管，滴液漏斗，25 mL 三口烧瓶，分液漏斗，抽滤瓶，锥形瓶。

【实验操作步骤】

1. 正丁基乙酰乙酸乙酯的制备

在装有磁力搅拌器、冷凝管和滴液漏斗的干燥 25 mL 三口烧瓶中，放置 7.5 mL绝对乙醇，在冷凝管上方装上干燥管[1]，将 0.4 g 金属钠碎片分批加入[2]，以维持反应不间断进行为宜，保持反应液呈微沸状态，待金属钠全部作用完后，加入 0.2 g 碘化钾粉末[3]，塞住三口瓶的另一口，开动搅拌器，室温下滴加 1.95 g (1.9 mL)乙酰乙酸乙酯[4]，加完后继续搅拌、回流 10 min。然后，慢慢滴加 2.3 g (1.9 mL)正溴丁烷，约 15 min 加完，使反应液徐徐地回流 3～4 h，直至反应完成为止。此时，反应液呈橘红色，并有白色沉淀析出。为了测定反应是否完成，可取 1 滴反应液点在湿润的红色石蕊试纸上，如果仍呈红色，说明反应已经完成。

将反应物冷至室温，过滤，除去溴化钠晶体，用 2.5 mL 绝对乙醇洗涤 2 次。简单蒸馏除去过量乙醇。然后，冷至室温，加入稀盐酸(12.5 mL 水加 0.15 mL 浓盐酸),将反应物转移至分液漏斗中,分去水层,用水洗涤有机层。并用无水硫酸钠干燥,滤除干燥剂,减压蒸馏,收集 107～112℃/17 kPa(13 mmHg)馏分,产量约为 1.5 g。

2. 2-庚酮的制备

在 25 mL 锥形瓶中加入 12.5 mL 5%氢氧化钠水溶液和 1.5 g 正丁基乙酰乙酸乙酯,装上冷凝管和磁力搅拌装置,室温剧烈搅拌 3.5 h。然后,在电磁搅拌下慢慢滴加 2.3 mL 50%硫酸[5],此时,有二氧化碳气泡放出。当二氧化碳气泡不再逸出时,将混合物倒入 25 mL 烧瓶,进行简易水蒸气蒸馏,使产物和水一起蒸出,直至无油状物蒸出为止,约 6.5 mL 馏出液。在馏出液中溶解颗粒状氢氧化钠,直至红色石蕊试纸刚呈碱性为止。用分液漏斗分出下面水层,得到酮层。将水层放回分液漏斗,用 3 mL 二氯甲烷萃取水层 2 次,萃取液在水浴上蒸除二氯甲烷,得到残留的 2-庚酮。合并酮溶液,用 2 mL 40%的氯化钙水溶液洗涤 2 次,无水硫酸钠干燥,蒸馏,收集 135～142℃/81.3 kPa(150 mmHg)或 145～152℃的馏分,即2-庚醇,产品为无色透明液体,产量约为 0.5 g。

【附注】

[1] 仪器和乙醇中有水,会降低产率。

[2] 金属钠遇水放出氢气,并放热,使用时注意安全。

[3] 加入碘化钾可加速反应的进行。

[4] 乙酰乙酸乙酯储存时间长,会出现部分分解,使用前需减压蒸馏重新纯化。

[5] 滴加速度不宜过快,否则,酸分解时逸出大量二氧化碳而冲料。

【附图】

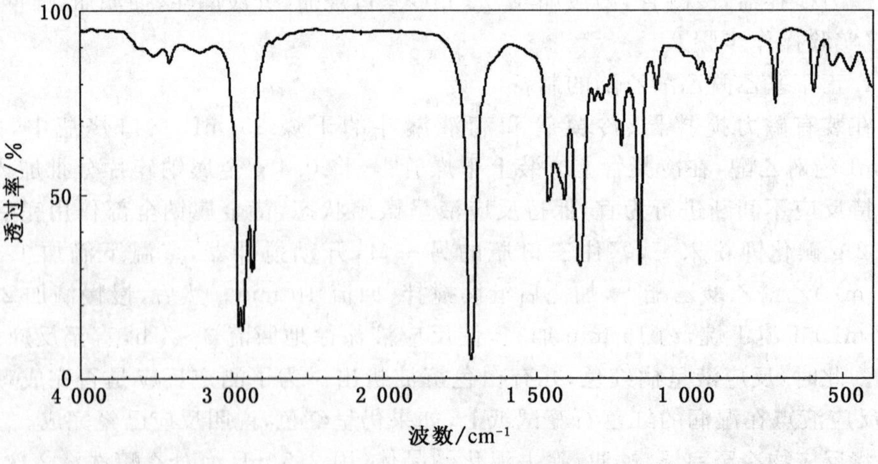

图 7-7 2-庚酮的 IR 图谱

【其他制备方法】

以 2-庚醇为原料经脱氢制备[1]；由丁醛与丙酮交叉羟醛缩合制备[2]；由生物发酵制备[3]。

【引用文献】

1. Hirano，Masao；Nagasawa，Sonoko；Morimoto，Takashi．A convenient preparation of ketones by the oxidation of secondary alcohols with chromium(Ⅵ) trioxide in aprotic solvent in the presence of "wet"-aluminum oxide. Bulletin of the Chemical Society of Japan (1991)，64(9)，2857-2859

2. Lopez，Joseph；Jacquot，Roland；Figueras，Francois. Heterogeneous catalysis of aldolizations on activated hydrotalcites. Studies in Surface Science and Catalysis (2000)，130A(International Congress on Catalysis，2000，Pt. A)，491-496

3. Einert T，Hausmanns S，Laufenberg，et al. Toegepaste Boil Wet.，1996，61(4a)，1649-1652

【思考题】

1. 乙酰乙酸乙酯在合成中有什么用途？烷基取代乙酰乙酸乙酯与稀碱和浓碱作用，将分别得到什么产物？

2. 如何利用乙酰乙酸乙酯合成下列化合物？

(1)4-苯基-2-丁酮　(2)4-甲基-2-己酮　(3)2,6-庚二酮

(4)苯甲酰乙酸乙酯　(5)3-甲基-2-庚酮

7.5　乙酰水杨酸和水杨酸甲酯

乙酰水杨酸(aspirin)是一种常用的解热镇痛、抗风湿类药物，广泛应用于临床治疗和预防心脑血管疾病，近年来还不断发现它的新用途。它可由水杨酸和乙酸酐反应得到。

水杨酸甲酯又名柳酸甲酯，最早是从冬青植物中提取来，具有冬青树叶香气故又称冬青油，主要用于香料医药制剂中口腔药与溶剂等赋香剂，也用作溶剂与中间体，在制造杀虫剂、杀菌剂、涂料、化妆品、油墨和纤维助染剂等日用化工领域有广泛的应用。

7.5.1　乙酰水杨酸的制备 Preparation of Acetyl Salicylic Acid

【预习提示】

有机酸及酚类化合物的酸性；乙酰化操作。

【安全提示】

水杨酸(有刺激性);醋酸酐(酸性腐蚀品);三氯化铁(酸性腐蚀品);浓硫酸(中等毒性酸性腐蚀品)。

【实验目的】

1.学习用乙酸酐作酰基化试剂酰化水杨酸制乙酰水杨酸的酯化方法;

2.巩固重结晶、熔点测定、抽滤等基本操作;

3.了解乙酰水杨酸的应用价值。

【实验原理】

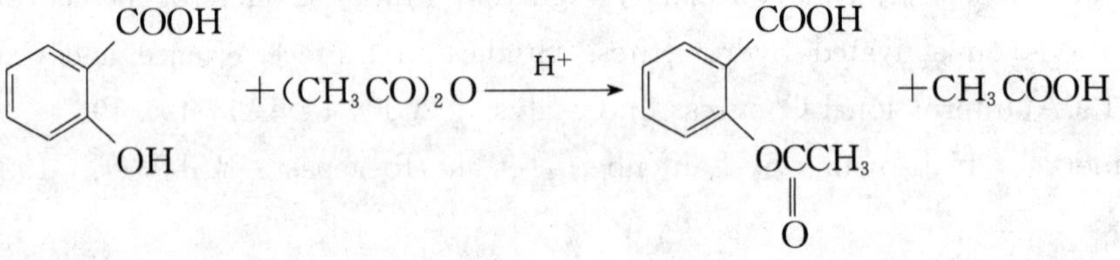

【实验试剂与仪器装置】

1.实验试剂

水杨酸,醋酸酐,饱和碳酸氢钠,1%三氯化铁溶液,浓盐酸,浓硫酸。

2.仪器装置

锥形瓶,布氏漏斗,吸滤瓶,烧杯。

【实验操作步骤】

在 25 mL 锥形瓶中加入 1.25 mL 乙酸酐,0.5 g 水杨酸[1]和 1 滴浓硫酸,摇动锥形瓶使水杨酸全部溶解,85～90℃加热 8 min。

用冷水冷却使结晶析出。加入 12 mL 水,继续用冰水冷却使结晶完全析出。抽滤并用少量水洗涤结晶,滤干后所得粗产物转移到 20 mL 烧杯中,加入 6 mL 饱和碳酸氢钠溶液,搅拌至无 CO_2 气泡产生。抽滤,滤液倒入盛有酸液(1 mL 浓 HCl+2.5 mL水)的 10 mL 烧杯中,搅拌用冰水冷却结晶。抽滤并用少量水洗涤结晶[2],经干燥得产品约 0.35 g。熔点 133～135℃[3]。

【附注】

[1] 乙酸酐须重新蒸馏、水杨酸需预先干燥。

[2] 为了检验产品中是否还有水杨酸,利用水杨酸属酚类物质可与三氯化铁发生颜色反应的特点,用几粒结晶加入盛有 3 mL 水的试管中,加入 1～2 滴 1% $FeCl_3$ 溶液,观察有无颜色反应(紫色)。

[3] 产品乙酰水杨酸易受热分解,因此熔点不明显,它的分解温度为 128～

125℃。用毛细管测熔点时宜先将溶液加热至 120℃左右，再放入样品管测定。

【附图】

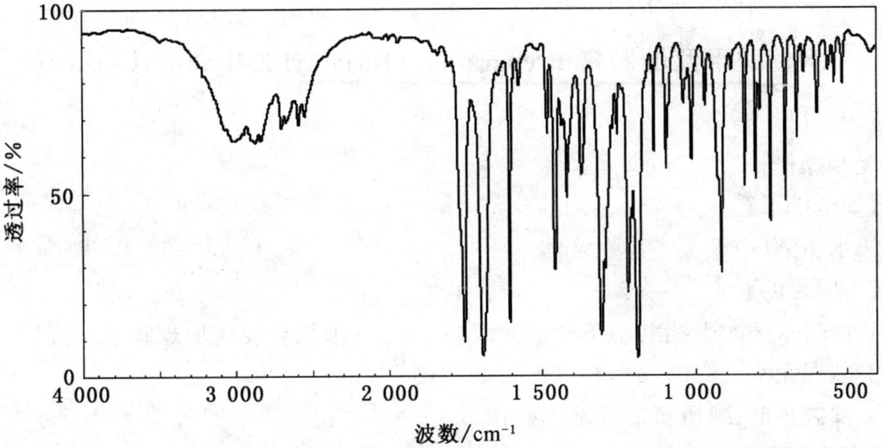

图 7-8　乙酰水杨酸的 IR 图谱

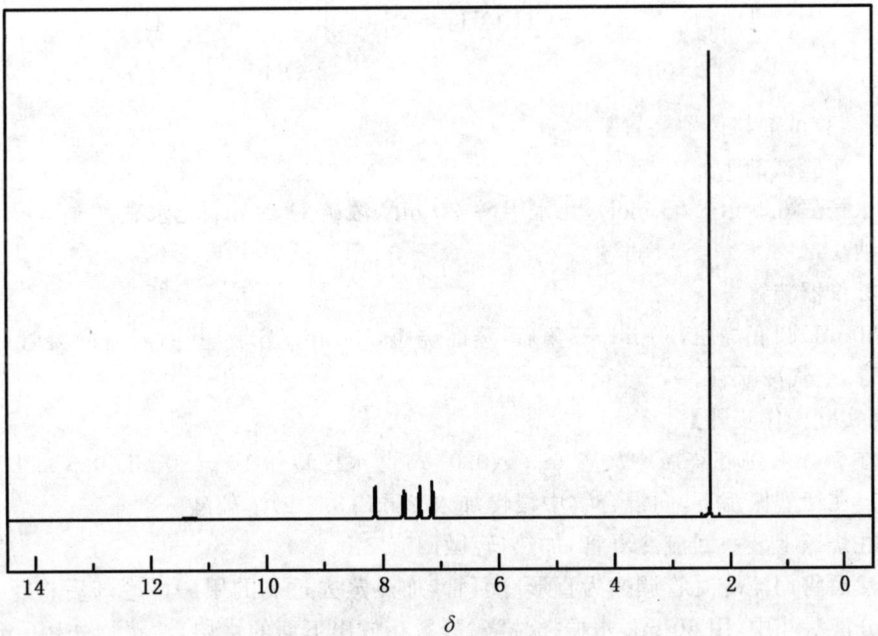

图 7-9　乙酰水杨酸的 ^{1}HNMR 图谱

【思考题】

1. 反应中有哪些副产品，如何除去？

2. 反应中加入浓硫酸的目的是什么？

7.5.2 水杨酸甲酯的制备 Preparation of Methyl 2-Hydroxybenzoate

【预习提示】

无水操作。

【安全提示】

无水甲醇(中等毒类易燃液体)。

【实验目的】

1. 通过水杨酸甲酯的制备学习并掌握 Claisen 酯缩合反应原理和基本操作；

2. 掌握无水反应的操作要点；

3. 掌握蒸馏、减压蒸馏等基本操作。

【实验原理】

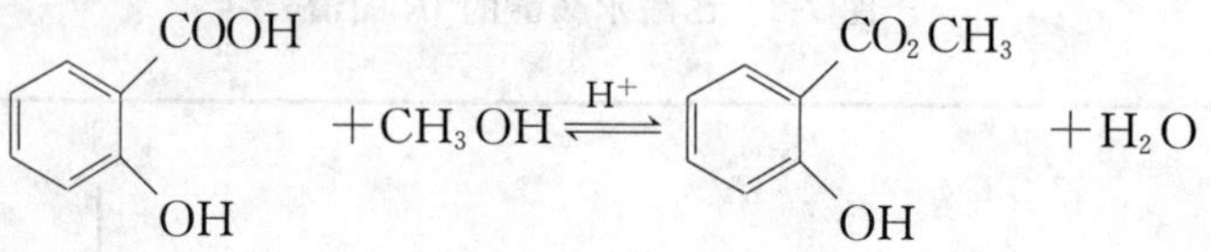

【实验试剂与仪器装置】

1. 实验试剂

水杨酸 6.9 g(0.05 mol)，无水甲醇 20 mL，浓硫酸 2 mL，无水碳酸钠 5 g，无水硫酸钠 1 g。

2. 仪器装置

50 mL 圆底烧瓶，50 mL 三角瓶，蒸馏烧瓶，100 mL 分液漏斗，回流冷凝管，直形冷凝管，空气冷凝管。

【实验操作步骤】

在 50 mL 圆底烧瓶中放置 6.9 g(0.05 mol)水杨酸和 16 g(20 mL，0.5 mol)无水甲醇。在猛烈振荡下，向混合物中慢慢加入 2 mL(3.6 g)浓硫酸。

在烧瓶上装一回流冷凝管，加热，轻微回流 6 h。

然后将回流冷凝管调换为直形冷凝管，加热蒸去过剩的甲醇。冷却后将反应物移至分液漏斗中，用 60 mL 水振摇洗涤，静置。放出下面的水层，油状物先用5 mL水洗涤[1]，再用浓碳酸钠溶液洗至对石蕊试纸呈碱性[2]，最后再用水洗。洗过的产品用 1 g 无水硫酸钠干燥 0.5 h，用小漏斗将液体滤至蒸馏瓶内，后者与空气冷凝管连接。

加热蒸馏，收集 221～224℃的馏分。

水杨酸甲酯的产量约 6.4 g(约为理论产量的 84%)。

产品是无色液体。熔点 8.6℃，沸点 223℃或 101℃/12 mm Hg。水杨酸甲酯有常春藤油(白珠油)的气味；溶于乙醇和其他有机溶剂，也溶于不太浓的氢氧化钾溶液；酸化时可从中重新析出并得到原物。遇三氯化铁溶液呈红色。

【附注】

[1] 如果在用水或碳酸钠溶液洗涤酯时由于两种液体比重的差别较小而生成乳剂，则需要添加 10～15 mL 四氯化碳并充分振荡。含有酯的四氯化碳层容易分出而沉于分液漏斗底部，放出下层，按实验中所述继续处理。

[2] 用碳酸钠溶液洗涤产品时，放出二氧化碳，因此分液漏斗不要盖上塞子。

【附图】

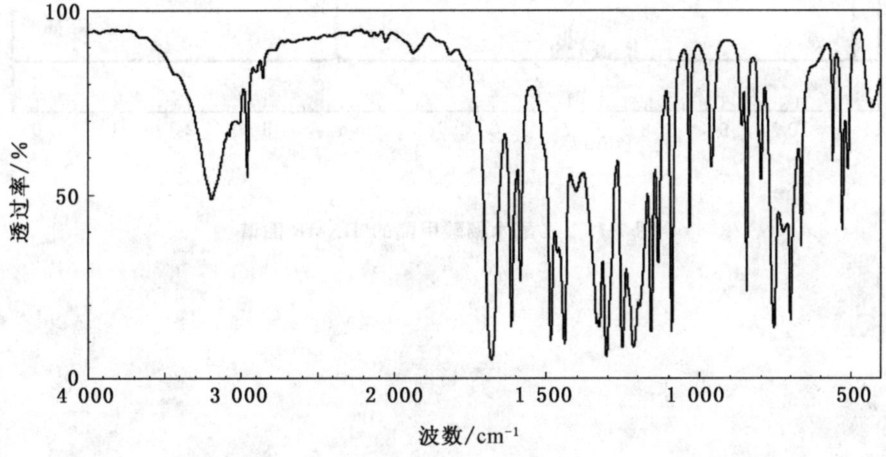

图 7-10　乙酰水杨酸甲酯的 IR 图谱

【思考题】

1. 试写出水杨酸和甲醇的酸催化酯化反应的机理。

2. 硫酸在此反应中的作用是什么？硫酸在反应中是否被消耗？

3. 为使平衡趋向于生成更多的酯，本实验中使用过量甲醇；试叙述能达到同样结果的其他一些办法。

4. 硫酸和过剩的甲醇是怎样在反应完成后从粗酯中除去的？

5. 为什么在萃取中要使用 5% $NaHCO_3$？若用 5%氢氧化钠将会发生什么情况？

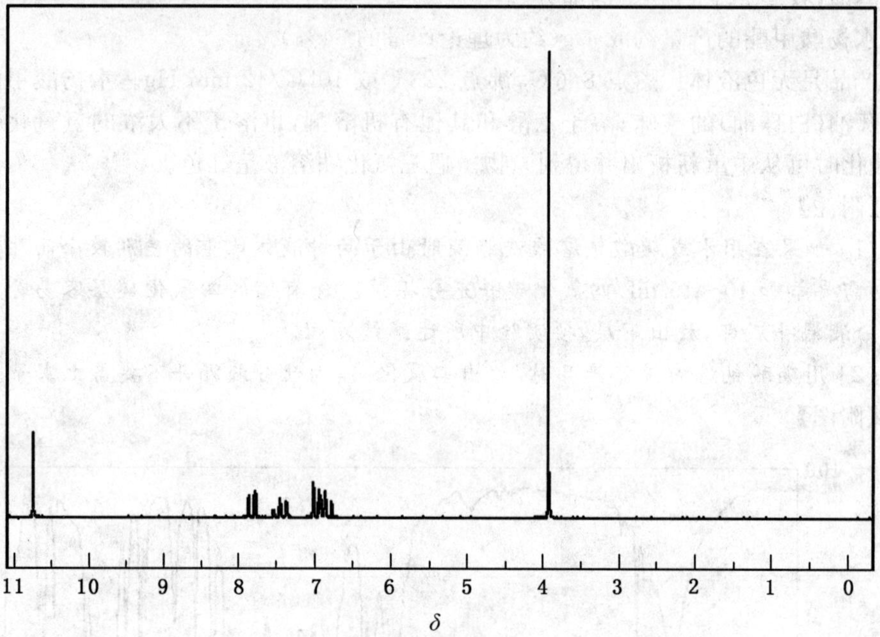

图 7-11 乙酰水杨酸甲酯的^{1}HNMR 图谱

第 8 章　设计性及研究性实验

设计性实验是参考给定的实验样例和相关资料，按照实验题目要求，学生自主设计实验方案、独立操作完成的实验。

选定实验题目后，在教师指导下，学生自己查阅相关文献资料，并依照参考实验，运用所学的理论知识和实验操作技术，根据实验室条件和设计题目要求，独立设计实验方案，完成包括实验目的、实验原理（主、副反应）、仪器选择、装置组建、药品用量、操作步骤、实验可能发生事故的预防、实验结果预测、结果鉴定、废弃物处理等一整套方案的制定。实验方案确定后，可与指导教师或同学讨论，进一步完善方案，然后独立完成全部实验内容。实验完成后，写出完整的实验报告。

设计性实验能够培养学生查阅文献资料、独立思考、设计实验的能力以及独立进行实际操作的动手能力，也能培养学生分析问题和解决问题的综合能力。

研究性实验是通过实验室方法对有机化学研究题目的全过程进行探索研究，与设计性实验不同在于对已掌握的大量文献资料进行分析、整理，选定合理的研究路线，反复修改、完善实验方案，优化实验参数，力争得到最优实验结果。

研究性实验可以让学生初步掌握有机化学课题研究的过程，培养科学研究的思维方法和创新意识，同时达到提高有机化学实验动手能力的目的。

本章列出 5 个实验，8.1～8.4 为设计性实验，8.5 为研究性实验，供有条件的同学选做。

8.1　混合物的分离与鉴别

阿司匹林、非那西汀、醋氨酚等都是常见的非处方止痛药。除了单独成方制成药片外，在非处方止痛药商品中还常见到复方止痛药，即它们中的二种或三种复配。有的还加入咖啡因或其他活性组分进行复配，满足不同人群和不同疼痛症状的需要。常见的非处方止痛药活性组分如下：

表 8-1 常见的非处方止痛药活性组分

商品名	生产厂商	止痛药活性组分			
		阿司匹林	非那西汀	醋氨酚	咖啡因
阿司匹林肠溶片	锦州九泰制药厂	√			
扑热息痛(醋氨酚)	大连盐化制药厂			√	
非那西汀			√		
酚咖片				√	√
复方对乙酰氨基酚		√		√	√
复方阿司匹林(镇痛片)	锦州九泰制药厂	√	√		√
紫外吸收 λ_{max}/nm		276	249	250	273
化合物的熔点/℃		135～138	134～136	169～170	234～237

8.1.1 复方止痛药片成分的分离与鉴定 Separation and Identification of Active Component of Anodyne Tablet

【实验目的】

参考色谱分离技术,设计分离、测定复方对乙酰氨基酚药片或复方阿司匹林(镇痛片)药片的活性组分的实验。

【实验要求】

独立设计,实施操作,鉴别出活性组分。

【实验提示】

测定方法可用 TLC 分离、分析法,也可用高效液相色谱法,甚至可用分离出纯活性组分后进行测定。下面就 TLC 法提供一些设计参考。

(1)非处方止痛药片包括两大成分:非活性成分主要是淀粉等辅料;活性组分即前表中的化合物;活性组分的种类不同、含量不等。

(2)可用二氯甲烷与甲醇的 1∶1 混合物萃取,把药片的活性组分与非活性组分分开。

(3)根据显色方式选择吸附剂硅胶的种类。按相应要求制板或采用市售的商品层析板。

(4)展开剂可用乙酸乙酯,也可以采用混合展开剂。

(5)显色可用碘蒸气熏蒸法,也可以在紫外灯下观察斑点。

(6)要用标样确定各组分的 R_f 值。

(7)如果要分离出各种纯的活性组分,制板时吸附剂涂层要厚,点样成条状,量要大。

【说明】

指导教师可根据当地药店供应止痛药片的情况，选用其他止痛药片供学生实验用。

【参考文献】

1. 米勒. 现代有机化学实验. 上海：上海科学技术出版社，1987：418

2. 吴世晖，周景尧，林子森，等. 中级有机化学实验. 北京：高等教育出版社，1986：150

3. Schoffstall A M, *et al*. Microscale and Miniscale Organic Chemistry Laboratory Expeiments. Boston: McGraw-Hill, 2000

4. Williamson K L. Macroscale and Microscale Organic Experiments, 3rd edition. Boston: Houghton MiffLin Company, 1999: 511

5. 高占先. 有机化学实验. 4 版. 北京：高等教育出版社，2004：206

【思考题】

总结自己做本设计性实验的体会。

8.2　有机化学反应的研究方法

在有机化学的教材中经常写出烷基苯氧化得到苯甲酸的通用反应式：

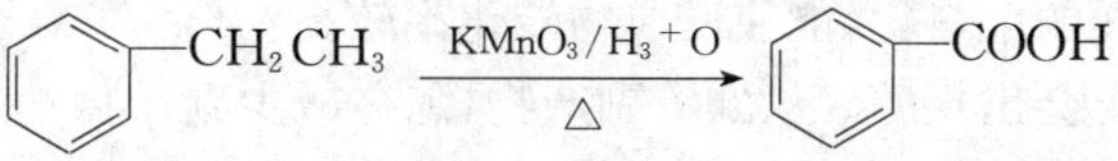

不论侧链多长以及侧链上是否有其他基团，只要有 α-氢，就能被强氧化剂氧化成苯甲酸。

这一通用反应结论是怎样得来的？实验根据是什么？烷基苯的苯环上带有对氧化为惰性的基团如卤原子、硝基等这一结论是否适用？又怎样证明它？这些问题归纳起来，就是如何进行有机化学课题的研究，初学有机化学者对这些问题都感兴趣。这是理论研究与实验研究综合能力的训练与培养的必经途径。本实验的目的除了达到设计性实验外，还要达到对有机化学的基本问题有个全面的认识。

8.2.1 取代烷基苯的氧化反应研究——取代苯甲酸的制备 Preparation of Benzoic Acid Derivatives

【实验目的】

参考由甲苯氧化制备苯甲酸的方法，设计由2-氯甲苯、3-氯甲苯、4-氯甲苯、2-溴甲苯、3-溴甲苯、4-溴甲苯、2-硝基甲苯、3-硝基甲苯、4-硝基甲苯以及相应的取代乙苯、苯氯甲烷及苯甲醇等中一个或两个为反应物，氧化制备相应的苯甲酸或取代苯甲酸：

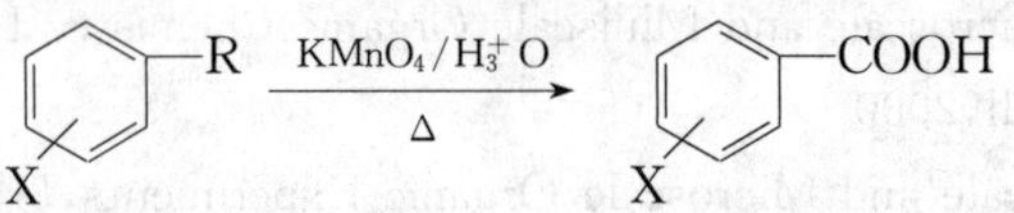

(X =—H，—Cl，—Br，—NO_2；R =—CH_3，—CH_2CH_3，—CH_2OH，—CH_2Cl)

【实验要求】

查阅资料，设计方案、实施制备操作，包括对产物的制备、分离、提纯、鉴定的全过程。

【实验提示】

(1)确定实验规模：常量、小量、半微量或微量合成，估计产物的量。

(2)选择氧化方法，如多相氧化还是相转移催化氧化；选择氧化剂，若用高锰酸钾为氧化剂，应确定是在酸性、中性还是在碱性介质中氧化。

(3)估计取代基的位置、种类、烷基链长以及链上的取代基对反应是否会有影响。

(4)选择什么样的配料比，能使反应物转化率较高？

(5)反应中是否会出现醇、醛、酮等副产物，怎样减少副产物？如何分离？

(6)过量的氧化剂如何处理？

(7)二氧化锰颗粒很细，怎样才能顺利过滤？

(8)选择反应装置，仪器的规格如何？

(9)选择鉴定产物的方法：测熔点、TLC法、测IR、测^{1}H-NMR等均可。

(10)写出完整的实验报告。

【说明】

指导教师可根据实验室的条件，指定学生使用的原料，还可以指定学生分组实验，然后对比、讨论、总结实验结果。

【参考文献】

1. Adrian, James C., Jr.; Hull, Leslie A. The oxidation of alkylbenzenes: using data pooling in the organic laboratory to illustrate research in organic chemistry. Jour-

nal of Chemical Education (2001), 78(4), 529-530

2. Lampman, Gary M.; Sharpe, Steven D. A phase transfer catalyzed permanganate oxidation: preparation of vanillin from isoeugenol acetate. Journal of Chemical Education (1983), 60(6), 503-504

3. 袁履冰. 有机化学. 北京:高等教育出版社,2000:173

4. 高占先,有机化学实验. 4 版. 北京:高等教育出版社,2004:209

【思考题】

1. 总结自己与同学的实验结果并讨论。

2. 怎样用有机实验取得的数据证明有机化学中的通用反应式。

3. 结合本实验说明有机化学实验与有机化学理论间的关系。

8.3　甘氨酰甘氨酸的合成 Synthesis of Glycylglycine

【实验提示】

甘氨酰甘氨酸是一种生化试剂,用于医药生物研究中。

甘氨酸在乙二胺中加热进行缩合,生成 2,5-二羰基哌嗪,再经水解得到甘氨酰甘氨酸。

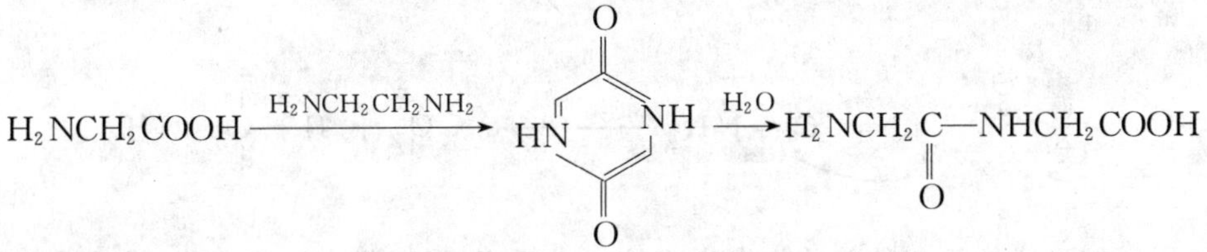

【实验要求】

查阅资料,设计方案、实施制备操作,包括对产物的制备、分离、提纯、鉴定的全过程。

【实验提示】

参考实验 8.2 的提示方案,对实验中的各种因素进行评估,总结实验结果,写出实验报告。

【参考文献】

1. 实用精细化学品手册:有机卷下册. 北京:化学工业出版社,1427

2. 魏太保,顾生玖. 甘氨酰甘氨酸的简便合成方法. 西北师范大学学报:自然科学版. 1998,34(3):93-94

8.4 α-苯乙胺的制备与外消旋体的拆分 Preparation and Resolution of α-Phenyl Ethyla mine

【实验目的】

1. 在外消旋 α-苯乙胺的制备中，掌握萃取、分馏等基本操作；

2. 了解外消旋体的拆分原理及实验技术。

【实验要求】

查阅资料，设计方案、实施制备操作，包括对产物的制备、分离、提纯、鉴定的全过程。

【实验提示】

醛或酮在高温下与甲酸铵反应得到伯胺的反应称为 Leuchart 反应。反应机理如下：

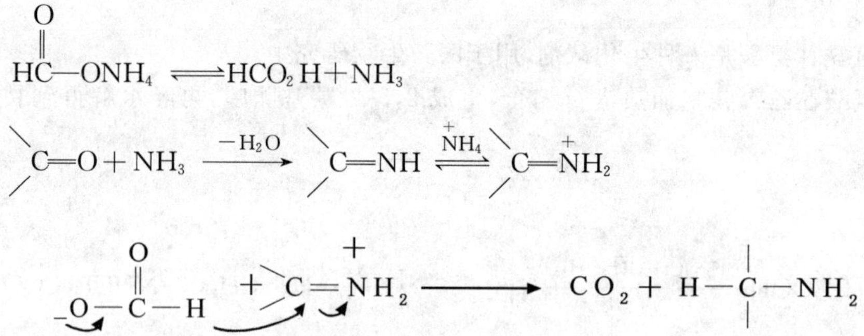

甲酸铵形成的氨与羰基首先发生亲核加成反应，然后脱水生成亚胺，随后被还原成胺。本实验外消旋-苯乙胺的制备反应如下：

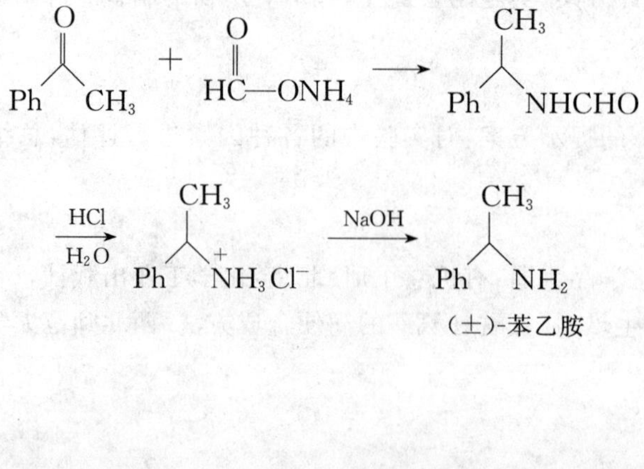

(±)-苯乙胺

以(＋)酒石酸为拆分剂，与外消旋-苯乙胺形成非对映异构体的盐：

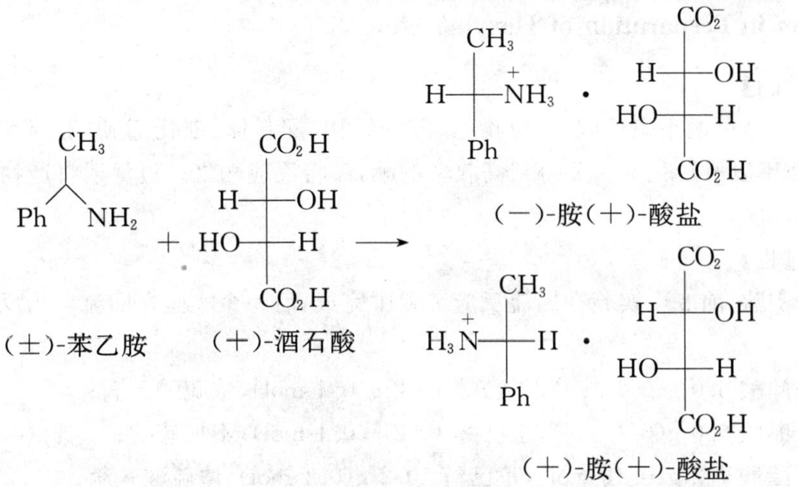

(—)-胺(＋)酸盐非对映体的盐比另一种非对映体的盐在甲醇中的溶解度小，故易从溶液中呈结晶析出，经稀碱处理可以使(—)-α-苯乙胺游离出来。母液中含(＋)-胺(＋)酸盐，原则上经提纯后可以得到(＋)-胺(＋)酸盐，经稀碱处理可以得到(＋)-α-苯乙胺。

查阅文献，首先制备外消旋酒石酸，再用(＋)-酒石酸拆分。第一步反应量以常量为宜，第二步反应可以为半微量。

写出完整的实验报告。

【参考文献】

1. 兰州大学，复旦大学化学系有机化学教研室. 有机化学实验. 2 版. 高等教育出版社，1994：262

8.5 有机化学实验条件的研究

有机化学实验的另一个重要问题是反应条件(实验参数)的确定。这也是一项繁杂的工作。一个化学反应的实验条件由反应物结构、数量、催化剂、温度等参数所决定。反应条件直接影响反应物的转化率和产物的产率。适宜的反应条件，需要通过查阅资料，参照相似的反应，设计实验参数，然后反复实践、比较、筛选才能最后确定下来。

8.5.1 乙酸己酯的制备实验条件的研究 Study on the Experimental Condition in Preparation of Hexyl Acetate

【实验目的】

酯化反应是可逆平衡反应,反应物酸、醇的结构、配料比、催化剂、温度等都影响平衡、反应速率以及转化率。要得到高收率的酯,需将反应物之一过量或将产物分出反应体系。

【实验过程】

做 4 个实验,前 3 个实验在回流反应装置中完成,后一个实验在回流分水反应装置中完成。

实验 1 醋酸 6.0 g(0.1 mol),正己醇 10.2 g(0.1 mol),浓硫酸 5 滴;

实验 2 醋酸 6.0 g(0.1 mol),正己醇 10.2 g(0.1 mol),不加硫酸;

实验 3 醋酸 7.2 g(0.12 mol),正己醇 10.2 g(0.1 mol),浓硫酸 5 滴;

实验 4 醋酸 6.0 g(0.1 mol),正己醇 10.2 g(0.1 mol),浓硫酸 5 滴,甲苯15 mL。

做实验 1、实验 2、实验 3 时,在烧瓶中分别加入上述反应物和几粒沸石。缓慢加热使反应物出现回流,继续回流 30 min 后冷却,用 5 mL 冷水洗涤反应混合物,再用饱和碳酸钠溶液洗涤 2 次,每次用 5 mL,最后再用 5 mL 水洗涤 1 次。加入 15 mL 甲苯,将混合物倒入 50 mL 烧瓶中,蒸馏收集 160℃以前的馏分,残留液保存。

馏出液再重新蒸馏收集 160℃以前的馏分,合并 2 次蒸馏的残留液进行蒸馏,收集 168～173℃的乙酸己酯。

实验 4 在回流分水反应装置中进行到几乎没有生成的水进入分水器中(约 30 min)。在反应过程中及时让分水器中的有机层流回反应器中。记录反应分出的水量。按前 3 个实验的方法(但不加 15 mL 甲苯)分离纯化酯。

写出研究结果的总结报告。

【思考题】

1. 比较 4 个实验,确定乙酸己酯制备的最优的实验方法。

2. 研究实验中加入 15 mL 甲苯是否必要。

3. 研究乙酸丁酯、乙酸异戊酯、乙酸戊酯的合成条件,总结出酯制备实验的一般操作方法和条件。

【参考文献】

1. 周科衍，高占先. 有机化学实验教学指导. 北京：高等教育出版社. 1997，80

2. 麦肯济. 有机化学实验. 大连工学院有机化学教研组，浙江大学有机化学教研组译. 北京：人民教育出版社，1980：102

3. 高占先. 有机化学实验. 4 版. 北京：高等教育出版社，2004：212

附　　录

附录 1　有机化学实验常用名词术语英汉对照表

中文	英文	中文	英文
三口烧瓶	three-neck flask	沸点	boiling point
圆底烧瓶	round-bottom flask	熔点	melting point
梨形瓶	pear-shaped flask	产率	productive rate
锥形瓶	Erlenmeyer flask	红外光谱	Infrared Spectroscopy
蒸馏头	stillhead	核磁共振谱	Nuclear Magnetic Resonance Spectroscopy
克式蒸馏头	claisen head		
分馏柱	Hempel column	紫外光谱	Ultra-Violet Spectroscopy
直型冷凝管	west condenser	质谱	Mass Spectroscopy
空气冷凝管	air condenser	薄层层析	Thin Layer Chromatography
回流冷凝管	reflux condenser	柱层析	Column Chromatography
真空接引管	vacuum adapter	纸色谱	Paper Chromatography
大小口接头	reducing or enlarging adapter	气相色谱	Gas Chromatography
空心塞	stopper	高效液相色谱	High Pressure Liquid Chromatography
温度计套管	thermometer adapter		
温度计	thermometer	吸附剂	absorbent
干燥管	drying tube	固定相	stationary phase
分水器	trap for water	流动相	mobile phase
直筒形分液漏斗	cylindrical separatory funnel	展开剂	developer
梨形分液漏斗	pear-shaped separatory funnel	洗脱	elution
恒压滴液漏斗	pressure-equalized addition funnel	机械搅拌	mechanical stirring
吸滤瓶	filter flask	磁力搅拌	magnetic stirring
布氏漏斗	Büchner funnel	蒸馏	distillation
真空泵	vacuum pump	分馏	fractional distillation
橡皮管	rubber rube	减压蒸馏	vacuum distillation
安全瓶	safety bottle	水蒸气蒸馏	steam distillation
双顶丝	Bunsen clamp holder	酰化	acylation
铁圈	metal ring	酯化	esterification
铁夹	metal clamp	卤代	halogenation

续附录 1

中 文	英 文	中 文	英 文
铁架台	ring stand	水解	hydrolysis
升降台	laboratory jack	分离纯化	isolation and purification
石棉网	asbestos wire gauze	重结晶	recrystallization
酒精灯	alcohol lamp	回流	reflux
毛细管	capillary tube	萃取	extraction
提勒管	Thiele tube	分液	separate
索式提取器	Soxhelt extraction apparatus	过滤	filter
量筒	graduated cylinder	升华	sublimation
烧杯	beaker	脱色	discolor
表面皿	watch glass	浓缩	concentrate
蒸发皿	evaporation dish	稀释	dilute
T 形管	T-tube	冰浴	ice bath
载玻片	carrier glass pellet	水浴	water bath
干燥剂	drying agent	抽滤	vacuum filtrate
溶液	solution	晾干	air drying
溶解度	dissolubility	回收	recover
旋光度	optical rotation	无水的	anhydrous
折射率	refractive index	水溶液的	aqueous

附录 2　常见元素的相对原子质量

元素名称	元素符号	相对原子质量	元素名称	元素符号	相对原子质量
银	Ag	107.868 2	镁	Mg	24.305 0
铅	Pb	207.2	锰	Mn	54.938 049
溴	Br	79.904	氮	N	14.006 74
碳	C	12.010 7	钠	Na	22.989 770
钙	Ca	40.078	镍	Ni	58.693 4
氯	Cl	35.452 7	氧	O	15.999 4
铬	Cr	51.996 1	磷	P	30.973 761
铜	Cu	63.546	铝	I	26.981 538
氟	F	18.998 4	钯	Pd	106.42
铁	Fe	55.845	铂	Pt	195.078
氢	H	1.007 94	硫	S	32.066
汞	Hg	200.59	硅	Si	28.085 5
碘	I	126.904 47	锡	Sn	118.710
钾	K	39.098 3	锌	Zn	65.39

附录 3　水在不同温度下的饱和蒸汽压

T/℃	p/mmHg*	T/℃	p/mmHg	T/℃	p/mmHg	T/℃	p/mmHg
0	4.579	15	12.788	30	31.824	85	433.60
1	4.926	16	13.634	31	33.695	90	525.76
2	5.294	17	14.530	32	35.668	91	546.05
3	5.685	18	15.477	33	37.729	92	566.99
4	6.101	19	16.477	34	39.898	93	588.60
5	6.543	20	17.535	35	42.175	94	610.90
6	7.013	21	18.650	40	55.324	95	633.90
7	7.513	22	19.827	45	71.510	96	657.62
8	8.045	23	21.068	50	92.510	97	682.07
9	8.609	24	22.377	55	118.04	98	707.27
10	9.209	25	23.756	60	149.38	99	733.24
11	9.844	26	25.209	65	187.54	100	760.00
12	10.518	27	26.739	70	233.70		
13	11.321	28	28.349	75	289.10		
14	11.987	29	20.043	80	355.10		

* 1 mmHg＝133.32 Pa。

附录 4　常用有机溶剂的熔沸点及相对密度

名称	分子式	密度/(10^3 kg/m^3)	熔点/℃	沸点/℃
己烷	$CH_3(CH_2)_4CH_3$	0.660 3	−95	69
环己烷	$(CH_2)_6$	0.779 0	6.5	81
苯	C_6H_6	0.878 7	5.5	80.1
甲苯	$C_6H_5CH_3$	0.867	−95	110.6
邻二甲苯	o-$C_6H_4(CH_3)_2$	0.880 2	−25.2	144.4
间二甲苯	m-$C_6H_4(CH_3)_2$	0.864 2	47.87	139.1
对二甲苯	p-$C_6H_4(CH_3)_2$	0.861 1	13.26	138.35
二氯甲烷	CH_2Cl_2	1.326 6	−95.1	40
三氯甲烷	$CHCl_3$	1.483 2	−63.5	61.7
四氯化碳	CCl_4	1.594 0	−23	76.5
甲醇	CH_3OH	0.791 4	−93.9	65
乙醇	CH_3CH_2OH	0.789 3	−117.3	78.5

续附录 4

名称	分子式	密度/(10^3 kg/m^3)	熔点/℃	沸点/℃
环己醇	$C_6H_{11}OH$	0.962 4	25.1	161.1
乙二醇	$HOCH_2CH_2OH$	1.108 8	−11.5	198
乙醚	$C_2H_5OC_2H_5$	0.713 8	−116	34.5
苯甲醚	$C_6H_5OCH_3$	0.994	−37.3	155.5
丙酮	CH_3COCH_3	0.789 9	−95.35	56.2
苯乙酮	$C_6H_5COCH_3$	1.028 1	20.5	202.6
乙酸	CH_3COOH	1.049 2	16.6	117.9
乙酸乙酯	$CH_3COOC_2H_5$	0.900 3	−83.6	77.06
二氧六环	$C_4H_8O_2$	1.033 6	12	101.5
四氢呋喃	C_4H_8O	0.889 2	−108.5	64.5
吡啶	C_5H_5N	0.981 9	−41.6	115.5
N,*N*-二甲基甲酰胺	$HCON(CH_3)_2$	0.944 5	−61	152.8

附录 5　部分共沸混合物的性质

有机物与水形成的二元共沸混合物(101 325 Pa)

名称	沸点/℃	共沸点/℃	含水量/%	名称	沸点/℃	共沸点/℃	含水量/%
苯	80.2	69.3	8.9	四氯化碳	76.8	66.8	4.1
苯酚	182.0	99.5	90.8	烯丙醇	97.1	88.2	27.1
苯甲醇	205.2	99.9	91.0	乙醇	78.5	78.2	4.4
吡啶	115.5	92.3	40.6	乙腈	82.0	76.5	16.3
丙酸	141.6	99.9	82.3	乙醚	34.5	34.2	1.2
丙烯腈	78.0	70.0	13.0	异丙醇	82.3	80.4	12.2
乙酸乙酯	77.1	70.4	8.1	异丁醇	108.4	89.7	30.0
二氯乙烷	83.7	72.0	19.5	异戊醇	130.5	95.2	49.6
甲苯	110.5	85.0	20.2	正丙醇	97.2	88.1	28.2
甲酸	100.7	107.1	22.5	正丁醇	117.7	93.0	20.1
氯仿	61.2	56.3	3.0	正戊醇	138.0	95.4	55.0
氯乙醇	128.7	97.8	57.7	仲丁醇	99.5	88.5	32.0

有机物与水形成的三元共沸物(101 325 Pa)

第一组分		第二组分		第三组分		沸点/℃
名称	质量分数/%	名称	质量分数/%	名称	质量分数/%	
水	7.8	乙醇	9.0	乙酸乙酯	83.2	70.3
水	4.3	乙醇	9.7	四氯化碳	86.0	61.8
水	7.4	乙醇	18.5	苯	74.1	64.9
水	7.0	乙醇	17.0	环己烷	76.0	62.1
水	3.5	乙醇	4.0	氯仿	92.5	55.5
水	7.5	异丙醇	18.7	苯	73.8	66.5
水	0.8	二硫化碳	75.2	丙酮	24.0	38.0

附录 6 常用酸碱溶液的配制

1. 酸溶液的配制*

名称	相对密度(d_4^{20})	量浓度/(mol/L)	质量百分浓度/%	配制方法
冰醋酸	1.05	11	99.5	
稀醋酸		2	12.10	取 116 mL 冰醋酸稀释至 1 000 mL
浓盐酸	1.19	12	37.23	
稀盐酸		2	7.15	取浓盐酸 165 mL 稀释至 1 000 mL
浓硝酸	1.42	16	69.80	
稀硝酸		6	32.36	取浓硝酸 375 mL 稀释至 1 000 mL
浓硫酸	1.84	18	95.6	
稀硫酸		3	24.8	取浓硫酸 167 mL 稀释至 1 000 mL

* 配制稀酸时，应将浓酸慢慢倒入水中，切勿将水加入浓酸中。

2. 碱溶液的配制

名称	相对密度(d_4^{20})	量浓度/(mol/L)	质量百分浓度/%	配制方法
浓氢氧化钠	1.430	14	40	称取固体氢氧化钠 572 g 用适量水溶解后，用水稀释至 1 000 mL
稀氢氧化钠	1.08	2.0	7.1	称取固体氢氧化钠 80 g 用适量水溶解后，再用水稀释至 1 000 mL
浓氨水	0.90	15	28	
稀氨水	0.98	2	3.5	量取浓氨水 133 mL 稀释至 1 000 mL

附录 7　常用酸碱溶液的相对密度及百分组成

1. 硫酸

H_2SO_4 质量分数/%	相对密度 (d_4^{20})	g H_2SO_4/100 mL 水溶液	H_2SO_4 质量分数/%	相对密度 (d_4^{20})	g H_2SO_4/100 mL 水溶液
1	1.005 1	1.005	65	1.553 3	101.0
2	1.011 8	2.204	70	1.610 5	112.7
3	1.018 4	3.055	75	1.669 2	125.2
4	1.025 0	4.100	80	1.727 2	138.2
5	1.031 7	5.159	85	1.778 6	151.2
10	1.066 1	10.66	90	1.814 4	163.3
15	1.102 0	16.53	91	1.819 5	165.6
20	1.139 4	22.79	92	1.824 0	167.8
25	1.178 3	29.46	93	1.827 9	170.0
30	1.218 5	36.56	94	1.831 2	172.1
35	1.257 9	44.10	95	1.833 7	174.2
40	1.302 8	52.11	96	1.835 5	176.2
45	1.347 6	60.64	97	1.836 4	178.1
50	1.395 1	69.76	98	1.836 1	179.9
55	1.445 3	79.49	99	1.834 2	181.6
60	1.498 3	89.90	100	1.830 5	183.1

2. 硝酸

HNO_3 质量分数/%	相对密度 (d_4^{20})	g HNO_3/100 mL 水溶液	HNO_3 质量分数/%	相对密度 (d_4^{20})	g HNO_3/100 mL 水溶液
1	1.003 6	1.004	65	1.391 3	90.43
2	1.009 1	2.018	70	1.413 4	98.94
3	1.014 6	3.044	75	1.433 7	107.5
4	1.020 1	4.080	80	1.452 1	116.2
5	1.025 6	5.128	85	1.468 6	124.8
10	1.054 3	10.54	90	1.482 6	133.4
15	1.084 2	16.26	91	1.485 0	135.1
20	1.115 0	22.30	92	1.487 3	136.8
25	1.146 9	28.67	93	1.489 2	138.5
30	1.180 0	35.40	94	1.491 2	140.2
35	1.214 0	42.49	95	1.493 2	141.9
40	1.246 3	49.85	96	1.495 2	143.5
45	1.278 3	57.52	97	1.497 4	145.2
50	1.310 0	65.50	98	1.500 8	147.1
55	1.339 3	73.66	99	1.505 6	149.1
60	1.366 7	82.00	100	1.512 9	151.3

3. 盐酸

HCl 质量分数/%	相对密度(d_4^{20})	g HCl/100 mL 水溶液	HCl 质量分数/%	相对密度(d_4^{20})	g HCl/100 mL 水溶液
1	1.003 2	1.003	22	1.108 3	24.38
2	1.008 2	2.006	24	1.118 7	26.85
4	1.018 1	4.007	26	1.129 0	29.35
6	1.027 9	6.167	28	1.139 2	31.90
8	1.037 6	8.301	30	1.149 2	34.48
10	1.047 4	10.47	32	1.159 3	37.10
12	1.057 4	12.69	34	1.169 1	39.75
14	1.067 5	14.95	36	1.178 9	42.44
16	1.077 6	17.24	38	1.188 5	45.16
18	1.087 8	19.58	40	1.198 0	47.92
20	1.098 0	21.96			

4. 氨水

NH_3 质量分数/%	相对密度(d_4^{20})	g NH_3/100 mL 水溶液	NH_3 质量分数/%	相对密度(d_4^{20})	g NH_3/100 mL 水溶液
1	0.993 9	9.94	16	0.936 2	149.8
2	0.989 5	19.79	18	0.929 5	167.3
4	0.981 1	39.24	20	0.922 9	184.6
6	0.973 0	58.38	22	0.916 4	201.6
8	0.965 1	77.21	24	0.910 1	218.4
10	0.957 5	95.75	26	0.904 0	235.0
12	0.951 0	114.0	28	0.898 0	251.4
14	0.943 0	132.0	30	0.892 0	267.6

5. 氢氧化钠

NaOH 质量分数/%	相对密度(d_4^{20})	g NaOH/100 mL 水溶液	NaOH 质量分数/%	相对密度(d_4^{20})	g NaOH/100 mL 水溶液
1	1.009 5	1.010	26	1.284 8	33.40
2	1.020 7	2.041	28	1.306 4	36.58
4	1.042 8	4.171	30	1.327 9	39.84
6	1.064 8	6.389	32	1.349 0	43.17
8	1.086 9	8.695	34	1.369 6	46.57
10	1.108 9	11.09	36	1.390 0	50.04

续附录 7.5

NaOH 质量分数/%	相对密度(d_4^{20})	g NaOH/100 mL 水溶液	NaOH 质量分数/%	相对密度(d_4^{20})	g NaOH/100 mL 水溶液
12	1.130 9	13.57	38	1.410 1	53.58
14	1.153 0	16.14	40	1.430 0	57.20
16	1.175 1	18.80	42	1.449 4	60.87
18	1.197 2	21.55	44	1.468 5	64.61
20	1.219 1	24.38	46	1.487 3	68.42
22	1.241 1	27.30	48	1.506 5	72.31
24	1.262 9	30.31	50	1.525 3	76.27

附录 8　一些特殊试剂的配制

1. 饱和溴水溶液

将 15 g 溴化钾溶解于 100 mL 水中，加入 10 g 溴，摇匀。

2. 卢卡斯(Lucas)试剂

称取 34 g 无水氯化锌，放在蒸发皿中强热熔融，稍冷后放入干燥器中冷却至室温。取出捣碎，加入 23 mL 浓盐酸溶解(溶解时应不断搅拌，并将容器放在冰水浴中冷却，以防氯化氢逸出。配好的试剂存放在玻璃瓶中。此试剂一般在用前现配。

3. 2,4-二硝基苯肼试剂

配法Ⅰ：称取 2 g 2,4-二硝基苯肼盐酸盐和 3 g 乙酸钠，放在研钵中研磨成粉末即得 2,4-二硝基苯肼-醋酸钠混合物。用时取适量溶于水可直接使用。

配法Ⅱ：取 3 g 2,4-二硝基苯肼溶于 15 mL 浓硫酸中，所得到的溶液在搅拌下缓缓加入 70 mL 95%乙醇和 20 mL 水的混合液中，过滤，将滤液保存在棕色瓶中备用。

2,4-二硝基苯肼有毒！使用时切勿让它与皮肤接触，如不慎触及，应立即用 5%醋酸冲洗，再用肥皂洗涤。

4. 饱和亚硫酸氢钠溶液

在 40%的 100 mL 亚硫酸氢钠溶液中，加入 25 mL 不含醛的无水乙醇。混合后，如有少量的亚硫酸氢钠析出，必须滤去或倾泻上层清液。此溶液不稳定，一般在实验前随配随用。

5. 碘-碘化钾溶液

取 2 g 碘和 5 g 碘化钾溶于 100 mL 水中。

6. 菲林(Fehling)试剂

菲林试剂由菲林试剂Ⅰ和菲林试剂Ⅱ组成,使用时将二者等体积混合。

菲林试剂Ⅰ:溶解3.5 g硫酸铜($CuSO_4 \cdot 5H_2O$)于100 mL水中,得淡蓝色菲林试剂Ⅰ,若溶液混浊,应过滤后使用。

菲林试剂Ⅱ:溶解酒石酸钾钠晶体(含$5H_2O$结晶水)17 g于20 mL热水中,加入含5 g氢氧化钠的水溶液20 mL,用水稀释至100 mL,即得无色透明的菲林试剂Ⅱ。

7. 本尼迪特(Benedict)试剂

溶解20 g柠檬酸钠和11.5 g无水碳酸钠于100 mL热水中,在不断搅拌下,把含有2 g $CuSO_4 \cdot 5H_2O$的20 mL水溶液慢慢加到此溶液中,此混合溶液应十分清澈,否则,应过滤。本尼迪特试剂在放置时不易变质,亦不像菲林试剂那样需要配成Ⅰ、Ⅱ两种溶液分别保存,所以它比菲林试剂使用方便。

8. 托伦(Tollens)试剂

取20 mL 5%的硝酸银于一洁净试管中,加入一滴10%的氢氧化钠溶液,然后滴加2%氨水使沉淀刚好溶解,即得托伦试剂。

配制托伦试剂时应防止加入过量的氨水,否则将生成雷酸银(AgNCO),一方面生成的雷酸银受热易发生爆炸,另一方面,试剂的灵敏性也下降。托伦试剂久置后将析出不稳定的沉淀,易发生爆炸,因此,托伦试剂须现配现用。

9. 苯肼试剂

配法Ⅰ:将4 mL苯肼溶解在由4 mL醋酸和36 mL水形成的溶液中,加入0.5 g活性炭(如溶液无色,也可不加),搅拌后过滤,滤液存于棕色瓶中。

配法Ⅱ:称取5 g苯肼盐酸盐于100 mL水中,微热助溶。加入5 g活性炭脱色后过滤。在滤液中加入9 g醋酸钠晶体,溶解后贮存于棕色瓶中。因为成脎反应在弱酸性条件下进行,故加入适量的醋酸钠以缓冲溶液的酸性,但醋酸钠不可加入过多。

10. *α*-萘酚乙醇试剂

称取2 g *α*-萘酚溶于20 mL 95%乙醇溶液中,再用95%乙醇稀释至100 mL。

11. 间苯二酚-盐酸溶液

称取0.05 g间苯二酚溶于50 mL浓盐酸中,再用水稀释至100 mL。

12. 0.1%碘溶液

称取0.1 g碘和0.2 g碘化钾溶于100 mL水中。

13. 蛋白质溶液

向100 mL水中加入蛋清25 mL,搅拌混匀后用3～4层纱布过滤即得。

14. 刚果红试纸(红色)

将 0.5 g 刚果红溶于 1 000 mL 水中,加 5 滴醋酸。将滤纸条在此温热溶液浸湿后,取出晾干。

15. 淀粉-KI 试纸(白色)

将 3 g 淀粉与 25 mL 水搅成糊状,倾入 225 mL 沸水中,加 1 g KI 及 1 g $Na_2CO_3 \cdot 10H_2O$,然后用水稀释至 500 mL,将滤纸条浸湿,取出晾干。

16. 高锰酸钾碱性洗液

取 4 g 高锰酸钾,溶于少量水中,再缓缓加入 100 mL 10%的氢氧化钠溶液。此洗液主要用于洗涤油污及有机物。

17. 碱性酒精洗液

30%的氢氧化钠酒精溶液。此洗液主要用于清洗油污。

附录 9　常用溶剂的纯化方法

1. 无水乙醚(absolute ether)

普通乙醚中常含有一定量的水、乙醇及少量过氧化物等杂质,这对于要求以无水乙醚作溶剂的反应(如 Grignard 反应),不仅影响反应的进行,且易发生危险。市售的无水乙醚往往不合实验要求,因此实验中常需自行制备。制备无水乙醚时首先要检查有无过氧化物。为此取少量乙醚与等体积的 2%碘化钾溶液,加入几滴稀盐酸一起振摇,若能使淀粉溶液呈紫色或蓝色,即证明有过氧化物存在。除去过氧化物可在分液漏斗中加入普通乙醚和相当于乙醚体积 1/5 的新配制硫酸亚铁溶液[1],剧烈摇动后放置,分去水层。除去过氧化物后,按照下述操作进行精制。

在 250 mL 圆底烧瓶中,放置 100 mL 除去过氧化物的普通乙醚和几粒沸石,装上冷凝管。冷凝管上端通过一带有侧槽的橡皮塞,插入盛有 10 mL 浓硫酸[2]的滴液漏斗。通入冷凝水,将浓硫酸慢慢滴入乙醚中,由于脱水作用所产生的热,乙醚会自行沸腾。加完后摇动反应物。

待乙醚停止沸腾后,拆下冷凝管,改成蒸馏装置。在收集乙醚的接收瓶支管上连接装填氯化钙的干燥管,并可从干燥管末端用橡皮管把乙醚蒸气导入水槽。加入沸石后,用事先准备好的水浴加热蒸馏。蒸馏速度不宜太快,以免乙醚蒸气冷凝不下来而逸散室内[3]。当收集到约 70 mL 乙醚,且蒸馏速度显著降低时,停止蒸馏。瓶内所剩残液,倒入指定的回收瓶中,切不可将水加入残液中。

将蒸馏收集的乙醚倒入干燥的锥形瓶中,加入 1 g 钠屑或钠丝,然后用带有氯化钙干燥管的软木塞塞住,或在木塞中插入末端拉成毛细管的玻璃管,这样可以防止潮气侵入并可使产生的气体逸出。放置 24 h 以上，使乙醚中残留的少量水和乙醇转化为氢氧化钠和乙醇钠。如不再有气泡逸出，同时钠的表面较好，则可储放备用。如放置后，金属钠表面已全部发生作用，需重新压入少量钠丝，放置至无气泡发生。这种无水乙醚可符合一般无水要求[4]。

[注释]

[1] 硫酸亚铁溶液的配制。在 100 mL 水中加入 6 mL 浓硫酸，然后加入 60 g 硫酸亚铁。硫酸亚铁溶液久置后容易氧化变质，因此需在使用前临时配制。使用较纯的乙醚制取无水乙醚时，可免去硫酸亚铁溶液洗涤。

[2] 也可在 100 mL 乙醚中加入 4～5 g 无水氯化钙代替浓硫酸作干燥剂；并在下步操作中用五氧化二磷代替金属钠而制得合格的无水乙醚。

[3] 乙醚沸点低(34.51℃)，极易挥发(20℃时蒸气压为 58.9 kPa)，且蒸气比空气重(约为空气的 2.5 倍)容易聚集在桌面附近或低凹处。当空气中含有 1.85%～36.5%的乙醚蒸气时，遇火即会发生燃烧爆炸。故在使用和蒸馏过程中，一定要谨慎小心，远离火源。尽量不让乙醚蒸气散发到空气中，以免造成意外。

[4] 如需要更纯的乙醚时，在除去过氧化物后，应再用 0.5%高锰酸钾溶液与乙醚共振摇，使其中含有的醛类氧化成酸，然后依次用 5%氢氧化钠溶液、水洗涤，经干燥、蒸馏。再压入钠丝。

2. 绝对乙醇(absolute ethanol)

见实验 7.4.1。

3. 无水甲醇(absolute methanol)

市售的甲醇由合成而来，含水量不超过 0.5%～1%。由于甲醇和水不能形成共沸点的混合物，为此可借高效的精馏柱将少量水除去。精制甲醇含有 0.02%的丙酮和 0.1%的水，一般已可应用。如要制得无水甲醇，可用镁的方法(见无水乙醇)。若含水量低于 0.1%，亦可用 3A 或 4A 型分子筛干燥。甲醇有毒，处理时应避免吸入其蒸气。

4. 丙酮(acetone)

普通丙酮中往往含有少量水及甲醇、乙醛等还原性杂质，可用下列方法精制。

(1)用 100 mL 丙酮中加入 0.5 g 高锰酸钾回流，以除去还原性杂质。若高锰酸钾紫色很快消失，需要另加入少量高锰酸钾继续回流，直至紫色不消失为止。蒸出丙酮，用无水碳酸钾或无水硫酸钙干燥，过滤，蒸馏收集 55.0～56.5℃的馏分。

(2)于 100 mL 丙酮中加入 4 mL 10%硝酸银溶液及 35 mL 0.1 mol/L 氢氧化钠溶液，振荡 10 min，除去还原性杂质。过滤，滤液用无水硫酸钙干燥后，蒸馏收集 55.0～56.5℃的馏分。

5. 乙酸乙酯(ethyl acetate)

市售的乙酸乙酯中含有少量水、乙醇和醋酸,可用下述方法精制。

(1)于 100 mL 乙酸乙酯中加入 10 mL 醋酸酐,1 滴浓硫酸,加热回流 4 h,除去乙醇及水等杂质,然后进行分馏。馏液用 2～3 g 无水碳酸钾干燥后蒸馏,最后产物的沸点为 77℃,纯度达 99.7%。

(2)将乙酸乙酯先用等体积 5%碳酸钠溶液洗涤,再用饱和氯化钙溶液洗涤,然后用无水碳酸钾干燥后蒸馏。

6. 氯仿(chloroform)

普通用的氯仿含有 1%的乙醇,这是为了防止氯仿分解为有毒的光气,作为稳定剂加进去。为了除去乙醇,可以将氯仿用一半体积的水振荡数次,然后分出下层氯仿,用无水氯化钙干燥数小时后蒸馏。

另一种精制方法是将氯仿与少量浓硫酸一起振荡两三次。每 1 000 mL 氯仿,用浓硫酸 50 mL。分去酸层以后的氯仿用水洗涤,干燥,然后蒸馏。除去乙醇的无水氯仿应保存于棕色瓶子里,并且不要见光,以免分解。

7. 石油醚(petroleum)

石油醚为轻质石油产品,是低相对分子质量烃类(主要是戊烷和己烷)的混合物。其沸程为 0～150℃,收集的温度区间有 30～60℃,60～90℃,90～120℃等沸程规格的石油醚。石油醚中含有少量不饱和烃,沸点与烷烃相近,用蒸馏法无法分离,必要时可用浓硫酸和高锰酸钾把它除去。通常将石油醚用其体积 1/10 的浓硫酸洗涤两三次,再用 10%的硫酸加入高锰酸钾配成的饱和溶液洗涤,直至水层中的紫色不再消失为止。然后再用水洗,经无水氯化钙干燥后蒸馏。如要绝对干燥的石油醚则加入钠丝(见“1. 无水乙醚”)。

8. 吡啶(pyridine)

分析纯的吡啶含有少量水分,但已可供一般应用。如要制得无水吡啶,可与粒状氢氧化钾或氢氧化钠一同回流,然后隔绝潮气蒸出备用。干燥的吡啶吸水性很强,保存时应将容器口用石蜡封好。

9. 四氢呋喃(tetrahydrofuran, THF)

四氢呋喃是具有乙醚气味的无色透明液体,市售的四氢呋喃常含有少量水分及过氧化物。如要制得无水四氢呋喃,可与氢化锂铝在隔绝潮气下回流(通常 1 000 mL需 2～4 g 氢化锂铝)除去其中的水和过氧化物,然后在常压下蒸馏,收集 66℃的馏分。精制后的液体应在氮气中保存,如需较久放置,应加 0.025% 4-甲基-2,6-二叔丁基苯酚作抗氧剂。处理四氢呋喃时,应先用少量进行试验,确定只有少量水和过氧化物,作用不过于猛烈时,方可进行。四氢呋喃中的过氧化物可用酸化的碘化钾溶液来试验。如过氧化物很多，应以另行处理为宜。

10. 二甲亚砜(dimethyl sulfone, DMSO)

二甲亚砜为无色、无嗅的吸湿性液体。常压下加热至沸腾可部分分解。市售试剂级二甲亚砜含水量约为1%，通常先减压蒸馏，然后用4A分子筛干燥，或用氢化钙粉末搅拌4～8 h，再减压蒸馏收集64～65℃/533 Pa(4 mmHg)馏分。蒸馏时，温度不宜高于90℃，否则会发生歧化反应生成二甲砜和二甲硫醚。

11. 1,2-二氯乙烷(1,2-dichloroethane)

1,2-二氯乙烷为无色油状液体，有芳香味，溶于120份水中；可与水形成恒沸混合物，沸点72℃，其中含81.5%的1,2-二氯乙烷。可与乙醇、乙醚、氯仿等相混溶。在结晶和提取时是极有用的溶剂，比常用的含氯有机溶剂更为活泼。

一般纯化可依次用浓硫酸、水、稀碱溶液和水洗涤，用无水氯化钙干燥或加入五氧化二磷分馏即可。

附录10 常见危险化学品及相关知识

1. 易燃易爆化学药品

闪点是在标准条件下能使液体释放出足够的蒸气而形成能发生闪燃的爆炸性气体混合物的液体最低温度。闪点是液体物质容易燃烧程度的指标之一，闪点愈低，着火危险性愈大。美国国立防火协会(NFPA)根据闪点对易燃化学品分类如附表10-1。

附表10-1 按液体闪点分类的相对易燃性

级别	闪点/℃	说明
0	815以上	非燃烧性
1	93.4以上	可燃烧性
2	37.8～93.4	中等可燃性
3	22.8～37.8	高度易燃性
4	22.8以下	极端易燃性

附表10-2列出一些易燃性化学品的闪点和混合气体的爆炸范围。

附表 10-2　一些常用易燃性化学药品的易燃性

化学物质	分子式	闪点/℃	爆炸极限/%
一氧化碳	CO		12.5～75
氢气	H_2		4.1～75
硫化氢	H_2S		4.3～45.4
氨	NH_3		15.7～27.4
甲烷	CH_4		5.0～15
甲醇	CH_3OH	12	6.0～36.5
乙醇	C_2H_5OH	12	3.3～19
乙炔	C_2H_2	−50	3～82
乙醚	$C_4H_{10}O$	−45	1.85～48
环氧乙烷	C_2H_4O	−18	3～100
四氢呋喃	C_4H_8O	−14	2～11.8
苯	C_6H_6	−11	1.4～8.0
甲苯	$C_6H_5CH_3$	4.4	1.4～6.7
1,2-二氯乙烷	CH_2ClCH_2Cl	13	6.2～15.9
丙酮	CH_3COCH_3	−18	3～13
乙酸	CH_3COOH	43	4～16
乙酸乙酯	$CH_3COOC_2H_5$	−4.4	2.18～9
石油醚		−57	1～6

氧化剂都具有强氧化性能，在一定条件下（如受摩擦、振动、撞击、高热或遇酸碱性物质，或接触易燃物、还原剂时），即能发生反应，引起燃烧和爆炸。无机氧化剂包括碱金属及碱土金属的氯酸盐及高氯酸盐（如氯酸钾、高氯酸钾），过氧化物（如过氧化氢），碱金属及碱土金属的硝酸盐（如硝酸钾），重铬酸盐（如重铬酸钾）和亚硝酸盐（如亚硝酸钾）。有机氧化剂主要是有机过氧化物如过氧化苯甲酰、过氧乙酸等。

2. 腐蚀性化学药品

这类化学品具有强烈的腐蚀性，可对皮肤、黏膜等造成急性损害，发生灼伤。按临床表现可分为体表（皮肤）、呼吸道、消化道、眼化学灼伤。酸性腐蚀性化学药品有硝酸、硫酸、盐酸、五氯化硫、磷酸、甲酸、氯乙酰氯、冰醋酸、氯磺酸、溴素等；碱性腐蚀性化学药品有氢氧化钠、硫化钠、乙醇钠、二乙醇胺、二环己胺、水合肼等；其他具有腐蚀性的化学品还有酚类、黄磷等。

3. 毒害化学品

一些化学品具有强烈的毒害性，即使少量侵入人畜体内或触及皮肤时即可造成局部刺激或中毒，甚至死亡。通常用半数致死量 LD_{50} 和半致死浓度 LC_{50} 来表示化学品毒性相对大小，附表 10-3 是相对急性毒性标准。

附表 10-3 相对急性毒性标准

级别	LD_{50}/(mg/kg) 大鼠经口	$LC_{50}\times10^6$ 大鼠吸入	LD_{50}/(mg/kg) 兔经皮	说明
0	5 000 以上	10 000 以上	2 800 以上	无明显毒害
1	500～5 000	1 000～10 000	340～2 800	低毒
2	50～500	100～1 000	43～340	中等毒害
3	1～50	10～100	5～43	高等毒害
4	1 以下	10 以下	5 以下	剧毒

(1)剧毒品

六氯苯、羰基镍、氰化钠、氢氟酸、氯化氰、氰化钾、氯化汞、砷酸汞、汞蒸气、砷化氢、光气、氟光气、磷化氢、三氧化二砷、有机磷化物、有机氟化物、有机硼化物、铍及其化合物、丙烯腈等。

(2)高毒品

氟化钠、对二氯苯、甲基丙烯腈、丙酮氰醇、二氯乙烷、三氯乙烷、偶氮二异丁腈、黄磷、三氯氧磷、五氯化磷、三氯化磷、五氧化二磷、三氯甲烷、溴甲烷、二乙烯酮、铊化合物、四乙基铅、四乙基锡、三氯化锑、溴、氯气、五氧化二钒、二氧化锰、二氯硅烷、三氯甲硅烷、苯胺、硫化氢、硼烷、氯化氢、氟乙酸、丙烯醛、乙烯酮、溴乙酸乙酯、氯乙酸乙酯等。

(3)中毒品

苯、四氯化碳、三氯硝基甲烷、三硝基甲苯、硫酸、砷化镓、丙烯酰胺、环氧乙烷、环氧氯丙烷、烯丙醇、二氯丙醇、糖醛、三氟化硼、四氯化硅、硫酸镉、硝酸、甲醛、甲醇、肼、二硫化碳、甲苯、二甲苯、一氧化碳、一氧化氮、硝基苯等。

(4)致癌物

国际癌症研究机构(IARC)1994 年公布了对人肯定有致癌性的几十种化学物质。主要有多环芳烃类、芳香胺类、氨基偶氮染料类、天然致癌物等。如 7,12-二甲基苯并蒽、3,4-苯并芘、黄曲霉素、苯、钛及其化合物、镉及其化合物、6 种铬化合物、镍及其化合物、环氧乙烷、砷及其化合物、α-萘胺、4-氨基联苯、联苯胺、煤焦油、沥青、石棉、氯甲醚、亚硝酸盐等。

附录 11　红外光谱中的一些特征吸收频率

键的类型	化合物类型	吸收峰位置/cm^{-1}	峰的特点
O—H	醇、酚	3 650～3 610	不定，尖锐
	氢键缔合的醇、酚	3 400～3 200	强，宽
$—NH_2$	胺	3 500～3 300	中等，双峰
C≡C—H	炔烃	3 300	强
C═C—H	烯烃及芳烃	3 100～3 010	中等
C—C—H	烷烃	2 960～2 850	强
O═C—H	醛	2 720	强
C≡N	腈	2 300～2 200	不定
C≡C	炔	2 200～2 100	不定
C═O	醛	1 740～1 720	强
	酮	1 725～1 705	强
	酸及酯	1 770～1 710	强
	酰胺	1 690～1 650	强
C—X	氯代物	750～700	中等
	溴代物	700～500	中等

附录 12　一些常见特征质子的化学位移

氢的类型	化学位移 δ	氢的类型	化学位移 δ
RCH_3	0.9	C═C—O—H	15～19
R_2CH_2	1.3	$R—CH_2OH$	3.4～4.0
R_3CH	1.5	$R—OCH_3$	3.5～4
C═C—H	4.5～6.0	RCHO	9～10
$C═C—CH_3$	1.6～1.9	$RCOCH_3$	2.0～2.7
Ar—H	6.0～8.5	$R_2CHCOOH$	10～12
$Ar—CH_3$	2.2～2.5	HCR_2COOH	2.0～2.6
C≡CH	1.7～3.5	H_3CCOOR	2.0～2.2
RCH_2F	4.0～4.5	$RCOOCH_3$	3.7～4.0
RCH_2Cl	3.6～4.0	RNH_2　R_2NH	0.5～5.0
RCH_2Br	3.4～3.8	$RCONH_2$	7.0～8.1
RCH_2I	3.1～3.5	$ArCONH_2$	5.0～9.0
ROH	0.5～5.5	RCH_2CONH_2	2.2～2.3
ArOH	4.5～7.7	H_3CCOCl	2.67

参 考 文 献

[1]北京大学化学学院有机化学研究所. 有机化学实验. 2 版. 北京：北京大学出版社，2002

[2]周志高，蒋鹏举. 有机化学实验. 北京：化学工业出版社，2005

[3]罗一鸣，唐瑞仁. 有机化学实验与指导. 长沙：中南大学出版社，2005

[4]李吉海. 基础化学实验：(Ⅱ)有机化学实验. 北京：化学工业出版社，2004

[5]林宝凤. 基础化学实验技术绿色化教程. 北京：科学出版社，2003

[6]李霁良. 微型半微型有机化学实验. 北京：高等教育出版社，2003

[7]高占先. 有机化学实验. 4 版. 北京：高等教育出版社，2004

[8]郭伟强. 大学化学基础实验. 北京：科学出版社，2005

[9]季平，薛思佳，Larry Olson. 有机化学实验(英汉双语教材). 北京：科学出版社，2005

[10]Gilbert J C and Martin S F. Experimental Organic Chemistry a miniscale and microscale approach. 3rd edition. Harcourt Inc，2002

[11]Spectral Database for Organic Compounds，SDBS. Japan：National Institute of Advanced Industrial Science and Technology. http：// www. aist. go. jp/ RIODB/ SDBS/ menu_e. html

图书在版编目(CIP)数据

基础有机化学实验/侯士聪主编.—北京:中国农业大学出版社,2006.9
(普通高等教育“十一五”国家级规划教材)
ISBN 978-7-81117-066-5

Ⅰ.基… Ⅱ.侯… Ⅲ.有机化学-化学实验 Ⅳ.O62-33

中国版本图书馆 CIP 数据核字(2006)第 088986 号

书　　名 基础有机化学实验
作　　者 侯士聪　主编

策划编辑 张秀环　　**责任编辑** 田树君
封面设计 郑　川　　**责任校对** 王晓凤　陈　莹
出版发行 中国农业大学出版社
社　　址 北京市海淀区圆明园西路 2 号　　**邮政编码** 100193
电　　话 发行部 010-62731190,2620　　读者服务部 010-62732336
编辑部 010-62732617,2618　　出　版　部 010-62733440
网　　址 http://www.cau.edu.cn/caup　　**e-mail** cbsszs@cau.edu.cn
经　　销 新华书店
印　　刷 北京鑫丰华彩印有限公司
版　　次 2006 年 9 月第 1 版　　2015 年 1 月第 4 次印刷
规　　格 787×980　16 开本　15.75 印张　286 千字
定　　价 23.00 元